高等职业教育畜牧兽医类专业教材

禽病防治技术

QINBINGFANGZHIJISHU

李金岭　主编

中国轻工业出版社

图书在版编目（CIP）数据

禽病防治技术/李金岭主编．—北京：中国轻工业出版社，2020.4

全国农业高职院校“十二五”规划教材

ISBN 978-7-5019-8788-7

Ⅰ.①禽…　Ⅱ.①李…　Ⅲ.①禽病-防治-高等职业教育-教材　Ⅳ.①S858.3

中国版本图书馆CIP数据核字（2012）第083315号

责任编辑：马　妍　　责任终审：张乃柬　　封面设计：锋尚设计
版式设计：锋尚设计　　责任校对：燕　杰　　责任监印：张　可

出版发行：中国轻工业出版社（北京东长安街6号，邮编：100740）
印　　刷：三河市国英印务有限公司
经　　销：各地新华书店
版　　次：2020年4月第1版第2次印刷
开　　本：720×1000　1/16　印张：18.25
字　　数：347千字
书　　号：ISBN 978-7-5019-8788-7　定价：35.00元
邮购电话：010-65241695
发行电话：010-85119835　传真：85113293
网　　址：http://www.chlip.com.cn
Email:club@chlip.com.cn

KG1265-110930

本书编委会

主　编

李金岭　黑龙江职业学院

副主编

刘洪杰　黑龙江农业工程职业学院

马青飞　黑龙江生物科技职业学院

参　编

高　洪　黑龙江农垦科技职业学院

徐　静　黑龙江职业学院

赵　富　哈尔滨鹏程饲料科技有限公司

张守红　黑龙江省双城市畜牧兽医局

审　定

刘　云　黑龙江农业工程职业学院

朱兴贵　云南农业职业技术学院

郭云华　哈尔滨鹏程饲料科技有限公司

前言 / PREFACE

根据国务院《关于大力发展职业教育的决定》、教育部《关于全面提高高等职业教育教学质量的若干意见》和《关于加强高职高专教育人才培养工作的意见》的指导精神，2011 年中国轻工业出版社与全国 40 余所院校及畜牧兽医行业内优秀企业共同组织编写了“全国农业高职院校‘十二五’规划教材”（以下简称规划教材）。本套教材依据高职高专“项目引导、任务驱动”的教学改革思路，对现行畜牧兽医高职教材进行改革，将学科体系下多年沿用的教材进行了重组、充实和改造，形成了适应岗位需要、突出职业能力，便于教、学、做一体化的畜牧兽医专业系列教材。

《禽病防治技术》是规划教材之一。随着我国畜牧业向现代化、规模化、专业化方向的发展，家禽的养殖方式也正在向规模化、标准化方向发展。本教材面向规模化家禽养殖场兼顾养殖户或养殖小区，贯彻“预防为主”的方针，在诊断方法上既要照顾到基层采用最基本的方法，又要体现出新技术的快速准确的诊断手段。本教材将禽病从不同的学科体系课程中集于一体，在处理好相关课程关系的同时，立足于当前畜牧业的岗位需要，着眼于未来发展趋势，充实新知识、新技术，并便于学生的记忆。删除了以往教材中我国规定禁用的药物，欧盟规定禁用但我国并未公布禁用的药物仍编入了本教材中。

本教材分为禽传染病的发生与流行、禽传染病的控制、禽病毒性疾病、禽细菌性疾病（含支原体等其它微生物引起的疾病）、禽寄生虫病和禽普通病 6 个模块，还对禽病的诊断程序以附录的形式列于书中。每个模块均是基于禽病防制的工作过程，以临诊主症为主线，设计学习单元。将禽病诊断与防制的技能训练部分安排在相应的模块后面；同时在每个模块后增加了相关知识链接和复习思考题，有利于更好地培养学生分析和解决实际问题的能力。建议教学中要采取多媒体教学和现场教学相结合的方式，真正达到教、学、做一体化的效果。

本教材编写分工如下（按模块顺序排列）：李金岭编写模块一、模块三；刘洪杰编写模块二、模块四；高洪编写模块五；徐静编写模块六；马青飞编写附录部分；哈尔滨鹏程饲料科技有限公司技术总监赵富、黑龙江省双城市畜牧兽医局首席兽医官张守红也参与了本书的编写。全书由李金岭教授统稿。由黑龙江农业工程职业学院的刘云、云南农业职业技术学院的朱兴贵和哈尔滨鹏程饲料科技有限公司董事长郭云华审定，在此深表谢意。

由于编者的水平所限，书中难免存在疏漏和错误，恳请同行及专家批评指正。

编者

2012 年 5 月

目录 / CONTENTS

模块四 禽细菌性疾病

模块五　禽寄生虫病

模块六　禽普通病

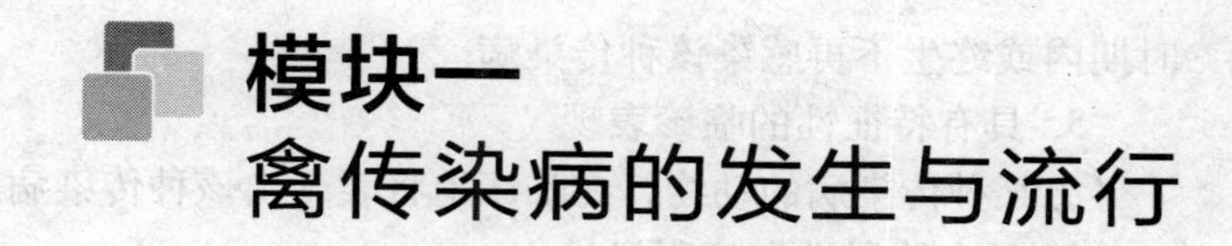

模块一 禽传染病的发生与流行

单元一 | 禽传染病的发生过程

一、传染病的概念及特征

凡是由病原微生物引起，具有一定的潜伏期和临诊表现，并具有传染性的疾病称为传染病。传染病的表现虽然多种多样，但也具有一些共同特性，根据这些特性可与其它非传染病区别开来。

1. 传染病是由病原微生物与机体相互作用引起的

每种传染病都有其特异的病原微生物存在，如新城疫是由新城疫病毒引起的。没有新城疫病毒就不会发生新城疫。

2. 传染病具有传染性和流行性

从传染病病禽体内排出的病原微生物，通过一定方式侵入另一有易感性的健康禽体内，能引起同样症状的疾病。当条件适宜时，在一定时间内，某一地区易感动物群中可能有许多动物被感染，致使传染病蔓延散播，形成流行。

3. 被感染的机体发生特异性反应

在传染病发展过程中，由于病原微生物的抗原刺激作用，机体发生免疫生物学的改变，产生特异性抗体和变态反应等，这种改变可以用血清学方法等特异性反应检查出来。

4. 耐过动物能获得特异性免疫

动物耐过传染病后，在大多数情况下均能产生特异性免疫，使机体在一定时期内或终生不再感染该种传染病。

5. 具有特征性的临诊表现

患某种传染病的动物，在临床上将表现出该种传染病的特殊症状。

6. 具有阶段性和病程经过

大多数传染病都具有该种病特征性的综合症状和一定的潜伏期与病程经过。

二、传染病的发展阶段

传染病的病程经过在大多数情况下具有一定的规律性，一般分为以下 4 个阶段。

1. 潜伏期

由病原体侵入机体并进行繁殖时起，直到疾病的临诊症状开始出现为止，这段时间称为潜伏期。不同的传染病其潜伏期的长短常常是不相同的，同一种传染病的潜伏期长短也有很大的变动范围。这是由于不同的动物种属、品种或个体的易感性是不一致的，病原体的种类、数量、毒力、侵入途径和部位等情况也有所不同而出现差异，但相对来说还是有一定的规律性。

2. 前驱期

前驱期是疾病的征兆阶段，其临诊症状刚开始表现出来，但该病的特征性症状仍不明显。从多数传染病来说，这个时期仅可察觉出一般的症状，如体温升高、食欲减退、精神异常等。各种传染病和各个病例的前驱期长短不一，通常只有数小时至 1 ~ 2 d。

3. 明显（发病）期

前驱期之后，病的特征性症状逐步显现出来，是疾病发展到高峰的阶段。很多有代表性的特征性症状相继出现，在临床诊断上比较容易识别。

4. 转归期（恢复期）

病原体和动物体这一对矛盾，在传染过程中依据一定条件，各向着其相反的方面转化。如果病原体的致病力增强或动物体的抵抗力减退，则传染过程以动物死亡为转归；如果动物体的抵抗力增强，则机体便逐步恢复健康，表现为临诊症状逐渐消退、体内的病理变化逐渐减轻、正常的生理功能逐步恢复，机体在一定时期保留免疫学特性。在病后一定时间内还有病菌（毒）排菌（毒）现象存在，但最后病原体可被消灭清除。

三、传染病发生的条件

传染病的发生必须具备三个条件：传染源、传播途径和易感动物。

（一）必须具有足够数量和一定毒力的病原微生物以及适宜的入侵门户（传染源）

引起传染病的病原微生物又称病原体，没有病原微生物，传染病就不可能发生。病原微生物侵犯机体时，不仅需要一定的毒力，也需要足够的数量，同时还必须有适宜的侵入机体的部位。当病原微生物的毒力弱、数量少或入侵部位不适宜时，不能引起传染病。毒力是指病原体致病力的强弱程度或大小，同一病原微生物不同菌株其毒力也不一样，毒力代表了菌株的特征。

（二）必须具有对该传染病有易感性的动物（易感动物）

动物对某一病原微生物没有免疫力（即没有抵抗力）的性质称为有易感性。机体易感性的强弱对传染病的发生起着决定性作用，只有当病原微生物侵入有易感性的动物机体，才能引起传染病。一种传染病，由于不同种动物的易感性不同，或同一种动物不同个体的易感性不同，可产生不同的结果，有的症状轻微，有的严重，有的甚至不发病。

（三）必须具有可促使病原微生物侵入易感动物机体的外界环境条件（传播途径）

外界环境不仅影响病原微生物的生命力和毒力，也影响动物机体的易感性，还影响病原微生物接触和侵入易感动物的可能和程度。

总之，传染病的发生是在一定的外界环境条件下，病原微生物的致病作用和机体的防御机能相互作用的结果。

单元二 | 禽传染病的流行过程

家禽传染病的流行过程是从家禽个体感染发病发展到家禽群体发病的过程，即传染病在家禽群中发生、发展和终止的过程。家禽传染病能够在家禽之间直接接触感染或间接地通过媒介物（生物或非生物）互相感染，构成流行。

一、流行过程的 3 个基本环节

（一）传染源

传染源又称传染来源，是指某种传染病的病原体在其中寄居、生长、繁殖并能排出体外的动物机体。具体来说，传染源就是受感染的动物，包括传染病病禽和带菌（毒）禽或其它动物。

动物受感染后，可以表现为患病和携带病原 2 种状态，因此传染源一般可分为 2 种类型。

1. 患病动物

病禽是重要的传染源。不同病期的病禽，其作为传染源的意义也不相同。前驱期和明显（发病）期的病禽因能排出病原体且具有症状，尤其是在急性过程或者病程转剧阶段可排出大量毒力强大的病原体，因此作为传染源的作用也最大。潜伏期和转归期的病禽是否具有传染源的作用，则随病种不同而异。

病禽能排出病原体的整个时期称为传染期，不同传染病传染期长短不同，各种传染病的隔离期就是根据传染期的长短来制定的。为了控制传染源，对病禽原则上应隔离至传染期终了为止。

2. 病原携带者

病原携带者是指外表无症状但携带并排出病原体的动物。病原携带者是一个统称，如已明确所带病原体的性质，也可以相应地称为带菌者、带毒者、带虫者等。

健康病原携带者是指过去没有患过某种传染病但却能排出该种病原体的动物。一般认为这是隐性感染的结果，通常只能靠实验室方法检出。这种携带状态一般为时短暂，作为传染源的意义有限；但是巴氏杆菌病、沙门菌病等病的健康病原携带者为数众多，可成为重要的传染源。

病原携带者存在着间歇排出病原体的现象，因此仅凭一次病原学检查的阴性结果并不能得出正确的结论，只有反复多次检查均为阴性时才能排除病原携带状态。消灭和防止引入病原携带者是传染病防制中的主要任务之一。

（二）传播途径

病原体由传染源排出后，经一定的方式再侵入其它易感动物所经历的途径称为传播途径。研究传染病传播途径的目的在于切断病原体继续传播的途径，防止易感动物受传染，这是防制禽传染病的重要环节之一。

在传播方式上可分为水平传播和垂直传播。

1. 水平传播

水平传播是指疫病在群体之间或个体之间以水平形式横向传播。在传播形式上可分为直接接触传播和间接接触传播 2 种。

（1）直接接触传播　在没有任何外界因素的参与下，病原体通过被感染的动物（传染源）与易感动物直接接触（交配、啄咬等）而引起的传播方式。仅能以直接接触而传播的传染病，其流行特点是逐个发生，形成明显的链锁状。这种方式使疾病的传播受到限制，一般不易造成广泛的流行。

直接接触传播的途径就是通过身体的直接接触来传播的。

（2）间接接触传播　在外界环境因素的参与下，病原体通过传播媒介使易感动物发生感染的方式，称为间接接触传播。从传染源将病原体传播给易感动物的各种外界环境因素称为传播媒介，传播媒介可能是生物（媒介者，Vector），也可能是无生命的物体（媒介物，Vehicle）。

大多数传染病如禽流感、新城疫等以间接接触为主要传播方式，同时也可以通过直接接触传播。2 种方式都能传播的传染病称为接触性传染病。

间接接触一般通过如下几种途径传播：

①经空气（飞沫、飞沫核、尘埃）传播：空气本不适于任何病原体的生存，但空气可作为传染的媒介物，可作为病原体在一定时间内暂时存留的环境。经空气而散播的传染主要是通过飞沫、飞沫核或尘埃为媒介而传播的。

a. 飞沫传染：经飞散于空气中带有病原体的微细泡沫而散播的传染称为飞沫传染。所有的呼吸道传染病主要是通过飞沫传播的，如鸡传染性喉气管炎等。

b. 飞沫核传染：动物体正常呼吸时，一般不会排出飞沫，只有在呼出的气流强度较大时（如叫鸣、咳嗽）才喷出飞沫。一般飞沫中的水分蒸发变干后，成为蛋白质和细菌或病毒组成的飞沫核。核越大落地越快，越小则越慢。这种小的飞沫核能在空气中飘浮时间较长，距离较远。

c. 尘埃传染：从传染源排出的分泌物、排泄物和处理不当的尸体散布在外界环境的病原体附着物，经干燥后形成尘埃，由于空气流动冲击，带有病原体的尘埃在空气中飘扬，被易感动物吸入而感染，称为尘埃传染。能借尘埃传播的传染病有结核病、痘病等。

②经污染的饲料和水传播：以消化道为主要侵入门户的传染病如鸡新城疫、沙门菌病、结核病等，其传播媒介主要是污染的饲料和饮水。

③经污染的土壤传播：随病禽排泄物、分泌物或其尸体一起落入土壤而能在其中生存很久的病原微生物称为土壤性病原微生物，它所引起的传染病有丹

毒等。

④经活的媒介物传播：非本种动物和人类也可能作为传播媒介传播禽类的传染病。

2. 垂直传播

垂直传播是病原通过母体经卵或精子、血液传给子代的传播方式，如鸡白痢的传播。禽常见的经卵传播的病原体主要有鸡白痢沙门菌、禽白血病病毒、禽腺病毒、鸡传染性贫血病毒、禽脑脊髓炎病毒等。

（三）禽群的易感性

易感性是抵抗力的反面，指禽对于某种传染病病原体感受性的大小。一个地区禽群中易感个体所占的百分率和易感性的高低，直接影响到该传染病是否能造成流行以及发生传染病的严重程度。禽易感性的高低虽与病原体的种类和毒力强弱有关，但主要还是由禽体的遗传特征、疾病流行之后的特异免疫等因素决定的。外界环境条件（如气候、饲料、饲养管理卫生条件等因素）可能直接影响到禽群的易感性和病原体的传播。

二、疫源地和自然疫源地

在发生传染病的地区，不仅是病禽和带菌者散播病原体，所有可能已接触病禽的可疑禽群和该范围以内的环境、饲料、用具和禽舍等也有病原体污染，这种有传染源及其排出的病原体存在的地区称为疫源地。疫源地具有向外传播病原的条件，因此可能威胁其它地区的安全。

自然疫源地则是病原体能在天然的条件下于野生动物体内繁殖，在野生动物中间传播并在一定条件下传染给家禽的疫病存在的地区。自然疫源地同样可以向外传播病原，威胁其它地区的安全。

疫区、疫点与疫源地的概念一般认为没有严格的区别，均指一定的地区范围。从传染病发生的角度来说，疫区是指正在流行某种传染病的地区，也包括病禽发病前后一定时间段内曾经到过的地区；从防疫工作角度来说，是指经过流行病学调查后所划定的需要执行防疫规定的地区。疫点是指疫源地的中心点，其范围较小，一般是指病禽所在的某一具体场所。疫区周围可能受到威胁的地区称为受威胁区。疫区和受威胁区统称为非安全区。受威胁区以外的地区为安全区。

疫源地的存在有一定的时间性，但时间的长短是由多方面复杂因素所决定的。只有当最后一个传染源死亡或痊愈后不再携带病原体，或已经离开该疫源地，对所污染的外界环境进行彻底消毒，并且经过该病的最长潜伏期，不再有新病例出现，还要通过血清学检查动物群均为阴性反应时，才能认为该疫源地已被消灭。如果没有外来的传染源和传播媒介侵入，这个地区就不再有这种传染病存在了。

三、传染病流行过程的特征

（一）流行过程的表现形式

在禽传染病的流行过程中，根据在一定时间内发病率的高低和传播范围的大小（流行强度），可区分为下列 4 种表现形式。

1. 散发性

发病数目不多，并且在一个较长的时间内只有个别地、零星地散在发生，疾病的发生无规律性，并且发病时间和地点没有明显的关系时，称为散发。

2. 地方流行性

在一定的地区和禽群中，带有局限性传播特征的，并且是比较小规模流行的禽传染病，可称为地方流行性。地方流行性一般认为有 2 方面的含义：一方面表示在一定地区一个较长的时间内发病的数量稍微超过散发性；另一方面除了表示一个相对的数量以外，有时还包含着地区性的意义。

某些散发性病在禽群易感性增高或传播条件有利时也可出现地方流行性，如巴氏杆菌病、沙门菌病。

3. 流行性

流行性是指在一定时间内一定禽群发病率超过寻常、传播范围广的一种流行。发病数量并没有绝对数界限，而仅仅是指疾病发生频率较高的一个相对性名词。因此任何一种病当其称为流行时，各地各禽群所见的病例数是很不一致的。

流行性疾病的传播范围广、发病率高，如不加防制常可传播到几个乡、县甚至省。这些疾病往往是病原的毒力较强，能以多种方式传播，畜群的易感性较高，如禽流感、新城疫等重要疫病可能表现为流行性。

“暴发”大致可作为流行性的同义词。一般认为，某种传染病在一个动物群或一定地区范围内，在短期内（该病的最长潜伏期内）突然出现很多病例时，可称为暴发。

4. 大流行

大流行是一种规模非常大的流行，流行范围可扩大至全国，甚至可涉及几个国家或整个大陆。在历史上禽流感等都曾出现过大流行。

上述几种流行形式之间的界限是相对的，不是固定不变的。

（二）流行过程的季节性和周期性

1. 季节性

某些禽传染病经常发生于一定的季节或在一定的季节出现发病率显著上升的现象，称为流行过程的季节性。

2. 周期性

某些传染病经过一定的间隔时期（常以年计）还可能表现再度流行，这种现象称为传染病的周期性。在传染病流行期间，易感禽除发病死亡或淘汰以外，其余由于患病康复或转为隐性感染而获得免疫力，因而使流行逐渐停息；但是经过一定时间后，机体免疫力逐渐消失，或新的一代出生，或引进外来的易感禽，使禽群易感性再度增高，结果可能重新暴发流行。

因禽类等食用动物每年更新或流动的数目很大，疾病可以每年流行，周期性表现一般并不明显。

四、影响流行过程的因素

在传染病流行过程中，各种自然因素和社会因素对传染源、传播媒介和易感动物 3 个环节中的某一环节产生影响作用。

（一）自然因素

自然因素包括气候、气温、湿度、阳光、雨量、地形和地理环境等，它们对上述 3 个环节的影响是相当复杂的。选择有利的地理条件设置养禽场，常可构成天然隔离和天然屏障，保护禽群不被传染源感染。气温、雨量等影响到病原体在外界生存时间长短，对吸血昆虫的繁殖、活动影响变为明显，这也是呼吸道传染病常在冬季发生以及血液原虫病多发生于夏季并呈一定程度分布的原因；自然因素可以增强或减弱畜禽机体的抵抗力，也是某些疾病的发生有较明显季节性的原因之一。另外，应激反应是促使机体抵抗力下降、从而使传染病发生和流行的不可忽视的因素。

（二）社会因素

社会因素主要包括社会制度、生产力、经济、文化、科学技术水平、法规是否健全及民情风俗等。这些既是促使传染病流行的原因，也是有效消灭和控制传染病流行的关键，其核心是严格执行法规和防制措施。要尽全力将人为因素导致的传染病发生和流行的可能降至最低，它所产生的效益将会十分巨大。

单元三 | 常用的流行病学调查和分析指标

一、流行病学调查的目的与意义

流行病学调查的主要目的是为了摸清传染病发生的原因和传播的条件及其影响因素，以便及时采取合理的防制措施，达到迅速控制和消灭传染病流行的目的。通过流行病学调查，在平时应掌握某地区影响传染病发生的一切条件，在发病时于疫区内进行系统的观察，查明传染病发生和发展的过程，诸如流行环节、影响因素、疫区范围、发病率和病死率等，为科学地制定防制措施提供依据。

二、流行病学调查的内容与方法

（一）流行病学调查的内容

流行病学调查的内容根据调查的目的和类型的不同而有所不同。一般有以下几个方面。

1. 本次流行情况调查

（1）各种时间关系　包括最初发病的时间、患病动物最早死亡的时间、死亡出现高峰和高峰持续的时间以及各种时间之间的关系等。

（2）空间分布　最初发病的地点、随后蔓延的情况、目前疫情的分布及蔓延趋向等。

（3）受害动物群体的背景及现状资料　疫区内各种动物的数量和分布，发病和受威胁动物的种类、品种、数量、年龄、性别等。

（4）各种频率指标　感染率、发病率、病死率等。

（5）防制措施　采取了哪些措施及效果。

2. 疫情来源调查

（1）既往病史　本地过去是否发生过类似的传染病、流行的方式、是否经过确诊及结论、何时采取过哪些防制措施及效果、有无历史资料可查、附近地区是否发生、这次发病前是否由外地引进动物及其产品或饲料、输出地有无类似疾病存在等。

（2）致病因子　可能存在的生物、物理和化学等各种致病因子，死亡动物尸体如何处理，粪便如何处理等。

3. 传播途径和方式调查

（1）饲养管理　本地的饲养管理方法、牧场情况、防疫卫生情况等。

（2）检疫　交通检疫、市场检疫和屠宰检疫的情况，病死动物的处理，有哪些助长疫病传播蔓延的因素和控制扑灭疫病的经验等。

(3) 自然环境　疫区的地理、地形、河流、交通、气候和植被等。

(4) 传播媒介　野生动物、节肢动物和鼠类等传播媒介的分布和活动情况，它们与疫病的发生及蔓延传播关系如何等。

4. 相关资料调查

该地区的政治、经济基本情况，人们生产和生活活动以及流动的基本情况和特点，动物防疫检疫机构的工作情况，当地有关人员对疫情的看法等。

(二) 流行病学调查的主要方法

1. 询问调查

这是流行病学调查中一个最主要的方法。询问对象主要是动物饲养管理和疫病防疫检疫以及生产管理等有关知情人员。询问过程中要注意工作方法，通过询问、座谈等方式，力求查明传染源、传播媒介、自然情况、动物群体资料、发病和死亡情况等，并将调查收集到的资料分别记入流行病学调查表格中。

2. 现场观察

调查人员除询问、座谈外，还应仔细观察疫区的情况，以便进一步了解流行病发生的经过和关键问题的所在。可根据不同种类的疾病进行重点项目的调查。例如，在发生肠道传染病时，应特别注意饲料的来源和质量、水源的卫生条件、粪便和尸体的处理等相关情况；在发生由节肢动物传播的传染病时，应注意调查当地节肢动物种类、分布情况、生态习性和感染情况等；另外，对疫区的一般兽医卫生情况、地理分布、地形特点和气候条件等也要调查。

3. 实验室检查

为了确诊，往往还需要对患病动物或可疑动物应用病原学、血清学、变态反应、尸体剖检和病理组织学等各种诊断方法进行检查。通过检查可以发现隐性传染源、证实传播途径、掌握动物群体免疫水平、发现有关病因因素等。

4. 生物统计学方法

在调查时可应用生物统计学的方法统计疫情。必须对所有的发病动物数、死亡动物数、屠宰数以及预防接种数等加以统计、登记和分析整理。

三、流行病学调查的分析与统计

流行病学分析是应用流行病学调查材料来揭示传染病流行过程的本质和相关因素。把调查的材料，经过去粗取精、去伪存真，进行加工整理，综合分析，得出流行过程的客观规律，并对有效措施做出正确的评价。流行病学调查为流行病学分析积累材料，而流行病学分析可以从调查材料中找出规律，同时为下一次流行病学调查提出新的任务，如此循环，以指导防疫实践。

流行病学调查分析中常用的统计指标有以下几种。

（一）数、率、比的概念

（1）数　指绝对数，如感染数、发病数、死亡数等。

（2）率　指一定数的动物群体中发病的动物数量。可用百分率、千分率等来表示。

（3）比　指构成比，也用百分比表示，但不能与“率”混同使用于互相比较。

（二）常用的频率指标

（1）发病率　指一定时期内某动物群中发生某病新病例的频率，见式（1－1）。发病率能较全面地反映出传染病的流行情况，但不能说明整个流行过程，因为常有许多动物呈隐性感染，而同时又是传染源。

$$发病率=\frac{一定时期内某动物群体某病的新病例数}{同期内该群动物平均数}\times 100\% \qquad (1-1)$$

（2）感染率　指用临诊诊断法和各种检验法（微生物学、血清学、变态反应等）检查出来的所有感染某传染病的动物总数（包括隐性感染动物）占被检查的动物总数的百分比，见式（1－2）。统计感染率能比较深入地反映出流行过程的情况，特别是在发生某些慢性传染病时具有重要的实践意义。

$$感染率=\frac{感染某传染病的动物总数}{被检查的动物总数}\times 100\% \qquad (1-2)$$

（3）患病率（流行率、病例率）　是指在某一指定时间内动物群中存在某病的病例数的比率，病例数包括该时间内新老病例，但不包括此时间前已死亡和痊愈者，见式（1－3）。

$$患病率=\frac{在某一指定时期动物群中存在的病例数}{在同一指定时间该群动物总数}\times 100\% \qquad (1-3)$$

（4）死亡率　是指因某病死亡的动物数占某种动物总数的百分比，见式（1－4）。死亡能表示该病在动物群中造成死亡的频率，而不能说明传染病发展的特性，仅在死亡率高的急性传染病时才能反映出流行状态；但对于不易致死或发病率高而死亡率低的传染病来说，则不能表示出流行范围广泛的特征。因此，在传染病发展期还要统计发病率。

$$死亡率=\frac{某动物群在一定时期内因某病死亡动物数}{同时期该种动物总数}\times 100\% \qquad (1-4)$$

（5）病死率　是指因某病死亡的动物总数占该病患病动物总数的百分比，见式（1－5）。病死率能表示某病在临诊上的严重程度，因此能比死亡率更为精确地反映出传染病的流行过程和特点。

$$病死率=\frac{某时期内因某病死亡动物数}{同时期患该病动物数}\times 100\% \qquad (1-5)$$

（6）携带率　是与感染率相近似的概念。根据病原体的不同又可分为带菌率、带毒率、带虫率等，见式（1－6）和式（1－7）。

$$发病比 = \frac{患某种疾病的动物数}{各种疾病的患病动物数} \times 100\% \tag{1-6}$$

$$死亡比 = \frac{因某种疾病死亡的动物数}{因各种疾病死亡的动物数} \times 100\% \tag{1-7}$$

一、疾病的概念、病因及分类

（一）疾病的概念

疾病是指动物机体在致病因素的作用下发生的损伤与抗损伤的复杂斗争过程。在这个过程中，机体表现出一系列的功能、代谢和形态结构的变化。生产能力下降、经济价值降低是区分动物疾病与健康的重要标志之一。

（二）禽病的发生原因

引起禽病发生的因素很多，一般分为外界致病因素和内部致病因素。

1. 外界致病因素

外界致病因素主要可分为机械性、物理性、化学性、生物性致病因素以及饲养管理因素。

（1）机械性致病因素　主要指引起机体损伤的各种机械力，如锐器及钝器的打击、爆炸的冲击、机体由高处坠下所引起的各种损伤，打、压、刺、砍、咬、摔、擦等机械力造成的损伤。

（2）物理性致病因素　一般包括高温、低温、电流、光线（紫外光、红外线）、电离辐射、气压等物理因素达到了一定强度或作用时间较长，可使禽发生损伤。

（3）化学性致病因素　对禽有致病作用的化学物质很多，包括强酸、强碱、重金属盐类、农药、化学毒剂、某些药物等。

（4）生物性致病因素　为临床上最常见的致病因素，主要包括各种病原微生物（细菌、病毒、支原体、立克次体、螺旋体、真菌等）和寄生虫（如原虫、蠕虫等）。这些病原体可引起禽的各种传染病、寄生虫病、中毒病和肿瘤等疾病。

（5）饲养管理因素　主要指各种营养物质（如蛋白质、矿物质、能量等）的摄取不足或营养过剩以及饲养管理方式不当，如密度过大、光照和通风不足、惊吓、长途运输等造成禽发病。

2. 内部致病因素

禽病发生的内部因素，一般指禽的遗传性、免疫功能状态、神经和内分泌系统的功能状态、营养因素、年龄和性别等因素。机体对致病因素的易感性和防御能力，既与机体各器官结构、功能和代谢特点及防御机构的功能状态有关，又与机体一般特性，即禽的品种、年龄、性别、营养状态、免疫状态等个体反应有关。

（1）品种差异　禽品种不同，对各种致病因素的抵抗力也不尽相同。

（2）年龄差异　不同年龄的禽对外界致病因素刺激的反应性也不相同，一般而言，幼禽和老年禽的抵抗力低。此外，不同年龄的禽对不同病原体的敏感性也有差异，如幼鸡易患白痢、球虫病，中鸡易患马立克病等。

（3）性别差异　禽的性别不同，其组织器官的结构不同，内分泌的特点也不一致，因此，对病原刺激的反应性也不相同。例如，母鸡比公鸡患白血病的几率更高。

（4）营养差异　营养不良的禽，对疾病的易感性明显增高。

（5）免疫状态差异　免疫能有效地抵御病原微生物的侵袭、阻止传染病的发生。因此，经过特异性免疫的禽比未免疫的禽能有效地抵抗相应病原微生物的入侵，如免疫过新城疫疫苗的鸡比未免疫过的鸡对新城疫的抵抗力要强。

综上所述，禽病的发生不是单一原因引起的，而是外因和内因相互作用的结果，二者在疾病的发生过程中所起的作用不同。一般来说，内因是禽病发生的根据，外因只是条件，外因必须通过内因而起作用。

（三）疾病的分类

在临床上，为了方便地诊治禽病及有针对性地采取有效的防制措施，常将疾病进行分类。疾病的分类方法有很多，通常有以下几种。

1. 根据病程长短分类

根据病程长短分类可分为最急性型、急性型、亚急性型和慢性型。

2. 根据患病系统分类

根据患病系统分类可分为神经系统病、循环系统病、造血系统病、呼吸系统病、消化系统病、泌尿系统病和生殖系统病等。

3. 根据病因分类

（1）传染病　指病原微生物侵入机体，并在体内生长繁殖而引起的（由病原微生物感染机体，具有一定潜伏期和临诊表现）具有传染性的疾病。传染病是禽病中最重要的一类疾病，在临床上很常见，一旦发生，造成的经济损失很大。传染病的病原体是各种病原微生物，包括病毒、细菌、真菌、支原体、衣原体和螺旋体等。

（2）寄生虫病　指寄生虫侵入机体内或损伤体表而引起的疾病。禽的寄生虫病在临床上同样比较常见，如鸡球虫病、鸡蛔虫病、鸡绦虫病等，通常可使鸡生产性能下降，甚至引起鸡大批死亡。

传染病和寄生虫病通常也称疫病。

（3）普通病　又称非传染性疾病，是指由一般性病因（如机械性、物理性和化学性因素）的作用或由于某些营养物质的缺乏所引起的疾病。临床上比较常见有营养代谢性疾病、中毒性疾病、因饲养管理不当造成的疾病、外科疾病、消化障碍病及一些肿瘤性疾病等。

二、病原微生物感染及其类型

（一）感染的概念

病原微生物侵入动物机体，并在一定的部位定居、生长繁殖，从而引起机体一系列的病理反应，这个过程称为感染。

（二）感染的类型

病原微生物的侵犯与动物机体抵抗侵犯的矛盾运动是错综复杂的，受到多方面因素的影响，因此，感染过程在各种不同的因素影响下可分为各种形式和类型。感染的类型主要包括如下几种。

1. 外源性和内源性感染

病原微生物从动物体外侵入机体引起的感染过程，称为外源性感染，大多数传染病属于这一类。如果病原体是寄生在动物机体内的条件性病原微生物，在机体正常的情况下，它并不表现其病原性；但当机体受到不良因素的影响致使动物机体的抵抗力减弱时，可引起病原微生物的活化，增强毒力，大量繁殖，最后引起机体发病，这种现象称为内源性感染。

2. 单纯感染、混合感染和继发感染

由一种病原微生物所引起的感染，称为单纯感染或单一感染，大多数感染过程都是由单一病原微生物引起的。由两种以上的病原微生物同时参与的感染，称为混合感染。动物感染了一种病原微生物之后，在机体抵抗力减弱的情况下，又由新侵入的或原来存在于体内的另一种病原微生物引起的感染，称为继发感染。新城疫病毒是引起鸡新城疫的主要病原体，但慢性新城疫常出现由大肠杆菌引起的继发感染。混合感染和继发感染的疾病都表现严重而复杂，给诊断和防制增加了困难。

3. 显性感染和隐性感染

表现出该病所特有的明显的临诊症状的感染过程称为显性感染。在感染后不呈现任何临诊症状而呈隐蔽经过的称为隐性感染。隐性感染又称亚临诊型，有些病禽虽然外表看不出症状，但体内可呈现一定的病理变化；有些隐性感染病禽则既不表现症状，又无肉眼可见的病理变化，但它们能排出病原体散播传染，一般只能用微生物学和血清学方法才能检查出来。这些隐性感染的病禽在机体抵抗力降低时也能转化为显性感染。

4. 顿挫型、消散型和温和型感染

感染时开始症状较轻，特征症状未见出现即行恢复者称为消散型（或一过型）感染。开始时症状较重，与急性病例相似，但特征性症状尚未出现即迅速消退恢复健康者，称为顿挫型感染，这是一种病程缩短而没有表现该病主要症状的轻病例，常见于疾病的流行后期。还有一种临诊表现比较轻缓的类型，一般称为温和型。

5. 局部感染和全身感染

由于动物机体的抵抗力较强，而侵入的病原微生物毒力较弱或数量较少，病原微生物被局限在一定部位生长繁殖，并引起一定病变的称局部感染。但是，即使在局部感染中，动物机体仍然作为一个整体，其全部防御功能都参加到与病原体的斗争中去。如果动物机体抵抗力较弱，病原微生物冲破了机体的各种防御屏障侵入血液向全身扩散，则发生严重的全身感染。这种感染的全身化，其表现形式主要有菌血症、病毒血症、毒血症、败血症等。

6. 典型感染和非典型感染

二者均属显性感染。在感染过程中表现出该病的特征性（有代表性）临诊症状者，称为典型感染。而非典型感染则表现或轻或重，与典型症状不同。如典型新城疫具有腺胃乳头出血等特征性病理变化，而非典型新城疫轻者仅有肠道出血或扁桃体出血，只有严重者才可见部分鸡表现腺胃乳头出血等病理变化。

7. 良性感染和恶性感染

一般常以病禽的死亡率作为判定传染病严重性的主要指标。如果该病并不引起病禽的大批死亡，可称为良性感染；相反，如能引起大批死亡的，则可称为恶性感染。机体抵抗力减弱和病原体毒力增强等都是传染病发生恶性感染的原因。

8. 最急性、急性、亚急性和慢性感染

最急性感染病程短促，常在数小时或1d内突然死亡，症状和病变不显著，常见于疾病的流行初期。急性感染病程较短，自几天至二三周不等，并伴有明显的典型症状。亚急性感染的临诊表现不如急性那么显著，病程稍长，和急性相比是一种比较缓和的类型。慢性感染的病程发展缓慢，常在1个月以上，临诊症状常不明显或甚至不表现出来，如结核病等。

传染病的病程长短决定于机体的抵抗力和病原体的致病力等因素，同一种传染病的病程并不是经常不变的，一个类型常易转变为另一个类型。例如，急性或亚急性传染性喉气管炎可转变为慢性经过；反之，结核病等在病势恶化时也可转为急性经过。

三、家禽传染病的新流行特点

1. 家禽传染病种类增多、死亡率高

据不完全统计，目前对我国养禽业构成威胁和造成危害的疾病已达80多种，其中传染病最多，约占禽病总数的75%以上；同时，发病禽的种类也逐渐增多，除常见鸡、鸭、鹅家禽外，其它鸽、孔雀、鹌鹑、鸵鸟、七彩山鸡、珍珠鸡等及观赏鸟都有发病的报道。我国每年因各类禽病导致家禽的死亡率可高达15%~20%，经济损失达数百亿元。

2. 家禽新传染病不断出现

近年来，随着家禽及其产品贸易的全球化和我国养禽业的快速发展，给我国禽业带来诸多问题，这就是旧病未除，又添新病。

危害较大的有高致病性禽流感、鸡传染性贫血、肾型传支和多病因所致腺胃炎、鸡病毒性关节炎、禽网状内皮组织增生症、包涵体肝炎、产蛋下降综合征、雏鸭病毒性肝炎、番鸭细小病毒病、鸭疫里默杆菌病、鸭新城疫、鸭法氏囊病、鹅副黏病毒病、雏鹅新型病毒性肠炎、鹅红眼病、J 亚群禽白血病、禽衣原体病、肉鸡腹水综合征和隐孢子虫病等。

3. 家禽传染病病原体变异

近年来，在禽病的发生和流行过程中，由于禽传染病的很多病原体发生抗原漂移、抗原变异，导致临床症状和病理变化非典型化。如：

（1）传染性法氏囊病病毒（IBDV） 20 世纪 70 年代后期至 80 年代，表现为强毒型（VIBDV）；进入 90 年代，表现为超强毒型（VVIBDV）。

（2）新城疫病病毒（NDV） 20 世纪 90 年代中期前，以中发型和速发型为主；90 年代中期后，表现为速发型。

（3）IBD 20 世纪 80 年代以前，主要发生于 2 ~ 15 周龄的鸡，4 ~ 6 周龄的鸡最易感；90 年代至今，早可提前到 3 ~ 4 日龄，晚可推迟到 25 周龄的鸡照常发病。

（4）ND 20 世纪 90 年代以前，鸭、鹅不发病；90 年代中期以后，鸡、鸭、鹅均发病，且可互相传播。

4. 家禽传染病危害加大

随着集约化养禽场的增多和规模的不断扩大，污染日趋加重。近年来细菌性疾病和寄生虫病明显增多，由此所造成的危害也在加重。如鸡的大肠杆菌病、沙门菌病、葡萄球菌病、绿脓杆菌病、支原体病、鸭疫里默杆菌病、鸡球虫病和鸡住白细胞原虫病等，这些病原广泛存在于养禽环境中，可通过多种途径传播，成为养禽场的常在菌和常发病，导致发病率和死亡率上升、鸡肉品质下降、经济效益下降，甚至有的病原体还可通过禽肉产品传染给人类，危害人体健康，尤其是禽流感造成人的感染和死亡。2005 年，国外报道多起人因感染禽流感而死亡的新闻，从而引起国内禽产品消费市场的大恐慌。

另外，家禽的某些损害免疫系统的疾病，如传染性法氏囊病、传染性贫血、网状内皮组织增生症、马立克病、禽白血病等免疫抑制病的存在，使得家禽免疫功能及抵抗力下降，也很容易造成细菌性疾病的发生。更令人担忧的是由于滥用抗生素和饲料中长期添加低剂量的抗生素添加剂，导致细菌耐药性越来越普遍、越来越严重，控制细菌性疾病已成为一大难题。

5. 家禽传染病混合感染增加

在实际生产中常见很多病例是由 2 种或 2 种以上的病原对同一鸡体协同致病，引起的并发病和继发感染的病例上升。特别是一些条件性、环境性病原微生物所致的疾病，有 2 种病毒病同时发生，有细菌病与病毒病同时发生，或者几种细菌病、细菌病和寄生虫病、病毒病与寄生虫病同时发生，这些多病原的混合感染给诊断和防制工作带来了难度。

6. 家禽免疫抑制性传染病增多

免疫抑制性疾病普遍存在，是笼罩我国养禽业的阴影。免疫抑制性疾病的免疫抑制机制主要是破坏淋巴细胞系统，破坏巨噬细胞系统。常见的老的免疫抑制性疾病有 MD，IBD。近年来，新的免疫抑制性疾病有网状内皮增生症病毒（REV）、传染性贫血因子（CIA）、呼肠孤病毒（REOV）、白血病病毒（ALV）等。目前很多家禽传染病都有免疫失败的报道，并有日益增多的趋势。

7. 隐性感染、持续性感染增多

鸭、鹅等历来是新城疫和禽流感的贮主，正常水禽中分离到禽流感和新城疫病毒很容易，水禽普遍带毒不发病，以前曾有从水禽中分离筛选新城疫病毒作为鸡的弱毒苗；但近几年禽流感、新城疫造成水禽的传染流行，并损失严重。

一、名词解释

传染病、流行过程、传染源、易感性、病原携带者、潜伏期、传播媒介、传播途径、垂直传播、水平传播、直接接触传播、间接接触传播、疫源地、疫点、疫区、散发性、地方流行性、流行性、大流行、暴发、发病率、感染率、死亡率、病死率。

二、简答题

1. 简述传染病的基本特征。
2. 传染病的病程发展分为哪几个阶段？
3. 传染病发生必须具备哪些条件？
4. 传染病流行过程的 3 个基本环节是什么？
5. 影响流行过程的主要因素有哪些？
6. 根据流行强度，传染病流行过程表现形式可分为哪几种？
7. 家禽传染病流行过程的 3 个基本环节在家禽传染病防制上的意义何在？
8. 传染来源包括哪几种？为什么说病禽是重要的传染源，而病原携带者是更危险的传染源？

9. 家禽传染病的传播途径包括哪些？了解这些传播途径有何意义？

10. 影响家禽易感性的因素有哪些？如何降低禽群的易感性？

11. 家禽传染病流行过程为什么存在季节性？研究家禽传染病的季节性在流行病学上有何意义？

12. 流行病学调查的目的和意义是什么？

13. 流行病学调查和分析中常用的频率指标有哪些？如何计算？

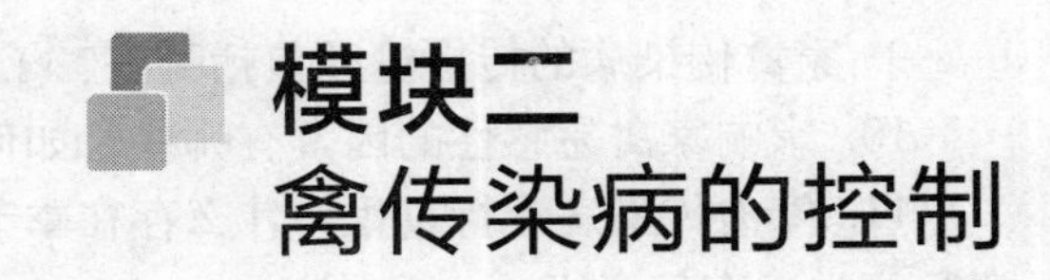

模块二 禽传染病的控制

单元一 | 常规预防措施

随着养禽业的发展，单位面积内饲养的家禽数量在增加，家禽及禽产品的广泛流通，使规模养禽场的安全问题面临着严峻考验，一旦病原微生物传入发生疫病，特别是病毒性传染病，多无有效疗法，某些烈性疫病可致灾难性的损失。一些养禽场为了预防和控制疫病，滥用药物和违规药品，造成禽产品中药物残留量严重超标，对人体造成了极大危害。因此，养禽场必须高度重视生物安全，建立兽医生物安全体系，真正做到“预防为主、防重于控”。

（1）兽医生物安全体系的概念　是指采取必要措施，最大限度地减小各种致病因子对动物群造成危害的一种动物生产体系，简要地讲就是防止有害生物（包括微生物、寄生虫、啮齿动物和野生鸟类）进入和感染禽群。

（2）兽医生物安全体系的目标　是防止病原微生物的侵袭，保持最佳的生产状态，获得最大的经济效益。

（3）兽医生物安全体系的作用和意义　兽医生物安全是目前最经济、最有效的传染病控制方法，也是所有传染病的预防前提，它将疾病的综合性防制作为一项系统工程，在空间上重视整个生产系统中各部分的联系，在时间上将最佳的饲养管理条件和传染病综合防制措施贯彻于动物养殖生产的全过程，强调了不同生产环节之间的联系及其对动物健康的影响。

兽医生物安全体系集饲养管理和疾病防疫为一体，通过提高饲养管理水平和完善防疫免疫措施来阻止各种致病因子的侵入，防止动物群体受到疾病的危害，不仅对疾病的综合性防制具有重要意义，而且对提高动物生长性能、保证其处于最佳生长状态也是必不可少的。因此，它是动物传染病综合性防疫措施在集约化养殖条件下的发展和完善。

兽医生物安全体系内容主要包括动物及其养殖环境的隔离、人员物品流动控制以及疫病控制等。广义地讲，包括用以切断病原微生物传入途径的所有措施；就家禽生产而言，包括禽场规划与布局、环境的隔离、生产制度确定、消毒、人员物品流动的控制、免疫程序、主要传染病的监测和家禽废弃物的管理等。

一、免疫接种

免疫接种是用人工的方法给禽群接种疫苗，从而激发禽群产生对某种病原微生物的特异性抵抗力，防止发生传染病，使易感动物转化为不易感动物的一种手段。有计划、有组织地进行免疫接种，是预防和控制家禽传染病的重要措施之一。在某些传染病如禽流感、鸡新城疫等病防制措施中，免疫接种更具有关键性的作用。

（一）免疫接种的类型

根据免疫接种进行的时机不同，可分为预防接种和紧急接种两类。

1. 预防接种

在经常发生某些传染病的地区，或有某些传染病潜在的地区，或受到邻近地区某些传染病经常威胁的地区，为了防患于未然，在平时有计划地给健康禽群进行的免疫接种，称为预防接种。预防接种通常使用疫苗、菌苗、类毒素等生物制剂做抗原激发免疫。用于人工自动免疫的生物制剂可统称为疫苗，包括用细菌、支原体、螺旋体制成的菌苗，用病毒制成的疫苗和用细菌外毒素制成的类毒素。根据所用生物制剂的品种不同，可采用不同的接种方法。

2. 紧急接种

紧急接种是在发生传染病时，为了迅速控制和扑灭疫病的流行，而对疫区和受威胁区尚未发病的家禽进行的应急性免疫接种。多年来的实践证明，在疫区内使用某些疫（菌）苗进行紧急接种是切实可行的，例如在应对鸡新城疫和鸭瘟等一些急性传染病时，已广泛应用疫苗做紧急接种，取得了较好的效果。

（二）免疫接种的方法

家禽免疫接种的方法根据生产规模和模式不同可分为群体免疫法和个体免疫法。群体免疫包括气雾、饮水；个体免疫包括滴鼻、点眼、翼膜刺种、羽毛囊涂擦、皮下和肌肉注射、擦肛等。具体采用哪一种方法，应依据生产实际情况和疫苗的使用说明进行合理选择。

（三）免疫程序

免疫程序是指在禽的生产周期中，为了预防某种传染病而制定免疫接种的次数、间隔时间、疫苗种类、用量、用法等。科学制定免疫程序时应注意的因素有：本地区禽病流行的情况及严重程度，母源抗体水平，禽的种类、日龄，各种疫苗接种方法等。最好是通过免疫监测测定接种禽的抗体水平，合理制定免疫程序。

（四）免疫监测

免疫监测有两个含义，一是接种后检验疫苗是否接种有效。由于受疫苗的质量、接种方法和操作过程、机体的健康状况等因素影响，接种了疫苗并不等于肯定有效，所以接种疫苗后2～3周要抽样进行监测。但需要注意的是，不是所有接种的疫苗都能进行监测，因还缺乏行之有效的便于操作的检验方法，现在能被广泛使用的有新城疫、禽流感、产蛋下降综合征、鸡痘等。二是对整个免疫期监测是否有足够的免疫力。这在规模化养禽场受到了高度重视，特别是对一些危害严重的传染病要经常进行抽样检查，确保有足够的免疫力。

二、药物预防

不是所有的禽病都可以用疫苗来预防，而且即便使用了疫苗预防，有时也因为各种因素的影响，预防效果也不够理想，所以药物预防在保障禽群健康方面有着重要作用。药物预防指把安全而低廉的药物加入饲料和饮水中进行的群体药物预防。

三、消毒

消毒是指通过物理、化学或生物学方法杀灭或清除环境中病原体的技术或措施。消毒可将养殖场、交通工具和各种被污染物品中病原微生物的数量减少到最低或无害的程度，通过消毒能够杀灭环境中的病原体、切断传播途径、防止传染病的传播和蔓延。

（一）消毒的类型

根据消毒的目的，可以将其分为以下三种类型。

1. 预防性消毒

结合平时的饲养管理对畜舍、场地、用具和饮水等进行定期消毒，以达到预防一般传染病的目的。

2. 随时消毒

在发生传染病时，为了及时消灭刚从病畜体内排出的病原体而采取的消毒措施。消毒的对象包括病畜所在的畜舍、隔离的场地以及被病畜分泌物排出所污染和可能污染的一切场所用具和物品。禽场在解除封锁前，应进行定期多次消毒，病畜隔离舍应每天和随时消毒。

3. 终末消毒

在病畜解除隔离、痊愈或死亡后，或者在疫区解除封锁之前，为了消灭疫区内可能残留的病原微生物所进行的全面彻底的大消毒。

（二）消毒的主要方法

1. 物理消毒法

物理消毒法是通过机械性清扫、冲洗、通风换气、高温、干燥、照射等物理方法，对环境和物品中的病原体进行清除或消灭。

2. 化学消毒法

在兽医实践中，常用化学药品的溶液来进行消毒。

根据消毒剂的化学特性可分为酚类、醛类、酸类、醇类、碱类、氯制剂、氧化剂、碘制剂、染料类、重金属盐和表面活性制剂等消毒剂。要进行有效且经济的消毒，必须认真选择适用的消毒剂。

3. 生物热杀毒法

生物热杀毒法是通过堆积发酵、沉淀池、沼气池发酵等热或产酸，以杀灭粪便、污水、垃圾及垫草内部病原体的方法。

四、杀虫、灭鼠和防鸟

（一）杀虫

家禽场重要的虫害包括蚊、蝇、蜱等节肢动物的成虫、幼虫、虫卵。常用的杀虫方法分为物理性、化学性、生物性三种方法。

1. 物理杀虫法

物理杀虫法包括机械拍打捕捉、喷灯火焰烧杀、沸水或蒸汽热杀灭。

2. 化学杀虫法

化学杀虫法主要是应用化学杀虫剂来杀灭。根据杀虫剂对节肢动物的毒杀作用可分为胃毒药剂、接触毒药剂、熏蒸毒药剂、内吸毒药剂等。常用的杀虫剂有敌百虫、敌敌畏、避蚊胺、倍硫磷、马拉硫磷、双硫磷、辛硫磷等。

3. 生物杀虫法

生物杀虫法是用昆虫的天敌或病菌及雄虫绝育技术等方法杀灭昆虫，如养柳条鱼灭蚊、用辐射使雄性昆虫绝育，或使用过量激素抑制昆虫的变态和蜕皮，还可利用病原微生物感染昆虫使其死亡、消灭昆虫滋生繁殖的环境等，都是有效的杀灭昆虫的方法。

（二）灭鼠

鼠类除了给人类的经济生活带来巨大的损失外，对人和动物的健康威胁也很大。作为人和动物多种共患病的传播媒介和传染源，鼠类可以传播许多传染病。因此，灭鼠对兽医防疫和公共卫生都具有重要的意义。

灭鼠工作应从 2 个方面进行：一方面根据鼠类的生态学特点防鼠、灭鼠，应从动物栏舍建筑和卫生措施方面着手，防止鼠类的滋生和活动，使鼠类在各种场所生存的可能性达到最低限度，使它们难以得到食物和藏身之处；另一方面采取各种方法直接杀灭鼠类。灭鼠的方法大体上可分为器械灭鼠和药物灭鼠两类。

（三）防鸟

飞鸟与家禽对大多数疾病和外寄生虫均可共同感染，它们将疾病传播给家禽既容易又迅速。在飞鸟出没较多的地方，开放式禽舍的上空应有防范措施，一般常用高架铁丝网或塑料网防护。

五、废弃物处理

粪便、污水、尸体、其它废弃物是防止疾病传播的主要控制对象，是病原体的主要集存地。粪便应及时运到指定地点，进行堆积生物热处理或干燥处理后做农业用肥，不得作为其它动物饲料，所有的废弃物必须进行无害化处理。病死禽严禁食用或乱扔，更不能出售，严禁鸡贩子进场收购，要在离开禽场较远的地方进行高温处理。禽场污水的处理可根据情况采用物理、化学或生物方法进行净化。正确处理废弃物，在消灭传染源、切断传播途径、阻止传染病流行、保障人和动物健康等方面具有非常重要的意义，是兽医综合性防疫体系中的重要组成部分。

单元二 | 发病后扑灭措施

一、疫情报告及诊断

报告疫情、互通情报。做到早上报、早确诊。一旦发生传染病，应立即向所在兽医行政和有关部门报告详细情况，以取得重视和支持；同时要向邻近的养殖场和养户通报情况，密切注意疫情动态，防止其所养家禽感染。根据发病情况采取综合诊断方法，尽快做出确切诊断。当发生国家规定的一类传染病（如高致病性禽流感）时，要立即向上级有关部门报告当地发生的疫情，防止疫情进一步扩大。业务主管部门接到报告后要立即派人到现场协助诊断和紧急处理。

二、隔离和消毒

（一）隔离

隔离是指将患病动物和疑似传染动物控制在一个有利于防疫和生产管理的环境中进行单独饲养和防疫处理的方法。由于传染源具有持续或间歇性排出病原微生物的特性，为了防止病原体的传播，将疫情控制在最小的范围内就地扑灭，必须对传染源进行严格的隔离、单独饲养和管理。根据检疫和诊断结果，将全部动物分为患病、可疑感染和假定健康 3 类进行隔离。

1. 患病动物

患病动物指具有典型症状或类似症状，或其它检查为阳性者，它们是最主要的传染源。应选择不易散播病原体、消毒处理方便的场所进行隔离。如果动物数量较多，可集中在原来的舍内，特别注意严格消毒，加强卫生和护理，指定专人看管并及时治疗。

2. 可疑感染动物

可疑感染动物指未发现任何症状，但与患病动物及其污染环境有过明显接触的动物。这类动物有可能处在潜伏期，并有排菌（毒）的危险，应在消毒后另选地点将其隔离，限制其活动，详细观察，出现症状者则按患病动物处理。有条件时应立即进行紧急免疫接种或预防性治疗。隔离观察时间的长短，可根据该病潜伏期的长短而定，经一定时间不发病者，可取消其限制。

3. 假定健康动物

除上述 2 类外，疫区内其它易感动物均属假定健康动物。应与上述 2 类严格隔离饲养，加强防疫消毒和相应的保护措施，立即进行紧急免疫接种，必要时可根据实际情况分散饲养或转移至偏僻地点。

当发生传染病时，工作人员和技术人员不能窜舍，工具要专用，防止病原体由发病舍向其它舍传播。特别是发生一类传染病（如高致病性禽流感），接触病禽的人员要严格隔离，即使就餐时也不能互相接触。

（二）消毒

对所有用具、禽舍、粪便、场地等一切被污染的物品及其周围要用火碱水等消毒药进行彻底消毒，间隔 1 周再进行 1 次；控制人员、饲料、车辆、用具、粪便和垫料的流动或移动；病、健舍的门口放置消毒槽，注入消毒液；进出人员须消毒。

三、封锁

（1）封锁　当暴发某些重要的传染病时，除严格隔离病畜外，还应采取划区封锁的措施，以防止疫病向安全区扩散和健畜误入而被传染。根据《中华人民共和国动物检疫法》的规定，当发生某些一类传染病或当地新发现的畜禽传染病时，兽医人员应立即报请当地政府机关，划定区域范围，进行封锁。封锁的目的是保护广大地区畜禽的安全和人类的健康，把疫病控制在封锁区域内，集中力量就地扑灭。

（2）封锁的原则　执行封锁时应掌握“早、快、严、小”的原则，即疫情报告和执行封锁要早、行动要快、封锁要严、范围要小。

（3）封锁确定　根据《中华人民共和国动物防疫法》的规定，当确诊为禽流感、新城疫等一类传染病或当地新发现传染病时，当地县级以上地方畜牧兽医行政管理部门应当立即派人到现场，划定疫点、疫区和受威胁区，采集病料，调查疫源，及时报请同级人民政府决定对疫区实行封锁，将疫情等情况逐级上报国务院畜牧兽医行政管理部门。

（4）封锁区的划分　根据所怀疑或诊断的传染病的特点、流行规律、动物分布、地理环境、居民点以及交通等条件确定疫点、疫区和受威胁区。

①封锁实施：根据《中华人民共和国动物防疫法》的规定，采取以下措施：

a. 县级以上地方人民政府应当立即组织有关部门和单位采取隔离、扑杀、销毁、消毒、紧急免疫接种等强制性控制和扑灭措施，迅速扑灭疫病，并通报毗邻地区。

b. 在封锁期间，禁止染疫和疑似染疫的动物、动物产品流出疫区，禁止非疫区的动物进入疫区，并根据扑灭动物疫病的需要，对出入封锁区的人员、运输工具及有关物品采取消毒和其它限制性措施。

c. 疫区范围涉及 2 个以上行政区域时，由有关行政区域共同的上一级人民政府决定对疫区实行封锁，或者由各有关行政区域的上一级人民政府共同决定对疫区实行封锁。

②解除封锁：疫区（点）内最后一头患病动物扑杀或痊愈后，经过该病

一个潜伏期以上的检测、观察，再未出现患病动物时，经彻底消毒清扫，由县级以上畜牧兽医行政管理部门检查合格后，经原发布封锁令的政府发布解除封锁，并通知毗邻地区和有关部门，病愈动物则根据带菌（毒）时间控制在原疫区范围内，不得将其调到安全区。

四、紧急免疫接种

对健康或假定健康禽群，都要进行紧急预防注射所患疾病的疫（菌）苗，以提高健康禽群的抵抗力。注意感染处于潜伏期的病禽不宜注射疫（菌）苗，否则会加速其死亡。因而在紧急接种后一段时间内，动物群中发病数可能增多。急性传染病一般潜伏期较短，而接种疫苗后又很快使动物产生抵抗力，最终可能使发病下降，致使流行平息。发生新城疫和鸭瘟等急性传染病时，用疫苗进行紧急接种，效果较好。

对于受威胁区的紧急免疫接种，其目的是建立“免疫带”包围疫区，以防传染病的蔓延。受威胁区的大小视疫病的性质而定，某些流行性强的传染病如禽流感等，其免疫带在疫区周围 5 ~ 10 km 以上。

五、传染病病禽的治疗和扑杀

确诊了的疾病，要根据病的特点采用相应的药物治疗。对病禽应该隔离单独饲养，单独治疗。药物治疗要考虑到病禽由于发病厌食的特点，尽量用饮水给药，根据某些病的特点，能注射给药效果更确切，如注射抗体或抗菌素。

（一）治疗的意义和原则

1. 治疗的意义

对动物传染病的治疗，一方面是为了挽救患病动物，减少损失，另一方面也是为了消除传染源，是综合性防制措施中的一个组成部分。目前，虽然对各种动物传染病的治疗方法不断改进，但仍有一些传染病尚无有效的疗法。当认为患病动物无法治愈、或治疗需要很长时间且费用很高、或患病动物对周围的人畜有严重的传染威胁时，尤其是当某地传入过去没有发生过的危害性较大的新病时，为了防止疫病蔓延扩散，应在严密消毒的情况下将患病动物淘汰处理。

2. 治疗的原则

（1）治疗和预防相结合　治疗必须在严密封锁或隔离条件下进行，务必使治疗的患病动物不至于成为散播病原的传染源。

（2）早期治疗和综合性治疗相结合　治疗必须及早进行，不能拖延时间，既要考虑针对病原体，消除其致病作用，又要增强动物机体的抗病能力和调整、恢复生理功能。

（3）用药要因地制宜，注意勤俭节约。

（二）治疗的方法

1. 针对病原体的疗法

（1）特异性疗法　主要是采用针对某种传染病的高度免疫血清、痊愈血清（或全血）、卵黄抗体等特异性生物制品进行治疗，因为这些制品只对某种特定的传染病有疗效，而对其它种传染病无效，所以称为特异性疗法。

（2）抗生素疗法　抗生素为细菌性急性传染病的主要治疗药物，但要注意合理地应用抗生素，不能滥用。不合理地应用或滥用抗生素往往引起种种不良后果：一方面可能使敏感病原体对药物产生耐药性；另一方面可能对机体引起不良反应，甚至引起中毒。在使用抗生素时要注意掌握各抗生素的适应症，考虑抗生素的用量、疗程、给药途径、不良反应、经济价值等问题；另外，抗生素的联合应用要结合临诊经验控制使用。

（3）化学疗法　常用的有磺胺类药物、抗菌增效剂、硝基呋喃类药物、喹诺酮类药物等。

2. 针对动物机体的疗法

（1）对症疗法　对症疗法是在传染病的治疗中，为了减缓或消除某些严重的症状，调节和恢复动物机体的生理机制而按症状选用药物的方法，如使用退热止痛、止血、镇静、兴奋、强心、利尿、清泻、止泻、防止酸中毒和碱中毒、调节电解质平衡等药物以及某些急救手术和局部治疗等。

（2）加强护理　对患病动物护理的好坏直接关系到治疗效果，因此要加强护理，防寒防暑，隔离舍要光线充足，通风良好，应保持安静、干爽清洁，随时消毒，给予可口新鲜、柔软、优质、易消化的饲料，饮水要充足。

3. 中兽医疗法

有些传染病用中药治疗或中西药结合治疗较单纯用西药治疗效果好。

（三）扑杀

扑杀政策是指在兽医行政部门的授权下，宰杀感染特定疫病的动物及同群可疑感染动物，并在必要时宰杀直接接触动物或可能传播疫病病原体的间接接触动物的一种强制性措施。当某地暴发法定一类传染病如禽流感、新城疫等，应按照防疫要求一律扑杀，家禽的尸体通过焚烧或深埋销毁。

六、死禽处理

死禽处理是避免环境污染、防止与其它家禽交叉感染的有效方式。病死禽严禁食用或乱扔，更不能出售，严禁鸡贩子进场收购，要在离开禽场较远的地方进行高温处理。在病死禽处理完后，要对地面、水和料槽及病禽舍周围进行严格消毒，禽场污水的处理可根据情况采用物理、化学或生物方法进行净化。死禽处理常采用如下方法。

1. 焚烧法

焚烧法最为彻底。更适用于特别危险的传染病尸体处理，如禽流感等。禁止地面焚烧，应在焚尸炉中进行。

2. 深埋法

深埋法简便易行，但不是彻底的处理方法。掩埋尸体应选择干燥、平坦，距离住宅、道路、水源、牧场及河流较远的偏僻地点，深度至少在 2 m 以上。

3. 化制法

尸体在特设的加工厂中加工处理，既进行了消毒，而且可以加工利用，如工业用油脂、骨粉、肉粉等。

一、禽传染病的诊断方法

禽病的正确诊断在禽病防制中有着重要的作用，只有对疾病进行确切诊断才能做到防制工作有的放矢。

1. 询问调查

询问的对象是饲养人员和技术管理人员。主要了解病的发病率、死亡率，特别是每天新病例出现的情况，可判断病的传播速度和严重程度，以确定发生的可能疾病；了解用药效果，如用抗菌药物有效可排除病毒病；了解疫苗接种情况，包括疫苗的种类、接种程序和抗体监测情况等，多次接种过某病的疫苗并且抗体合格可不考虑发生该病；询问产蛋率变化与蛋形，可考虑与减蛋有关的疾病；询问采食情况，可预测病的发展严重程度等。当询问结束后，一个有经验的兽医应当对疾病的种类范围有所缩小，此次发病可能是某病或某几种病，有利于采取更为明确的诊断方法。

2. 临诊或现场检查

询问只能给诊断者初步印象，并且由于了解的情况以及表述人的专业水平不同，所表达的也可能不够完善或有偏差，而临诊或现场检查是传染病诊断较为可靠的方法。要在禽群安静时注意观察呼吸道症状，活动时观察有无运动障碍症状，观察垫料、笼下或泄殖腔外羽毛粪便的状态和色泽，观察眼、鼻有无分泌物或肿胀等。病的症状很多，同一症状有不同的病，关键是要掌握病的特征症状，通过特征症状查找其它症状。病的典型症状，能为后续诊断提供线索。

3. 病理剖检诊断

大部分禽病都有其典型病理变化。由于家禽具有数量多、单只经济价值低的特点，因此剖检是重要的诊断手段。剖检时要选择能代表禽群发病的典型病例进行剖检。剖检前，对病死禽根据症状和发病特点已有初步诊断印象的，要有目的地去发现相关病变并进行重点剖检观察；没有初步印象的或找不到典型病变的要全面进行剖检，细心观察病变。由于家禽群养的特点，在一个群可能同时有普通病或传染病，要找出主要疾病是目的，对所剖检的病禽只有病变基本一致才能判断禽群主要发生了何种病。在剖检时要注意采取病料，做微生物学诊断的病料要尽力在打开消化道前取病料，防止污染；需做病理组织学检查的病料要选择病变明显的部位，在病灶与正常组织交界处切取组织块，大小一般以长宽各 1.5 cm、厚 0.3 cm 为宜，放入 10% 甲醛溶液中固定。

4. 微生物学诊断

微生物学诊断是可靠的禽病诊断方法，大部分的细菌病和部分病毒病都可通过微生物学进行确诊。

（1）病料的采集　要采集没有腐败或濒死期病例的肝脏、脾、脑、气管或肠管，雏禽可直接取尸体保存。采集病料要尽力达到无菌操作。要养成实验结果不出来不能丢弃病料的习惯，否则由于工作失误实验失败，因没有病料而耽误诊断。

（2）镜检　病料染色镜检是确定某些特定疾病的快速而简单的初步诊断方法，并不是所有的传染病或寄生虫病都可通过镜检确诊。镜检可大体将病分为细菌病和非细菌病，即病料中找不到细菌要考虑病毒病或其它病。有些病可通过镜检即可确诊，如巴氏杆菌病（两极着色）、葡萄球菌病、曲霉菌病、球虫病等。镜检也是确定病料是否需要进一步做细菌培养的前提，镜检找不到细菌就没有培养的意义。值得注意的是，如果镜检发现了细菌，而培养时没有细菌生长，要分析培养基的成分或培养条件对细菌生长的影响。镜检取病料要取病变明显的组织，常取的病料最多是肝脏或血液，细菌性败血症都可在肝、血中找到细菌。血液片更有其优点，血片薄、组织少便于观察。由细菌引起的疾病，在病料涂（触）片时，能够发现大量的形态和着色相同的菌体。美蓝染色法是简单而常用的染色法，不但能看到菌体形态，而且可辨别细菌两极着色。瑞氏染色适合于组织或血液片，细菌和组织细胞易于观察。革兰染色可将细菌分为阳性菌和阴性菌两大类，有助于细菌的鉴别。

（3）细菌培养　细菌分离培养是细菌病诊断的继续，特别是对镜检不熟练者可通过观察细菌生长状况判断是否是细菌感染，甚至可通过菌落形态、大小、色泽等判断是何种菌。无菌操作取病料接种普通培养基（营养琼脂），多在 24 h 长出肉眼可见的菌落；但值得注意的是，操作时要严格无菌，不能污染杂菌。只有培养后发现大量的沿划线生长的菌落（菌苔）才是致病菌，数量极少又不在划线上生长的是污染的杂菌。当没有细菌生长时也不能绝对排除细菌病，要分析一下是否是培养基营养成分问题，如有的菌需要巧克力培养基，有的需要血液（清）培养基；是否是培养条件问题，如有的病原体需厌氧培养等。

（4）禽胚接种　大部分病毒病都可在相应的禽胚中培养，鸡的病毒病可用鸡胚（EDS－76 除外），鸭病毒病可用鸭胚。接种时要了解病原体的特性，病毒在什么病料中含毒量最高？接种途径（尿囊腔、绒尿膜、卵黄囊）是什么？死亡时间是什么时候？以及鸡胚特征性的病变和后续诊断方法是什么？在鸡胚的选择上，应尽力选择无相应母源抗体的禽胚。没有特征病变和相应试验的鸡胚接种在疾病的诊断上没有实际意义。

5. 免疫学诊断

免疫学诊断主要有凝集试验、血凝抑制试验、琼脂扩散试验和中和试验等，其中血清学试验大多用于康复后的诊断和大群的感染情况的普查。但在发生一种可疑病毒病时，发病前和发病5 d后的血清保存或试验结果保存在疾病的确诊上是很有意义的，如果出现发病前后抗体滴度有明显升高，并超出正常免疫水平，说明有野毒感染。

6. 分子生物学诊断

随着科学技术的快速发展，近年来分子生物学技术在禽病的快速、准确诊断中扮演重要角色。常规方法虽然具有许多优点，但其费时、敏感性低、烦琐、漏诊、误诊的缺点也同样明显。对于集约化养禽业，在疾病诊断上要体现“快”和“准”。“快”即快速，诊断迅速，时间就是金钱，在诊断时间上的延误将导致损失的进一步扩大；“准”即准确，误诊的后果是可想而知的。通过快速、准确对疾病做出诊断，才可为防制疾病提供信息，做到对症下药，避免损失扩大。

（1）聚合酶链式反应（Polymerase Chain Reaction，PCR） PCR体外基因扩增方法是根据体内DNA复制的基本原理而建立的，首先针对待扩增的目的基因区的两侧序列，设计并经化学合成一对引物，长度为16～30个碱基，在引物的5′端可以添加与模板序列不相互补的序列，如限制性内切酶识别位点或启动子序列，以便PCR产物进一步克隆或表达。

由于PCR技术不仅具有简便、快速、敏感和特异的优点，而且结果分析简单，对样品要求不高，无论新鲜组织或陈旧组织、细胞或体液、粗提或纯化RAN和DNA均可使用，因而PCR非常适合于感染性疾病的监测和诊断。近年来，PCR又和其它方法组合成了许多新的方法，例如用于ILT诊断的着色PCR（Coluric－PCR）、抗原捕获PCR（AC－PCR）等，进一步提高了PCR简便性、敏感性和特异性，随着越来越多的目的基因序列的明了，PCR应用范围必将更加广泛，相信不久的将来，用于家禽疾病诊断的PCR试剂盒将在禽病诊断实验室得到广泛应用。

（2）核酸探针技术 核酸探针已被广泛应用于筛选重组克隆、检测感染性疾病的致病因子和诊断遗传疾病，其基本原理为核酸分子杂交，双链核酸分子在溶液中若经高温或高pH处理时，即变性解开为2条互补的单链。当逐步使溶液的温度或pH恢复正常时，2条碱基互补的单链便会变性形成双链，所以核酸探针是按核酸碱基互补的原则建立起来的。因此，核酸杂交的方式可在DNA与DNA之间、DNA与RNA之间以及RNA与RNA之间发生。当标记一条链时，便可通过核酸分子杂交方法检测待查样品中有无与标记的核酸分子同源或部分同源的碱基序列，或“钩出”同源核酸序列，这种被标记的核酸分子称之为探针（Probe）。

（3）RFLP技术 借助于PCR技术，对目的基因进行扩增，然后用酶切的方法对病毒的PCR产物进行分析，如果该病毒有不同血清型，则酶切产物电泳图谱会呈现差异；反之，根据酶切图谱的差异，也可以判定病毒的血清型，从而对该病做出诊断。

（4）序列分析　对禽病诊断实验室分离的野毒进行随机克隆，然后用Sanger的双脱氧法对其进行序列测定，接着将序列分析结果输入计算机，与Genebank中已经发现的禽病基因序列进行比较，从而做出判断。

二、不同禽种推荐的免疫程序

1. 817商品肉鸡、大肉食鸡的免疫程序（参考）（表2－1）

表2－1　817商品肉鸡、大肉食鸡的免疫程序（参考）

日龄/d	疫苗	疫苗（可选）	用法
1～3	Clone30－H_{120}	Lasonta，H_{52}，28/86	滴鼻点眼或饮水
7	法氏囊亚单位疫苗		颈部皮下注射
10	Clone30－H_{120}	Lasota，H_{52}，V_4	滴鼻点眼或饮水
	新城疫－禽流感二联灭活苗	新城疫（多价）灭活苗	颈部皮下注射

2. 最新商品蛋鸡、种鸡免疫程序（参考）（表2－2）

表2－2　最新商品蛋鸡、种鸡免疫程序（参考）

日龄/d	疫苗	用法与用量
1～3	C_{30}，H_{120}，28/26	颈部皮下注射1羽份
	C_{30}，H_{52}，28/26	滴鼻、点眼或饮水1羽份
7～10	C_{30}－H_{120}弱毒苗	滴鼻、点眼或饮水1羽份
	新城疫－禽流感（H_9）二联灭活苗	颈部皮下注射0.3mL
10～12	鸡传染性法氏囊亚单位灭活苗	颈部皮下注射0.3mL
15～16	鸡毒支原体（F株）弱毒活疫苗	点眼1羽份
	禽流感（H_5亚型）灭活疫苗	颈部皮下注射0.5mL
25	鸡痘疫苗	无毛处刺种1羽份
35	传喉疫苗	涂肛2羽份
35～40	L－H_{120}/L－H_{52}二联活疫苗	滴鼻、点眼或饮水1羽份
	新城疫－禽流感（H_9）二联灭活苗	颈部皮下注射0.5mL
40～45	鸡传染性鼻炎灭活疫苗	颈部皮下注射0.5mL
60～70	新城疫克隆L－H_{52}二联活疫苗	肌肉或皮下注射1羽份
	禽流感（H_5亚型）灭活疫苗	颈部皮下注射0.5mL
80～90	传染性喉气管炎活疫苗	点眼、涂肛1羽份

续表

日龄/d	疫苗	用法与用量
100	鸡痘活疫苗	刺种 1 羽份
	鸡传染性鼻炎灭疫苗	颈部皮下注射 0.5mL
	鸡毒支原体（F 株）弱毒疫苗	点眼 1 羽份
110	C_{30} - H_{120}二联三价活疫苗	滴鼻、点眼或饮水 1 羽份
	禽流感（H_5, H_9）二价灭活疫苗	颈部或腹股沟皮下注射 0.5 mL
120	新城疫（克隆 I）活疫苗	肌肉或皮下注射 1 羽份
	新 - 支 - 减三联灭活疫苗	颈部皮下注射 0.5 mL
125	新城疫 - 传染性法氏囊病二联灭活疫苗（种鸡用）	腹股沟皮下注射 0.5 mL

注：开产后每隔 2 ~ 3 个月防疫一次新城疫 - 禽流感二联苗、H_5H_9 二价苗。
以上防疫时间可适当根据当地发病情况、季节等做出调整。

3. 鸭、鹅的免疫程序（参考）（表 2 - 3）

表 2 - 3　鸭、鹅的免疫程序（参考）

日龄/d	疫苗		接种途径	日龄/d	疫苗		接种途径
	鸭	鹅			种	用	
1	鸭病毒性肝炎弱毒苗或高免抗体	小鹅瘟高免血清或弱毒疫苗	皮下或肌肉注射	60	鸭瘟鸡胚化弱毒苗	鸭瘟鸡胚化弱毒苗 5 倍量	皮下或肌肉注射
10	副伤寒甲醛灭活苗	副伤寒甲醛灭活苗	肌肉注射	90	禽霍乱疫苗	禽霍乱疫苗	肌肉注射
20	鸭瘟鸡胚化弱毒苗		皮下或肌肉注射	产蛋前	鸭病毒性肝炎弱毒苗	小鹅瘟弱毒疫苗	皮下或肌肉注射

一、名词解释

生物安全、免疫接种、预防接种、紧急接种、免疫程序、免疫监测、消毒、预防消毒、终末消毒、隔离、封锁、可疑感染动物、假定健康动物。

二、简答题

1. 生物安全含义是什么？养禽场为什么要建立生物安全体系？包括哪些内容？

2. 何谓全进全出？养禽场实行全进全出的饲养制度有何重要意义？

3. 平时的预防措施有哪些？发病后采取哪些措施扑灭传染病？

4. 免疫接种的方法有哪些？紧急免疫接种要注意什么？

5. 空禽舍的消毒程序？

6. 消毒的主要方法？

7. 封锁的对象及解除封锁的条件？

8. 死禽处理的方法有哪些？

9. 现有一高度 2.5 m、面积为 200 m^2 的有天花板的育雏室需要熏蒸消毒，请问需要 40% 甲醛溶液和高锰酸钾各多少（mL 或 g）。

10. 禽传染病的诊断方法有哪些？

实训一　剖检诊断技术

◇实训条件

（1）场地　尸体剖检室或实验室。

（2）材料　3% 来苏儿或 1% 石炭酸等消毒药、甲醛溶液。

（3）用具　剪子、镊子、骨剪，手术刀、标本缸、广口瓶、解剖盘等。

（4）动物　病死鸡若干只。

◇方法步骤

1. 外部检查

病死鸡在剖开体腔前，应先检查尸体的外部变化。重点检查尸体的肥瘦、面部、冠、肉髯的色泽和有无肿胀，眼、鼻、口腔有无分泌物及分泌物的性状，嗉囊充盈与否，有无肿瘤、外寄生虫等。

2. 体腔的剖开

先用水浸湿尸体以防羽毛飞扬和粘手，影响操作，然后将大腿与腹壁之间皮肤剪开，将大腿向两侧用力压至将股骨头露出，使尸体平衡仰卧放置。将腹壁皮肤横剪一切口，向头侧掀剥皮肤，注意皮下、肌肉有无出血、坏死、变色。在后腹部龙骨末端横剪一切口，沿切口从两侧分别向前剪断肋骨，然后用力将胸骨掀开，这时胸腔和腹腔器官就可露出。注意有无积水、渗出物或血液，同时观察各器官位置有无异常。

3. 器官检查

（1）内脏检查

①在腺胃与食管之间剪断食管，再按顺序将腺胃、肌胃、肠管以及肝、脾、胰一并取出。

②剪开腺胃，注意有无寄生虫，腺胃黏膜分泌物的多少、颜色、状态；腺胃乳头、乳头周围、腺胃与食管、腺胃与肌胃交界处有无出血、溃烂。再剪开肌胃，剥离角质膜（鸡内金），注意有无寄生虫等。然后将肠道纵行剪开。检查内容物及黏膜状态，有无寄生虫和出血、溃烂，肠壁上有无肿瘤、结节。注意盲肠、肠道后端向前的2个盲管，是否肿大及盲肠硬度、黏膜状态及内容物的性状。注意泄殖腔有无变化。

③脾脏位于肌胃左内侧面，呈圆形，注意其色泽、大小、硬度、有无出血等。

④肝脏分左右两叶，注意肝脏色泽、大小、质地，有无肿瘤、出血、坏死灶；注意胆囊的大小、色泽。

⑤肾脏贴附在腰椎两侧肾窝内，质脆不易采出，可在原位检查。重点检查肾脏体积、颜色，有无出血、坏死，切面有无血液流出，有无白色尿酸盐沉积。卵巢位于左侧，注意其体积大小、卵泡状态。输卵管可在原位剖检。

⑥心、肺可在原位检查。心脏重点检查心冠、心内外膜、心肌有无出血点，心包内容物的多少、状态，心腔有无积血及积血颜色、黏稠度。肺脏注意检查肺的大小、色泽，有无坏死、结节及切面状态等。

（2）颈部器官检查　将鸡头朝向剖检者，剪开喙角打开口腔，将舌、食管、嗉囊剪开，注意嗉囊内容物的颜色、状态、气味，食管黏膜性状。然后剪开喉头、气管、支气管，注意气管内有无渗出物及渗出物的多少、颜色、状态等。

（3）周围神经检查　重点检查坐骨神经，在两大腿后部将该处肌肉剥离分离出坐骨神经，呈白色带状或线状。鸡在患神经型马立克病时，常发生单侧性坐骨神经肿大。

4. 剖检结果的描述、记录

对在剖检时看到的病理变化，要进行客观的描述并及时准确地记录下来，为兽医做出诊断提供可靠的材料。

◇结果与分析

在描述病变时常采用如下的方法：

（1）用尺测量病变器官的长度、宽度和厚度，以 cm 为计量单位。

（2）用实物形容病变的大小和形状，但不要悬殊太大，并采用当地都熟悉的实物。例如，表示圆形体积时可用小米粒大、豌豆大、核桃大等；表示椭圆时，可用黄豆大、鸽蛋大等；表示面积时可用一分、五分硬币大等；表示形状时用圆形、椭圆形、线状、条状、点状、斑状等。

（3）描述病变色泽时，若为混合色，应次色在前、主色在后，如鲜红色、紫红色、灰白色等；也可用实物形容色泽，如青石板色、红葡萄酒色及大理石状、斑驳状等。

（4）描述硬度时，常用坚硬、坚实、脆弱、柔软来形容，也可用疏松、致密来描述。

（5）描述弹性时，常用橡皮样、面团样、胶冻样来表示。

此外，在剖检记录中还应写明病鸡品种、日龄、饲喂何种饲料，疫苗、兽药的使用情况及病鸡临床症状等；剖检工作完成后，要注意把尸体、羽毛、血液等无害化处理；剖检工具、剖检人员的外露皮肤用消毒液进行消毒；剖检人员的衣服、鞋子也要换洗，以防病原扩散，同时搞好个人防护。

实训二 镜 检 技 术

一、染色标本

◇实训条件

待检病料、美蓝染色液、结晶紫、革兰碘液、95%乙醇、稀释石炭酸－复红染色液或沙黄染色液、载玻片、接种环、吸水纸、香柏油、镜头纸、二甲苯、甲醇、显微镜、火柴、酒精灯、无菌镊子及剪刀等。

◇方法步骤

（一）细菌标本片的制备

1. 涂片　根据所用材料不同，涂片的方法也有差异。

（1）液体病料（血液、渗出液、腹水等）　取一张边缘整齐的载玻片，用其一端蘸取血液等液体材料少许，在另一张洁净的玻片上，以45°角均匀推成一薄层的涂面。

（2）组织病料　无菌操作取被检组织一小块，以无菌刀片或无菌剪子切一新鲜切面，在玻片上做数个压印或涂抹成适当大小的一薄层。

如用多个样品同时制成涂片，只要染色方法相同，可在同一张玻片上有秩序地排好，做多点涂抹，或先用蜡笔在玻片上划分成若干小方格，每一方格涂抹一种样品。需要保留的标本片，应贴标签，注明菌名、材料、染色方法和制片日期等。

2. 干燥

涂片应在室温下自然干燥，必要时将涂面向上，置酒精灯火焰高处微烤加热干燥。

3. 固定

（1）火焰固定　将干燥好的涂片涂面向上，在火焰上以钟摆的速度来回通过3~4次，以手背触及玻片微烫手为宜。通常用于细菌的纯培养物做标本片时的固定。

（2）化学固定　将干燥好的玻片浸入甲醇中固定2~3 min后取出晾干，或在涂片上滴加甲醇使其作用2~3 min后自然挥发干燥。

固定的目的是使菌体蛋白质凝固，形态固定，易于着色，并且经固定的菌体牢固黏附在玻片上，水洗时不易冲掉。

（二）细菌的染色法

1. 单染色法

只用一种染料进行染色的方法称为单染色法。由于大多数细菌细胞质内含有酸性物质，可与碱性染料结合，故常用美蓝染色液、结晶紫染液和稀释石炭酸-复红染色液等。此染色法可观察细菌的大小、形态与排列，不能显示细菌的结构与染色特性。

（1）美蓝染色法

①染色：在已干燥、固定好的涂片上滴加适量的美蓝染色液，作用1~2 min。

②水洗：用细小的水流将染料洗去，至洗下的水没有颜色为止。注意不要使水流直接冲至涂面处，以免把固定好的病料冲掉。

③干燥：在空气中自然干燥；或将标本压于2层吸水纸中间充分吸干，但不可摩擦；也可以在酒精灯火焰高处微加热干燥。

④镜检：滴加香柏油，用油镜检查。

（2）稀释石炭酸复红染色法　在已干燥、固定好的涂片上滴加适量的稀释石炭酸-复红染色液，染色1 min，水洗、干燥、镜检，方法同美蓝染色法。

（3）瑞氏染色法　因瑞氏染色液中含有甲醇，细菌涂片自然干燥后无须另行固定，可直接染色。滴加瑞氏染色液于涂片上，经1~3 min后，再滴加与染色液等量的磷酸缓冲液或中性蒸馏水于玻片上，轻轻摇晃或用口吹气使其与染色液混合均匀，经3~5 min，待表面显金属光泽，水洗，干燥后镜检。结果菌体呈蓝色，组织细胞等物呈其它颜色。

（4）姬姆萨染色法　涂片经甲醇固定3~5 min并自然干燥后，滴加足量的姬姆萨染色或将涂片浸入盛有染色液的染色缸中，染色30 min，或者数小时至24 h，水洗，干燥后镜检。结果细菌呈蓝青色，组织、细胞等呈其它颜色，视野常呈红色。

2. 复染色法

用2种或2种以上不同染料可将细菌染成不同的颜色，除可观察细菌的大小、形态与排列外，还反映出细菌染色特性，具有鉴别细菌种类的价值。常用的有革兰染色法和抗酸染色法。

（1）革兰染色　是微生物学中最常用的一种鉴别染色方法。所有细菌都有其革兰染色特性，染成蓝色或蓝紫色的为革兰阳性菌；染成红色的为革兰阴性菌。染色步骤如下：

①初染：在固定好的涂片上滴加草酸铵结晶紫染色液1~2滴，染色2~3 min，水洗。

②媒染：滴加碘液1~2滴，作用1~2 min，水洗。

③脱色：用95%乙醇脱色，轻轻摇动30~60 s，至无紫色洗落为止，水洗。脱色时间可根据涂片的厚度灵活掌握。

④复染：滴加稀释石炭酸－复红染色液或沙黄染色液1~2滴，作用30 s，水洗。

⑤吸干：用吸水纸吸干，滴加香柏油。

⑥镜检：染成蓝色或蓝紫色的细菌为革兰阳性菌；染成红色的细菌为革兰阴性菌。

（2）抗酸染色［萋－尼（Ziehl－Neelse）抗酸染色法］

①病料涂片经火焰固定，加石炭酸－复红染色液，徐徐加热至有蒸气出现，切不可沸腾。染色液因蒸发减少时，应随时补充，防止染色液蒸干。持续染5 min（奴卡菌需要加长时间），水洗。

②滴加3%盐酸乙醇脱色，不时摇动玻片至无红色脱落为止，水洗。

③加吕氏美蓝复染色液数滴复染1 min，水洗。

④吸水纸吸干，滴加香柏油，显微镜下镜检观察结果，抗酸杆菌染成红色，非抗酸杆菌为蓝色。

3. 常见细菌的革兰氏染色特性

（1）阳性菌

①球菌（需氧）：金黄色葡萄球菌、链球菌、肺炎双球菌。

②杆菌：a. 有芽孢需氧菌：炭疽杆菌；b. 有芽孢厌氧菌：气肿疽梭菌、肉毒梭状芽孢杆菌、破伤风梭状芽孢杆菌、腐败梭状芽孢杆菌、诺维梭状芽孢杆菌、产气荚膜梭状芽孢杆菌；c. 无芽孢需氧菌：猪丹毒杆菌、结核分枝杆菌。

（2）阴性菌

①需氧球菌：脑膜炎双球菌。

②需氧杆菌：布氏杆菌、巴氏杆菌、大肠杆菌、沙门菌。

二、非染色标本

◇实训条件

显微镜、载玻片、接种环、吸水纸、镜头纸、火柴、酒精灯、凹玻片、玻璃微管、眼科镊子、香柏油、二甲苯、凡士林、葡萄球菌或变形杆菌液体培养物、厌氧菌的培养物等。

◇方法步骤

1. 悬滴法

（1）取一张洁净凹玻片，将凹窝四周涂少许凡士林。

（2）用接种环取 2 ~ 3 环的葡萄球菌或变形杆菌液体培养物于盖玻片中央。

（3）将凹玻片切合于盖玻片上，使凹窝中央正对菌液。

（4）迅速翻转载玻片，用眼科镊子轻压凹玻片的边缘，使盖玻片与凹窝边缘粘紧封闭，以防止水分的蒸发。

（5）先用低倍镜找到悬滴，再换高倍镜。观察时应下降聚光器、缩小光圈。以减少光亮，使背景较暗而易于观察。变形杆菌有鞭毛，运动活泼，可向不同方向迅速运动。葡萄球菌无鞭毛，不能真正运动，只能在一定范围内做位置不大的颤动，这是受水分子撞击而呈分子运动（布朗运动）。

2. 压滴法

（1）用接种环取 2 ~3 环菌液于洁净载玻片中央。

（2）用眼科镊子夹一块盖玻片轻轻覆盖在载玻片的菌液上，旋转盖玻片时，应先将盖玻片的一端接触载玻片，然后缓慢放下，以免菌液中产生气泡。

（3）然后用低倍镜对光，找到细菌所在部位，用高倍镜观察细菌运动。

3. 毛细管法

主要用于厌养菌动力的检查。通常选用 60 ~70 mm 长、0.5 ~1.0 mm 孔径的毛细管，虹吸厌养菌悬液后，用火焰将毛细管两端熔封。并用塑胶纸将毛细管固定在载玻片上，置高倍镜下暗视野观察。

◇结果与分析

不染色标本一般可用于观察细菌形态、动力及运动情况。细菌未染色时无色透明，在显微镜下主要靠细菌的折光率与周围环境的不同来进行观察。有鞭毛的细菌运动活泼，无鞭毛的细菌则呈不规则布朗运动。梅毒苍白密螺旋体、钩端螺旋体、弯曲杆菌等的活菌各有特征鲜明的形态和运动方式，具有诊断意义。

实训三　采血技术

◇实训条件

鸡、75%酒精棉、碘酊、注射器、胶头滴管、采血器等。

◇方法步骤

随着家禽疫病的频频暴发，我们需要采取更准确的实验室血清学检测来准确判断家禽的免疫状况；而在血清学检测和实验研究中，采血技术是一项前提性的工作，采血质量的好坏，直接影响能否进行实验和判定实验结果。家禽采血方法有翅内侧腋下静脉采血、心脏采血和跖骨内侧静脉采血法等。

1. 翅内侧腋下静脉采血法

对于鸡等体重较轻的家禽，保定时助手用左手抓住禽的两只脚，右手将两翅重叠后捏紧掌骨，使禽背部贴住助手上腹部，助手右手稍高于左手，两手轻轻用力，使禽体伸展，暴露出翅内侧。采血者左手拨开左侧翅内侧静脉上的羽毛使静脉暴露，消毒后右手持采血器，与皮肤呈45°角方向进针，持针时手要稳，进针不宜过深，如穿漏血管，很快会引起皮下血肿，导致采血失败。一旦刺入皮肤，即可回抽活塞，使管内形成负压，这样能准确判断是否进入血管。采血完毕后，压迫止血30 s后放回禽舍。对于体重较大的家禽，助手以两手抓住重叠的禽掌骨垂直向上提起，使禽右侧靠近自己腹部，两只脚悬空。采血者半蹲或躬身姿势用上述方法抽取翅内侧腋静脉血液。

2. 跖骨内侧静脉采血法

水禽羽毛丰厚，翅静脉采血时须拔很多的羽毛，可能会造成皮下毛细血管的渗血，不易看清静脉的位置，故常采用跖骨内侧静脉采血法。保定时助手取一方凳，右手抓住两翅根部，使禽倒在桌上，背侧靠近保定者，左手压住禽体，禽脚靠近采血者。采血者左手拉住下面一只脚，即可看见跖骨内侧暴露的静脉，右手持采血器，与跖骨呈10°角方向进针，同时缓慢回抽活塞，采血完毕消毒止血。跖骨内侧静脉采血是向心方向采血，采血时要注意进针角度不能太大，回抽活塞的速度也不能过快。

3. 心脏采血法

该法容易使被采血家禽因失血过多而死亡，所以在常规免疫监测中较少使用。助手固定两翅及两脚，右侧卧保定，在胸骨脊前端至背部下凹处连线1/2处或稍前方可触及心脏明显搏动，在此处消毒后，采血者手持7号采血器垂直刺入2～3 cm，回抽针芯见有血液回流即可。

◇注意事项

采血是一项既简单又复杂的基础工作。采血时，采血者要认真做好自身防护工作，采血设备须经常消毒干燥。要做好采血记录，在送样过程中，血样不可剧烈摇晃以免溶血，血样送至实验室后要立即分离血清，不能立即分离的须及时冷藏。

实训四　预防接种技术

◇实训条件

一次性无菌注射器、气雾器、镊子、体温计、脸盆、毛巾、脱脂棉、搪瓷盘、工作服、登记卡片、5%碘酒、70%酒精、3%来苏儿或0.1%新洁尔灭、疫苗、免疫血清等。

◇方法步骤

1. 免疫接种前的准备

（1）根据动物疫病免疫接种计划，统计接种对象及数目，确定接种日期，准备足够的生物制剂、器材和药品，免疫登记表，安排及组织接种和保定动物的人员，按免疫程序有计划地进行免疫接种。

（2）免疫接种前，对所使用的生物制剂进行仔细检查，对没有瓶签或瓶签模糊不清、瓶盖松动、疫苗瓶裂损、破乳、超过保存期、色泽与说明不符、瓶内有异物、发霉的疫苗，不得使用。

（3）接种前对预定接种的动物进行了解及临诊观察，必要时进行体温检查。对完全健康的禽进行疫苗接种，凡体质过于瘦弱的禽、体温升高或疑似患病禽不接种，并做好记录，以便及时补种。

（4）将所用器械用纱布包裹，经121 ℃高压蒸汽灭菌20～30 min，或煮沸消毒30 min后无菌纱布包裹，冷却备用。

2. 免疫接种的方法

根据不同生物制剂的使用要求采用相应的接种方法。首先对注射部位剪毛，用碘酊或75%酒精棉擦拭消毒，然后进行注射。

（1）皮下注射法　家禽主要在颈部皮下。术者以左手拇指与食指捏起皮肤成皱褶，右手持注射器使针头在皱褶底部稍倾斜快速刺入皮肤与肌肉间，注入药液，拔针后立即用挤干的酒精棉揉擦，使药液散开。

（2）皮内注射法　鸡在肉髯部。术者以左手拇指与食指捏起皮肤成皱褶，右手持注射器使针头几乎与皮肤面平行刺入真皮内，注入药液。如感到注入困难，同时有一小包，证明注射正确。然后用酒精棉球消毒针孔及其周围。

（3）肌肉接种法　鸡在胸部。左手固定注射部位，右手持注射器，针头垂直或与皮肤表面呈45°角（避免疫苗流出）刺入肌肉内，回抽针头，如无回血，方可将疫苗慢慢注入。若发现回血，应另换位置。

（4）皮肤刺种法　用于禽类，在翅内侧无血管处，用刺种针或钢笔尖蘸取疫苗刺入皮下。

（5）经口免疫法　是将可供口服的疫苗混入饮水或饲料中，动物通过饮水或摄食而获得免疫的方法。首先按动物头数和每头动物平均饮水量或摄食量，准确计算需用的疫苗剂量。免疫前停饮或停喂半天，以保证每头动物都能饮入一定量的水或食入一定量的饲料；稀释疫苗用水需纯净，不含消毒药（如自来水中有漂白粉等）；混合疫苗所用水、饲料的温度以不超过室温为宜；已经混合好的饮水和饲料，进入动物体内的时间越短效果越好，不能存放。

（6）气雾免疫法　是将稀释的疫苗通过雾化发生器喷射出去，使疫苗形成5～10 μm的雾化粒子，均匀地浮游在空气中，禽吸入体内达到免疫目的。适用于大群免疫。进行气雾免疫的工作人员，应注意做好个人防护，如出现临床症状应及时就医。

（7）滴鼻（眼）免疫法　用胶头滴管吸取疫苗滴于鼻孔或眼内1～2滴。

3. 免疫接种用生物制剂的保存、运送

（1）生物制剂的保存　各种生物制品均须低温保存。通常免疫血清及灭活苗保存在2～15 ℃，防止冻结；冻干活疫苗多要求在－15 ℃保存，温度越低，保存时间越长；冻结苗应在－70 ℃以下的低温条件下保存。在不同温度下保存，不得超过所规定的期限。

（2）生物制品的运送　要求包装完善，防止碰碎瓶子及散播病原。运送途中避免高温和阳光直射，并尽快送到保存地点或预防接种场所。北方地区要防止气温低而造成的冻结及温度高低不定引起的冻融。切忌于衣袋内运送疫苗。弱毒苗应在低温条件下运送，大量时应用冷藏车，少量可用带冰块的保温瓶运送。

◇结果与分析

1. 免疫接种后的护理和观察

接种后的禽可发生暂时性的抵抗力降低现象，应对其进行较好的护理与管理，有时还可发生疫苗反应，须仔细观察，期限一般为7～10 d。对有反应者予以适当治疗，极为严重的可屠宰。

2. 免疫接种的注意事项

（1）工作人员穿工作服及胶鞋，必要时戴口罩。工作前后洗手消毒，工作中不应吸烟和吃食物。

（2）注射剂量按疫苗使用说明进行。须经稀释后才能使用的疫苗，应按说明书的要求进行稀释。

（3）在疫苗瓶盖上固定一个消毒针头专供吸取疫苗液用，每次吸后用酒精棉将针头包好。吸出的疫苗液不可再回注于瓶内。给禽注射用过的针头不能吸液，以免污染疫苗。

（4）疫苗使用前必须充分振荡，使其均匀混合后应用。免疫血清则不应震荡，沉淀不应吸取，并随吸随注射。

（5）针筒排气溢出的疫苗液，应吸积于酒精棉上，并将其收集于专用瓶内。用过的酒精棉花、碘酒棉花和吸入注射器内未用完的疫苗液都放入专用瓶内，集中烧毁。

◇实训报告

根据实训课的实际情况报告鸡免疫接种的方法及注意事项。

实训五　禽舍消毒技术

◇实训条件

氢氧化钠、新鲜生石灰、漂白粉、来苏儿、高锰酸钾、甲醛溶液、喷雾消毒器、天秤、量筒、盆、桶、缸、清扫及洗刷用具、高筒胶鞋、工作服、胶手套等。

◇方法步骤

1. 禽舍的消毒

第一步：机械清扫

机械清扫是搞好禽舍环境卫生最基本的一种方法。据试验，采用清扫方法，可以使鸡舍的细菌数减少21.5%，如果清扫后再用清水冲洗，则鸡舍内细菌数即可减少54%～60%。清扫冲洗后，再用药物喷雾消毒，鸡舍内的细菌减少90%。

第二步：化学消毒剂消毒

用化学消毒液消毒时，消毒液的用量一般是以禽舍内每平方米面积1 L药液。消毒时，先喷洒地面，然后墙壁，先由离门远处开始，喷完墙壁后再喷天花板，最后再开门窗通风，用清水刷洗饲槽，将消毒药液味除去。在进行禽舍消毒时也应将附近场院以及病禽污染的地方和物品同时进行消毒。

2. 禽舍的预防消毒

在一般情况下，每年可进行2次（春秋各1次）。在进行禽舍预防消毒的同时，凡是禽停留过的处所也需要消毒。在采取“全进全出”管理方法的机械化养禽场，应在全出后进行消毒。

禽舍的预防消毒常用的液体消毒剂有10%～20%的石灰乳和5%～10%的

漂白粉溶液，须现用现配。禽舍的预防消毒也可用蒸气消毒。常用甲醛溶液，用量按禽舍空间计算，甲醛溶液25 mL/m^3、水12.5 mL/m^3，二者混合后再放高锰酸钾（或生石灰）25 g/m^3。消毒前将禽赶出畜舍，舍内用具、物品等适当摆开，紧闭门窗，室温保持在15～18 ℃。药物置于陶瓷容器内，用木棒搅拌，经几秒钟产生甲醛蒸气，人员立即离开，将门关闭。经12～24 h后打开门窗通风，待药气消失后将禽进入。如急需使用禽舍，可用氨气中和，按氯化氨5 g/m^3、生石灰2 g/m^3、75 ℃水7.5 mL/m^3，混合于桶内放入畜舍。也可用氨水代替，按25%氨水12.5 mL/m^3，中和20～30 min，打开门窗通风20～30 min，即可启用。

在集约化饲养场，为了预防传染病，平时可以用消毒剂"带禽消毒"。如用0.3%过氧乙酸对鸡舍进行气雾消毒，对鸡舍地面、墙壁及羽毛表面上的常在菌和肠道菌有较强的杀灭作用。如0.3%的过氧乙酸按30 mL/m^3剂量喷雾消毒，对鸡群及产蛋鸡均无不良影响。"带禽消毒"法在疫病流行时，可作为综合防制措施之一，及时进行消毒对扑灭疫病起到一定作用。0.5%以下浓度的过氧乙酸对人、禽无害，为了减少对工作人员的刺激，在消毒时可佩戴口罩。

3. 禽舍的临时消毒和终末消毒

发生各种传染病时，需要进行临时消毒和终末消毒，其中消毒剂的选择因疫病种类不同而异。一般的肠道菌、病毒性疾病可选用上述所介绍的几种消毒剂，如0.5%漂白粉乳剂、1%～2%氢氧化钠热溶液。但如发生细菌芽孢引起的传染病时，需应用10%～20%的漂白粉乳剂、10%～20%氢氧化钠热溶液或其它强力消毒剂。在消毒禽舍的同时，在病禽舍、隔离舍的出入口处应放置设有消毒液的麻袋或草垫。

实训六 孵化场消毒效果检测技术

◇实训条件

营养琼脂培养基、乳糖琼脂培养基、胰蛋白酶大豆琼脂培养基、蒸馏水、无菌的试管和吸管、无菌棉签、酒精灯、规板、无菌平皿等。

◇方法步骤

1. 种蛋表面的消毒效果检测

（1）将被检种蛋放在特制的规板内，种蛋大头朝上。

（2）在盛有5 mL含有中和剂的无菌蒸馏水试管中浸湿灭菌的棉签，在试管壁上挤去多余的水分，然后在规板范围内滚动棉签涂抹试管取样。

（3）剪去棉签的手持端，使棉签落入盐水试管中，塞紧试管塞，进行实验室检测。

（4）用灭菌的镊子夹住棉签。在试管内壁上反复提拉，充分洗下棉签上的细菌。

（5）用无菌的吸管吸取 1 mL 细菌的悬液，放入装有 9 mL 熔化冰冷却至 45 ~ 55 ℃的营养琼脂试管中，充分混合后，倾注在灭菌的平皿内。

（6）待琼脂的混合液完全凝固后，置于 37 ℃温箱，培养 24 h，对平板上的细菌进行计数。

（7）根据平板上的菌落数及菌液的稀释倍数，计算取样范围内的细菌总数。

规板内细菌总数 = 平板上菌落数 × 采样管中液体体积 × 稀释倍数

例如：平板上菌落数为 1，样品管中液体为 5 mL，样品稀释倍数为 10 倍，则规板内细菌总数 = 1 × 5 × 10 = 50 个。

（8）蛋壳表面总菌数 = 规板范围内细菌总数 ×（蛋壳总面积/规板范围内蛋壳体积）。

（9）为了有代表性，每批种蛋至少检测 25 ~ 30 枚。

（10）种蛋表面消毒效果的检测标准，见表 2 - 4。

表 2 - 4　种蛋表面消毒效果的检测标准

级别	蛋壳表面总菌数	规板内（直径为 3.5 cm）菌数
优	0 ~ 320	0 ~ 60
良	321 ~ 640	61 ~ 120
中	641 ~ 960	121 ~ 180
差	961 以上	181 以上

2. 孵化器和孵化室空气的消毒效果检测

（1）四级分类平板空气暴露法

①取 5% 乳糖琼脂平板培养基数个，开盖后均匀地放置在孵化器或孵化室的水平地面上。

②平板在孵化器或孵化室里暴露 3 min，盖上平皿，做好标记。置于 37 ℃温箱，培养 24 h，对平板上的菌落进行计数。

③每台孵化器或每间孵化室取样 5 ~ 10 个，求出平均菌落数。

（2）六级分类平板空气暴露法

①取胰蛋白酶大豆琼脂平板数个，开盖后均匀地放置在孵化器或孵化室的水平地面上。

②平板在孵化器或孵化室里暴露 10 min，盖上平皿，做好标记。置于 37 ℃温箱，培养 24 h，对平板上的菌落进行计数。

③每台孵化器或每间孵化室取样 5 ~ 10 个，求出平均菌落数。

3. 出雏器的消毒效果检测

（1）在出雏接近完成时，无菌采集绒毛置于灭菌的平皿内，进行实验室检验。

（2）用无菌的滤纸称取0.25 g绒毛放入盛有100 mL无菌蒸馏水的锥形瓶中，充分摇匀，使绒毛潮湿但不粘在锥形瓶壁上。

（3）无菌操作，分别吸取锥形瓶中混悬液0.1 mL、1.0 mL，按下表操作，分别加入至已溶化并冷却至45 ℃左右的4种培养基中，充分混合后，倾入无菌平皿内（表2－5）。

表2－5　4种培养基的样品量、培养温度和时间

培养基	样品量	培养温度	培养时间
蛋白胨琼脂	0.1	37 ℃	24 h
麦康凯琼脂	1.0	37 ℃	24 h
高盐甘露醇琼脂	0.1	37 ℃	24 h
沙保弱葡萄糖琼脂	1.0	室温	3 d

待培养时间到后，计数平板上的菌落数。每台出雏器，测定8份绒毛样品。

被检菌种及绒毛含菌量的计算方法见表2－6。

表2－6　被检菌种及绒毛含菌量的计算

培养基	被检菌类	每克绒毛含菌量
蛋白胨琼脂	全部细菌	平板菌数×4 000
麦康凯琼脂	肠杆菌类	平板菌数×400
高盐甘露醇琼脂	葡萄球菌	平板菌数×4 000
沙保弱葡萄糖琼脂	霉菌	平板菌数×400

4. 物体表面的消毒效果检测

（1）规板灭菌后扣在被测物体的表面。

（2）在盛有5 mL含有中和剂的无菌蒸馏水试管中浸湿灭菌的棉签，在试管壁上挤去多余的水分，然后在规板范围内滚动棉签涂抹试管取样。

（3）剪去棉签的手持端，使棉签落入盐水试管中，塞紧试管塞，进行实验室检测。

后面的操作步骤同种蛋表面的消毒效果检测的操作。

◇结果与分析

1. 孵化器或孵化室空气微生物学标准（表2-7、表2-8）

表2-7 孵化器或孵化室空气微生物学检测标准（四级分类平板空气暴露法）

分级	评价	平均总菌落数
1	干净	0~10
2	轻度污染	11~20
3	中度污染	21~30
4	高度污染	31以上

表2-8 孵化器或孵化室空气微生物学检测标准（六级分类平板空气暴露法）

分级	评价	孵化器菌落数	孵化室菌落数	所有地区霉菌数
1	优	0~10	0~15	0
2	良	11~25	16~36	1~3
3	中	26~46	37~57	4~6
4	差	47~66	58~76	7~10
5	劣	67~86	77~96	11~12
6	糟	87以上	97以上	13以上

2. 出雏器内绒毛的微生物学检测标准（表2-9）

表2-9 出雏器内绒毛的微生物学检测标准（每克绒毛中的细菌数） 单位：个/g

分级	评价	细菌总数	沙门菌/肠杆菌类	真菌
1	轻度污染	25 000以下	5 000	800以下
2	中度污染	25 001~75 000	5 001~10 000	801~2 000
3	高度污染	75 001以上	10 001以上	2 001以上

3. 熏蒸前后绒毛微生物学检测标准（表2-10）

表2-10 熏蒸前后绒毛微生物学检测标准（每克绒毛中的细菌数） 单位：个/g

级别	熏蒸前			熏蒸后		
	细菌	肠杆菌类	霉菌	细菌	肠杆菌类	霉菌
优	75 000	25 000	0	25 000	0	0
良	150 000	50 000	800	50 000	5 000	400
中	300 000	100 000	1 600	100 000	10 000	800
差	300 001以上	100 001以上	1 601以上	100 001以上	10 001以上	801以上

4. 孵化厅内物体表面的微生物学检测标准（表2－11）

表2－11　　孵化厅内物体表面的微生物学检测标准

级别	评价	平板上的菌落数/（个/m^2）
1	干净	0～10
2	轻度污染	11～20
3	中度污染	21～30
4	高度污染	31以上

实训七　养鸡场消毒效果检测技术

◇实训条件

营养琼脂培养基、蒸馏水、中和剂、无菌棉签、规板（规格5 cm×5 cm）、空气微生物采样器、灭菌平板、无菌1 mL吸管、无菌试管、酒精灯等。

◇方法步骤

养鸡场中消毒检测效果主要是检测鸡舍的墙壁、地面、门窗、笼具、水槽、食槽等设备和用具表面消毒后的效果。另外，还包括工作人员手是否消毒合理。

1. 物体表面及工作人员手的消毒效果检测

（1）物体表面采样时，将内径为5 cm×5 cm的无菌规板放于被检物体的表面。

（2）在装有5 mL加入中和剂的蒸馏水的试管中浸湿无菌棉签，在试管壁上挤去多余的水分，然后在规板范围内滚动棉签涂抹取样。

（3）剪去棉签的手持端，使棉签落入蒸馏水的试管内，塞紧试管塞，进行试验室检测。

（4）以相同的方法，在同一物体的不同表面采集4～5个样品。另外，工作人员手采集样本时，按上述方法在右手的每个手指掌面取样。

（5）利用提拉棉签或敲打取样试管的方法将棉签上可能带的细菌全部洗入试管内的蒸馏水中。

（6）用无菌的吸管从采样试管中吸取1 mL菌悬液转入另一只盛有9 mL蒸馏水的试管中，做1∶10倍递增稀释。

（7）根据物体表面污染的程度选择3个稀释度，每个稀释度分别取1 mL放入无菌的平皿内，用营养琼脂倾注培养，每个稀释度做平行样品3个。置于37 ℃温箱，培养24 h。取出观察并计数平板上的菌落数。计算公式为：

（8）物体表面菌落数（个/cm^2）=［平均菌落数×稀释倍数×采样管液体量(mL)］/采样面积（cm^2）。

2. 鸡场空气消毒效果的检测

空气中细菌含量的检测有2种方法：空气采集器法、平板暴露法。

（1）空气采集器法　用空气微生物采样器，在鸡舍内四周和中央采样，采样1 min，然后将营养琼脂平板置于37 ℃温箱，培养24 h。取出观察并计数平板上的菌落数，求出5个采样点的平均菌落数。计算公式为：

空气中平均菌落数（个/m^3）=｛平均菌落数/［每分钟采气量（L）×采样时间（min）］｝×1 000。

（2）平板暴露法　将营养琼脂平板或血琼脂平板水平的放于鸡舍的四角及中央各一个。将平皿盖打开，扣放在平皿底部。据鸡舍内的污染程度，暴露10～20 min。然后盖好皿盖，把平皿置于37℃温箱，培养24h。取出观察并计数平板上的菌落数，求出5个采样点的平均菌落数。

据测试，5 min内在100 cm^2面积上降落的细菌数，相当于10L空气中所含的细菌数，因此可以按下列公式计算：

$$菌落数（个/m^3）= N\times 100/A\times 5/T\times 100 = 50\,000\times N/(A\times T)$$

式中　A——平板面积，cm^2；

T——平板暴露于空气中的时间，min；

N——平均菌落数，个。

◇结果与分析

鸡舍空气中细菌允许量：一般认为，在有鸡的情况下，鸡舍每立方米空气中微生物（细菌和霉菌）数不得超过25万～35万个；笼养雏鸡每立方米空气中微生物总数不得超过13万个，其中大肠菌群不得超过1 900个。否则可引起临床大肠杆菌病，必须采取预防措施。对于一些传染病的预防，养鸡场消毒效果的检测是一个很好的方法。

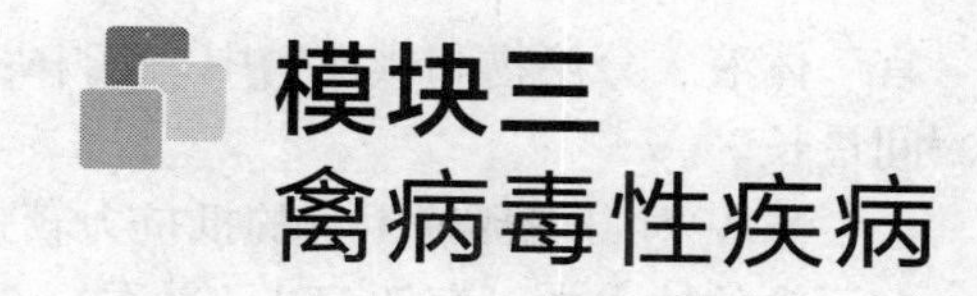

模块三 禽病毒性疾病

单元一 以败血症为主症的病毒性疾病

一、新城疫

新城疫（newcastle disease ，ND），又称亚洲鸡瘟、伪鸡瘟等，是由鸡新城疫病毒（NDV）引起的一种主要侵害鸡、火鸡、野禽及观赏鸟类的高度接触性、致死性传染病，也能感染人。典型新城疫特征为呼吸困难，下痢，并伴有神经症状，成鸡产蛋严重下降，黏膜和浆膜出血，感染率和致死率高。虽然已经广泛接种疫苗预防，但该病仍不时在养禽业中造成巨大的损失，目前仍是最主要和最危险的禽病之一。

该病在 1926 年英国新城首次发现，故名新城疫。OIE 将鸡新城疫列为 A 类动物传染病。

（一）病原

鸡新城疫病毒（newcastle disease virus，NDV）属于 RNA 病毒中的单股负链病毒目、副黏病毒科、副黏病毒亚科、腮腺炎病毒属的病毒。成熟的病毒粒子呈球形，直径为 120 ~ 300 nm。核衣壳呈螺旋对称。有囊膜，囊膜表面有放射状排列的纤突，含有刺激宿主产生血凝抑制和病毒中和抗体的抗原成分。

NDV 血凝素可凝集人、鸡、豚鼠、鸭、鹅和小白鼠等多种动物的红细胞，这种凝集红细胞的活性能被特异的免疫血清所抑制，其凝集抑制作用具有特异性。鸡是 NDV 最适合的实验动物和自然宿主。病毒存在于病禽的所有组织器官、体液、分泌物和排泄物中，其中以脑、脾、肺含毒量最高，以骨髓保毒时间最长。

NDV 对自然环境因素的抵抗力较强，在污染的鸡舍中可存活 2 个月以上，在污染的饮水中可存活 15d（夏季）至 5 个月（冬季）以上。在低温条件下抵抗力强，在 4 ℃可存活 1 ~ 2 年，－20 ℃时能存活 10 年以上；该病毒对消毒剂、日光及高温抵抗力不强，一般消毒剂的常用浓度即可很快将其杀灭，例如 1% 来苏儿、0.3% 过氧乙酸、2% 氢氧化钠、5% 漂白粉等均可在短时间内将其灭活，百毒杀、碘氟、菌毒杀等也常用于本病消毒。

（二）流行病学

NDV 可感染 50 个鸟目中 27 个目 240 种以上的禽类，但主要是发生在鸡和火鸡，珍珠鸡、雉鸡及野鸡也有易感性，鸽、鹌鹑、鹦鹉、麻雀、乌鸦、喜鹊、孔雀、天鹅以及人也可感染，水禽对本病有抵抗力。新城疫的主要传染源是病鸡和带毒鸡以及感染的鸟类，主要的传播方式是通过被排出的粪便及口腔黏液污染的饲料、饮水和尘土经消化道、呼吸道或结膜传染给易感鸡，也可以通过卵直接传播。

本病一年四季均可发生，以冬春寒冷季节较易流行。不同年龄、品种和性别的鸡均能感染，但幼雏的发病率和死亡率明显高于大龄鸡。纯种鸡比杂交鸡易感，死亡率也高。易感鸡群一旦被速发性嗜内脏型鸡新城疫病毒所传染，可迅速传播，并呈毁灭性流行，发病率和病死率均可达 90% 以上。但近年来，由于免疫程序不当，或有其它疾病存在抑制新城疫抗体的产生，常引起免疫鸡群发生新城疫，大多呈现非典型的临诊症状和病理变化，其发病率和病死率较低。

（三）临床症状

ND 的潜伏期为 2 ~ 15 d，平均 5 ~ 6 d。我国根据临诊表现和病程长短把 ND 分为最急性、急性和慢性型。

（1）最急性型　突然发病，无明显症状而迅速死亡，往往头天晚上饮食活动如常，翌晨发现死亡。多见于流行初期和雏鸡，死亡率达 90% 以上。

（2）急性型　最常见，表现为呼吸道、消化道、生殖系统、神经系统异常。往往以呼吸道症状开始，继而下痢。病鸡发热，体温达 43 ~ 44 ℃，精神不振，呼吸困难，张口呼吸，气管内有水泡音，发出一种“咕咕”的喘鸣声或突然发出尖叫声，鼻流黏性分泌物。垂头缩颈，翅膀下垂，结膜炎，眼半闭，嗜睡。常甩头，做吞咽状。嗉囊内积有液体和气体，口腔内有黏液，倒提病鸡可见从口中流出大量酸臭液体。病鸡拉稀，粪便呈黄绿色或黄白色，有时混有少量血液，后期排出蛋清样稀粪。食欲废绝，鸡冠和肉髯发绀呈暗红色。后期可见肌肉震颤、两腿无力，歪脖扭颈，强迫性颈后仰或强迫性低头，并阵发性痉挛，盲目前冲，后退，共济失调做圆圈运动，站立不稳，严重者瘫痪。面部肿胀也是本型的一个特征。产蛋鸡迅速减蛋，软壳蛋数量增多，很快绝产。雏鸡病程短，症状不明显，死亡率高。

（3）慢性型　初期临诊症状与急性型相似，不久后渐见减轻，但同时出现神经临诊症状，患鸡翅、腿麻痹，跛行或站立不稳，头颈向后或向一侧扭转，常伏地旋转，动作失调，反复发作，最后瘫痪或半瘫痪，一般经 10～20 d 死亡。此型多发生于流行后期的成年鸡，但病死率较低。个别患鸡可以康复，部分不死的病鸡遗留有特殊的神经临诊症状，表现腿翅麻痹或头颈歪斜。有的鸡状似健康，但若受到惊扰刺激或抢食时，会突然后仰倒地，全身抽搐就地旋转，数分钟后又恢复正常。瘫痪或半瘫痪，或者逐渐消瘦，终至死亡。

免疫鸡群中发生新城疫，临床诊断症状不很典型，仅表现呼吸道和神经症状，其发病率和病死率较低，有时在产蛋鸡群仅表现产蛋下降。有人把这种新城疫称为“非典型新城疫”或“亚临诊型新城疫”，把这种现象称为新城疫的免疫失败。

（四）病理变化

急性型的病例主要呈现败血症的变化，剖检可见全身各处黏膜和浆膜出血，淋巴系统肿胀、出血和坏死，心包、气管、喉头、肠和肠系膜充血或出血。

病变主要集中在消化道和呼吸道，特别是腺胃乳头和贲门部出血，直肠和泄殖腔黏膜出血。消化道淋巴滤泡的肿大、出血和溃疡是 ND 的一个突出特征。嗉囊内有充满酸臭味的稀薄液体和气体。腺胃黏膜水肿，其乳头或乳头间有鲜亮的出血点，或有溃疡或有坏死，腺胃和肌胃交界处有出血点，此为 ND 的典型病变。肌胃角质层下也常有出血点。消化道出血病变由小肠到盲肠和直肠有大小不等的出血点，严重地呈现斑驳状出血，有纤维素性坏死性病变，病变为暗红色，大小不等，突出于肠黏膜表面，表面有纤维素假膜覆盖，呈枣核状。盲肠扁桃体肿大、出血、坏死。直肠和泄殖腔黏膜充血或出血，黏膜广泛潮红，有时有灰白色坏死灶。气管内通常有浆液性或黏液性渗出物，严重时有充血、出血和水肿，肺部可见淤血或水肿。心冠脂肪一般有针尖大小的出血点。产蛋母鸡卵泡松软，包膜出血和充血，卵泡易破裂，以致卵黄流入腹腔引起卵黄性腹膜炎，输卵管显著充血。脾、肝、肾无特殊病变。

（五）诊断

1. 临床诊断

当鸡群突然采食量下降，出现呼吸道症状和拉绿色稀粪，成年鸡产蛋量明显下降时，应首先考虑到新城疫的可能性。通过对鸡群的仔细观察，发现呼吸道、消化道及神经症状，结合尽可能多的临床病理学剖检，如见到以腺胃乳头和肌胃角质膜下出血，小肠出血性坏死性炎症，盲肠扁桃体肿大、出血、坏死为特征的示病性病理变化，可初步诊断为新城疫。

确诊要进行病毒分离和鉴定，也可通过血清学诊断来判定。其它诊断方法包括血凝抑制试验、病毒中和试验、ELISA 试验、免疫荧光、琼脂双扩散试验、神经氨酸酶抑制试验等。

2. 实验室诊断

（1）病毒分离与初步鉴定　可采集病、死鸡的气管、支气管、肺、肝、脾、粪便、肠内容物或泄殖腔和喉气管拭子作为分离病毒的样品，对于慢性和非典型病例，可采集脑组织。将病料研磨成乳剂，按1∶5加入生理盐水稀释成悬液，离心后用过滤器除菌或加庆大霉素等抗生素除菌。首次分离病毒最好经尿囊腔途径接种9～10日龄鸡胚，最好是SPF鸡胚或非免疫鸡胚，接种后置37 ℃恒温箱中培养。

（2）病毒的进一步鉴定　因禽流感病毒、产蛋下降综合征等其它一些病毒也具有凝集鸡红细胞的性质，所以在血液凝集试验（HA）检测结果呈阳性后，还必须用新城疫抗血清对分离的病毒进行红细胞凝集抑制试验（HI）。在确定为NDV后，还应进行病毒的毒力测定，以确定被分离的病毒是野外强毒还是疫苗株病毒。

迄今为止，血液凝集抑制试验（HI）仍是广泛用于监测鸡群免疫状况、评价免疫效果、判断鸡群新城疫流行情况的一种简便可靠、快速准确的传统实验室手段。用已知抗原做血液凝集抑制试验（HI），检测待检鸡血清中的特异性抗体。对未接种新城疫疫苗的鸡，当HI效价在1∶40以上时，可判定为阳性鸡；对已免疫接种的鸡群，当HI效价达1∶128～256以上时，或鸡群血清效价水平参差不齐，表明鸡群中有强毒感染。检测中应该与血液凝集试验同时测定比较。

3. 鉴别诊断

新城疫在发病初期症状不典型，与传染性支气管炎、传染性喉气管炎、禽霍乱、禽流感等传染病都有相似的表现，必须加以鉴别。

（1）传染性喉气管炎　该病主要特征是呼吸困难，咳嗽，甚至咳出血痰。喉头水肿、充血和出血，有时在喉头附着一层黄白色假膜，阻塞气管，少见消化道病变，无神经症状；且具有传播快、发病率较高、以成年鸡多见、死亡率较低的特点。

（2）禽霍乱　禽霍乱的病原为巴氏杆菌，可感染各种家禽，但以鸭最易感。急性败血症病例的病程短，病死率高。慢性病例可见关节肿大，但无神经症状。特征性病理变化是肝表面有小点坏死，肝组织触片可见两极浓染的巴氏杆菌。

（3）禽流感　该病常有头部水肿，眼睑、肉髯肿胀，俗称“金鱼头”。剖检时常见皮下水肿和黄色胶样浸润，黏膜、浆膜和脂肪组织出血较新城疫更为广泛和明显。常见有脚鳞片下出血。

（六）防制

新城疫的预防工作是一项综合性工程，饲养管理、防疫、消毒、免疫及监测5个环节缺一不可，不能单纯依赖疫苗来控制疾病。

1. 平时的卫生防疫措施

（1）加强饲养管理和兽医卫生，注意饲料营养，减少应激，提高鸡群的整体健康水平。特别要强调全进全出和封闭式饲养制，提倡育雏、育成、成年鸡分场饲养方式。严格防疫消毒制度，杜绝强毒污染和入侵。

（2）建立科学的适合于本场实际的免疫程序，充分考虑母源抗体水平、疫苗种类及毒力、最佳剂量和接种途径、鸡种和年龄等。

免疫接种是预防新城疫的有效手段。目前，我国许可使用的疫苗包括弱毒疫苗和油佐剂灭活疫苗。弱毒疫苗中，又有缓发型疫苗株，例如 F 株、LaSota 株（Ⅳ系）、HitchnerB1 株（Ⅱ系）、Clone30（克隆 30）株、V4 株等；也有中发型毒株，如 Mukteswar 株（Ⅰ系）、H 株、Komarov 株及 Roakin 等。

缓发型毒株毒力较低，可用于未经过免疫的鸡群做首次基础免疫，可用点眼、滴鼻、饮水、气雾或肌肉注射等途径接种，其中以滴眼、滴鼻和气雾途径的效果较佳。中发型疫苗，由于毒力较强，只能用于经过基础免疫的鸡群做加强免疫用，常常采用肌肉注射途径接种。如果将这一类疫苗用于体内无抗体的鸡群或日龄较小的鸡群，则往往会引起鸡群严重的反应和不同程度的死亡损失。

（3）坚持定期的免疫监测，随时调整免疫计划，使鸡群始终保持有效的抗体水平。

（4）对发病鸡群投服多种维生素和适当抗生素，可增加抵抗力，控制细菌感染。可试用新城疫高免血清或高免卵黄肌肉注射，配合免疫增强剂、抗病毒中药和病毒唑、环丙沙星、维生素 C 等。

2. 发病时的处理措施

鸡场一旦发生疑似新城疫，经当地兽医部门确诊后，应及时上报当地政府，划定疫区进行紧急接种、扑杀、封锁、隔离和消毒等严格的防疫措施。

（1）及时应用新城疫疫苗对假定健康鸡群进行紧急接种。一旦发生非典型 ND，应立即隔离和淘汰早期病鸡，全群紧急接种至少 3 倍剂量的 LaSota（Ⅳ系）活毒疫苗，必要时也可考虑注射Ⅰ系活毒疫苗。如果把 3 倍量Ⅳ系活苗与新城疫油乳剂灭活苗同时应用，效果更好。

（2）采取紧急消毒措施，对鸡舍、运动场以及用具等用 5% ~10% 漂白粉、2% 烧碱溶液进行消毒。

（3）对疫区内的发病鸡群进行宰杀，对尸体、排泄物等应进行无害化处理。当疫区内最后 1 只病鸡死亡或扑杀后 2 周，在对被污染的区域通过严格的终末消毒后，方可解除封锁。

（七）公共卫生

NDV 也会传染人，多是由于剖检病禽时不注意个人防护而被感染，主要表现为严重的眼结膜炎，但一般不会引起死亡，所以，兽医人员在剖检病鸡时要做好个人防护和消毒工作。

二、禽流感

禽流感（avian influenza，AI）是由A型流感病毒引起的家禽和野生禽类感染的高度接触性传染病，又称真性鸡瘟、欧洲鸡瘟、流行性感冒。因流感病毒株不同，感染后的禽类可表现出不同的临床类型。可呈无症状感染、不同程度的呼吸道症状、产蛋率下降，以至引起头冠和肉髯紫黑色、呼吸困难、下痢、腺胃乳头和肌胃角膜下等器官组织广泛性出血、胰脏坏死、纤维素性腹膜炎和100%死亡率的急性败血症等表现。近年来，由于野禽作为流感病毒天然贮毒库的作用，使得禽流感在全球不断暴发，在欧洲、亚洲、南美洲和非洲等养禽发达的地区的流行越来越广，已经成为全球性的问题。特别是已证实流感病毒可以由家禽直接感染人，引起人类的发病和死亡，因此该病对于公共卫生的意义更加重要。

（一）病原

禽流感病毒（avian influenza virus，AIV）属于正黏病毒科、正黏病毒属中的A型流感病毒。该病毒的核酸型为单链RNA，病毒粒子一般为球形，直径为80～120 nm，但也常有同样直径的丝状形式，长短不一。病毒囊膜内有螺旋形核衣壳。病毒粒子表面有长10～12 nm的纤突覆盖，主要有2种不同形状的纤突，分别是血凝素（HA）和神经氨酸酶（NA）。HA和NA具有种（亚型）的特异性和多变性，在病毒感染过程中起着重要作用。迄今为止，已知有16种HA和10种NA，不同的HA和NA之间可能发生不同形式的随机组合，从而构成许许多多不同亚型。根据A型流感各亚型毒株对禽类的致病力的不同，将AIV分为高致病性病毒株、低致病性病毒株和不致病病毒株。

（二）流行病学

禽流感病毒在自然状态下，能感染多种禽类，在家禽中以鸡和火鸡的易感性最高，其次是珍珠鸡、野鸡和孔雀。鸭、鹅、鸽、鹧鸪也能感染。

感染禽从呼吸道、结膜和粪便中排出病毒。因此，可能的传播方式有感染禽和易感禽的直接接触和包括气溶胶或暴露于病毒污染环境的间接接触2种，通过消化道、呼吸道和皮肤黏膜感染。

本病一年四季均可流行，但冬春季节多发，气候突变、寒冷刺激，饲料中营养物质缺乏均能促进该病的发生。

（三）临床症状

禽流感的潜伏期较短，从几小时到4～5 d不等。

1. 高致病性禽流感

由高致病力流感病毒毒株引起，一般是H_5和H_7型。近年流行的是H_5N_1禽流感病毒感染鸡后形成的高致病力禽流感，其临床症状多为急性经过。

最急性型病禽不出现前驱症状，可在感染后10多个小时内死亡，死亡率可达90%～100%。

急性型是目前世界上常见的一种病型。病禽表现为突然发病，体温可达42 ℃以上；精神沉郁，肿头，眼睑周围浮肿，肉冠和肉垂肿胀、出血甚至坏死，鸡冠发紫；采食量急剧下降；下痢，粪便黄绿色并带多量的黏液或血液；病禽呼吸困难、咳嗽、打喷嚏，张口呼吸，突然尖叫；眼肿胀流泪，初期流浆液性带泡沫的眼泪，后期流黄白色脓性分泌物，眼睑肿胀，两眼突出，肉髯增厚变硬，向两侧开张，呈"金鱼头"状；也有的出现抽搐、头颈后扭、运动失调、瘫痪等神经症状；产蛋率急剧下降或几乎完全停止，蛋壳变薄、褪色，无壳蛋、畸形蛋增多，受精率和受精蛋的孵化率明显下降；鸡脚鳞片下呈紫红色或紫黑色。在发病后的5～7 d内死亡率几乎达到100%。少数病程较长或耐过未死的病鸡出现神经症状，包括转圈、前冲、后退、颈部扭歪或后仰望天等。

2. 温和性禽流感

产蛋鸡在感染H_9N_2等低致病力病毒后，最常见的症状是产蛋率下降，但下降程度不一，有时可以从90%的产蛋率在几天之内下降到10%以下，要经过1个多月才逐渐恢复到接近正常的水平，但却无法达到正常的水平；有些仅下降10%～30%，1周至半个月左右即回升到基本正常的水平。产蛋率受影响较严重的鸡群，蛋壳可能褪色、变薄。在产蛋受影响时，鸡群的采食、精神状况及死亡率可能与平时一样正常，但也可能见少数病鸡眼角分泌物增多、有小气泡，或在夜间安静时可听到一些轻度的呼吸啰音，个别病鸡有脸面肿胀，但鸡群死亡数仍在正常范围。再严重一些的病例，则可见到少数病鸡呼吸困难，张口呼吸，呼吸啰音，精神不振，下痢，鸡群采食量下降，死亡数增多，如饲养管理条件良好并适当使用抗菌药物控制细菌感染，则不会造成重大的死亡损失；但产蛋率和孵化率降低。发病率高、死亡率低、母鸡孵雏欲增强是重要特征。

3. 隐性感染性禽流感

隐性感染性禽流感是由一些无致病力的毒株感染野禽、水禽及家禽后引起的，多见野禽。被感染禽无任何临床症状和病理变化，只有在检测抗体时才发现已受感染，但它们可能不断地排毒，是危险的传染源。

（四）病理变化

最急性死亡的病鸡常无眼观变化。

病程稍长者可见头部和颜面浮肿，鸡冠、肉髯肿大3倍以上。皮下有黄色胶样浸润、出血，胸、腹部脂肪有紫红色出血斑、点。心包积水，心外膜有点状或条纹状坏死，心肌软化。病鸡腿部肌肉出血，有出血点或出血斑。腿部鳞片有紫色的出血斑。

病禽内脏大部分器官都有数量不等的出血点和灰白色坏死灶。消化道变化表现为腺胃乳头水肿、出血，肌胃角质层下出血，肌胃与腺胃交界处呈带状或环状出血。十二指肠、盲肠扁桃体、泄殖腔充血、出血。肝、脾、肾脏淤血肿大，有白色小块坏死。呼吸道有大量炎性分泌物或黄白色干酪样坏死。肺充血水肿。气囊、腹膜、输卵管内也有灰黄色的纤维素性渗出物。胸腺萎缩，有程度不同的点、斑状出血。法氏囊萎缩或呈黄色水肿，有充血、出血。母鸡卵泡充血、出血，卵黄液变稀薄。严重者卵泡破裂，卵黄散落到腹腔中，形成卵黄性腹膜炎，腹腔中充满稀薄的卵黄。输卵管水肿、充血，内有浆液性、黏液性或干酪样物质。公鸡睾丸变性坏死。内脏有尿酸盐沉积。

温和性禽流感表现不是很典型，一般表现为腹部脂肪有点状出血。腺胃无明显病变，肌胃有轻微出血，幽门口有出血，肌胃表层脂肪有出血点。十二指肠和小肠有绿豆大小的出血斑。胰腺潮红肿胀，回肠部有枣核状凸起，一般不出血，盲肠扁桃体水肿，点状出血，泄殖腔有弥漫性出血或条纹状出血。气管潮红或暗红有出血，有多量淡黄色痰液，支气管分叉处有出血和分泌物。肺部充血逐步发展到肺部出血，淤血最后坏死，气囊和腹膜一般无明显变化。法氏囊正常或充血呈暗红色。心肌冠状脂肪有点状出血，胸腺点状出血或坏死或暗红色。死亡鸡只皮肤发紫。

（五）诊断

由于本病的临床症状和病理变化差异较大，所以确诊必须依靠病毒的分离、鉴定和血清学试验。

1. 病毒的分离

可选取病死禽的气管和支气管、心、肝、脾、胰、脑以及直肠、泄殖腔和喉气管棉拭子等作为分离病毒的病料。

将病料按 1∶5 比例加入生理盐水，研磨制成匀浆，离心取上清液，加入双抗或用过滤器除菌，经尿囊腔接种 SPF 鸡胚或非免疫鸡胚，每胚 0.2 mL。将鸡胚置 37 ℃温箱中孵育，取 18 h 后死亡的鸡胚经冷冻后取尿囊液待检。5 d 内未死亡的鸡胚，也做冷冻处理后收取尿囊液。收取的尿囊液，一部分做 HA 检测，另一部分做下一代鸡胚盲传，如连续盲传 2 ~ 3 代 HA 仍呈阴性即可放弃。

2. 病毒的鉴定

更有实际意义的是要进一步做禽流感病毒亚型的鉴定，因为亚型的鉴定直接关系到处理原则和确定疫苗接种。常用的试验是琼脂扩散试验、血液凝集试验（HA）和血液凝集抑制试验（HI）以及 PCR 试验。其它检验方法，如 RT－PCR、荧光抗体技术、中和试验（NT）、酶联免疫吸附试验（ELISA）、补体结合反应和免疫放射试验等均可用于禽流感的诊断。

3. 鉴别诊断

本病在临床上与新城疫、传染性支气管炎、传染性喉气管炎、传染性鼻炎、慢性呼吸道病等的症状及剖检变化相似，应注意鉴别。

与新城疫的区别　新城疫神经症状较禽流感显著，肠道枣核样病变明显。而禽流感冠黑紫，头面部水肿，头部皮下水肿胶样浸润，黏膜、浆膜出血比新城疫严重。水泻严重，但肠黏膜无坏死溃疡。低致病性禽流感引起的产蛋下降极易与非典型新城疫混淆，可通过 ND 抗体测定，出现抗体异常升高而确定。

与产蛋下降综合征的区别　产蛋下降综合征引起产蛋下降，以无壳蛋为主。蛋壳的质量极差。一般无呼吸道症状，鸡群精神与采食量正常，输卵管的病变也不如禽流感明显。

（六）防制

1. 平时的卫生防疫措施

预防方面应注意做好常规的卫生防疫工作，经常的消毒措施可以将环境内可能存在的病毒消灭或使病原数量降低到最低水平，以避免或减少疾病的发生。

免疫接种虽然可以避免养禽业的严重损失，但却不能防止家禽的带毒和排毒。目前，一般都限制弱毒疫苗的使用，以免弱毒在使用中变异而使毒力返强，形成新的高致病力毒株。禽流感疫苗主要有基因工程疫苗和灭活疫苗。灭活疫苗有组织灭活疫苗、灭活的蜂蜡佐剂疫苗、灭活氢氧化铝疫苗、灭活油乳剂疫苗等，其中以灭活油乳剂疫苗的应用较多。

2. 发生疫病时的处理措施

（1）处理　该病属法定的畜禽Ⅰ类传染病，危害极大，一旦发现可疑病例，应立即向当地兽医部门报告，同时对病鸡群（场）进行封锁和隔离；当确诊后，立即在有关兽医部门指导下，划定疫点、疫区和受威胁区。坚决彻底销毁疫点的禽只及有关物品，执行严格的封锁、隔离和无害化处理措施。严禁疫点内的禽类以及相关产品、人员、车辆以及其它物品进出，因特殊原因需要进出的必须经过严格的消毒后，经上级部门允许才可出入；同时扑杀疫点内的一切禽类，对于扑杀的禽类以及相关产品，包括种苗、种蛋、商品禽、蛋、禽的粪便、饲料、垫料等，必须经深埋或焚烧等方法进行无害化处理；对疫点内的禽舍、养禽工具、运输工具、场地及周围环境实施严格的消毒和无害化处理。禁止疫区内的家禽及其产品的贸易和流动，设立临时消毒关卡对进出运输工具等进行严格消毒，对疫区内易感禽群进行监控，同时加强对受威胁区内禽类的监测。

禽群处理后，禽场要全面清扫、清洗、消毒、空舍至少 3 个月。

目前国外也采用“冷处理”的方法，即在严格隔离的条件下，对症治疗，以减少损失。

（2）治疗　可用板蓝根 2g/（只・d）、大青叶 3g/（只・d），粉碎后拌料。

抗菌药物如环丙沙星或培氟沙星等按照 0.005% 饮水剂量，连用 5～7 d，以防止大肠杆菌、支原体等继发感染与混合感染。

中药熏蒸主要应用成分是苍术、艾叶，可带鸡熏蒸防制，2 g/m^3，密闭禽舍点燃 30 min，预防 3 d，治疗 5 d。

（3）预防　禽流感发病急，死亡快，一旦发生损失较大，应重视对该病的预防。

①加强饲养管理：严格执行生物安全措施，加强禽场的防疫管理。

禽场门口要设消毒池，谢绝参观，严禁外人进入禽舍。工作人员出入要更换消毒过的胶靴、工作服，用具、器材、车辆要定时消毒。禽舍的消毒可选用二氯异氰尿酸钠或二氧化氯以强力喷雾器喷洒消毒。粪便、垫料及各种污物要集中做无害化处理。消灭禽场的蝇蛆、老鼠、野鸟等各种传播媒介。建立严格的检疫制度，种蛋、雏禽等产品的调入要经过兽医检疫。新进的雏禽应隔离饲养一定时期，确定无病者方可入群饲养。严禁从疫区或可疑地区引进家禽或禽制品。加强饲养管理，避免寒冷、长途运输、拥挤、通风不良等因素的影响，增强家禽的抵抗力。

②免疫预防：禽流感病毒的血清型多且易发生变异，给疫苗的研制和使用带来很大困难。

目前，预防禽流感还没有理想的疫苗，现有的疫苗有弱毒疫苗、灭活疫苗，接种疫苗后能产生一定的保护作用，但使用弱毒疫苗具有突变为高致病性禽流感病毒的危险，而灭活疫苗的免疫保护效果差、成本高，而且这些疫苗的应用还会影响禽流感疫情监测，因此不推荐使用疫苗。目前尚在研制中的疫苗还有 DNA 疫苗，它是将血凝素抗原基因克隆于 DNA 表达载体上，给动物注射后，DNA 在体细胞内表达出抗原蛋白，从而产生免疫效果，这是一种安全且易长期保存的疫苗。

（七）公共卫生

高致病性禽流感病毒 H_5N_1 亚型有感染人的报道，人感染后有体温升高、咽喉疼痛、肌肉酸痛和肺炎等症状。禁止乱宰乱屠病禽，病死禽不能食用。在接触病禽或尸体剖检时要做好个人防护，注意穿隔离服和戴乳胶手套，并严格消毒。

三、鸭瘟

鸭瘟（duck plague，DP）是由鸭瘟病毒引起的鸭、鹅、天鹅等雁形目动物的一种急性、热性、败血性传染病，又称鸭病毒性肠炎（duck virus enteritis，DVE）。其临床特征是病毒引起广泛性血管损害导致组织出血、体腔溢血，消化道黏膜变性、坏死，淋巴器官受损及实质器官的退行性变化。

本病传播迅速，发病率和病死率都很高，是严重威胁养鸭业发展的重要传染病之一。

（一）病原

鸭瘟病毒（duck plague virus，DPV）又称鸭疱疹病毒 1 型，属于疱疹病毒科、疱疹病毒甲亚科、疱疹病毒属中的滤过性的病毒。病毒粒子呈球形，直径为120～180 nm，有囊膜，病毒基因组核酸型为双股 DNA。病毒在病鸭体内分散于各种内脏器官、血液、分泌物和排泄物中，其中以肝、肺、脑含毒量最高。本病毒对禽类和哺乳动物的红细胞没有凝集现象，毒株间在毒力上有差异，但免疫原性相似。

病毒对外界抵抗力不强，温热和一般消毒剂能很快将其杀死。夏季在直接阳光照射下，9 h 毒力消失。病毒在 80 ℃ 5 min 即可死亡。常用的消毒剂对鸭瘟病毒均具有杀灭作用。

（二）流行病学

在自然条件下，本病对不同年龄、性别和品种的鸭都有易感性，但以番鸭、麻鸭易感性较高，北京鸭次之。自然感染则多见于大鸭，一个月以下雏鸭发病较少。野鸭和雁也会感染发病。鸽、麻雀、兔、小鼠对本病无易感性。

病鸭和病鹅，潜伏期带毒鸭及痊愈后的带毒鸭（至少带毒 3 个月）都可成为传染源。鸭瘟可通过病禽与易感禽的接触而直接传染，也可通过与污染环境的接触而间接传染。被污染的水源、鸭舍、用具、饲料、饮水是本病的主要传染媒介。在自然情况下，鸭瘟的传播途径主要是消化道，其次也可以通过交配、眼结膜、呼吸道传播。

本病一年四季均可发生，但以春、秋季流行较为严重。

（三）临床症状

本病自然感染的潜伏期为 3～5 d，人工感染的潜伏期为 2～4 d。

病初体温急剧升高，达43℃以上，高热稽留。病鸭精神委顿，头颈缩起，羽毛松乱，翅膀下垂，两脚麻痹无力，伏坐地上不愿移动，强行驱赶时常以双翅扑地行走，走几步即行倒地，不愿下水，驱赶入水后也很快挣扎回岸。食欲明显下降，甚至停食，渴欲增加。

病鸭的特征性症状：流泪和眼睑水肿。病初流出浆液性分泌物，使眼睑周围羽毛黏湿，而后变成黏稠或脓样，常造成眼睑粘连、水肿，甚至外翻，眼结膜充血或小点出血，甚至形成小溃疡。鼻中流出稀薄（初期）或黏稠（后期）的分泌物，呼吸困难，并发生鼻塞音，叫声嘶哑，部分鸭有咳嗽。病鸭发生泻痢，排出绿色或灰白色稀粪，肛门周围的羽毛被沾污或结块。肛门肿胀，严重者外翻，翻开肛门可见泄殖腔黏膜充血、水肿、有出血点。严重病鸭的泄殖腔黏膜表面覆盖一层黄绿色的假膜，剥离后可留下溃疡。部分病鸭在疾病明显时期，可见头和颈部发生不同程度的肿胀，触之有波动感，俗称“大头瘟”。家养种鸭最引人注意的症状是持续的大批死亡和产蛋量下降，减少 30%～60%，甚至停产。病程一般为 2～5 d，慢性可拖至 1 周以上，生长发育不良。

在自然条件下鹅感染鸭瘟的潜伏期为 3～5 d，发病率为 10%～90%，死亡率高达 90%～100%。发病日龄由 7 日龄到成鹅都有，以 15～50 日龄最严重，从发病到死亡时间常为 2～5 d。成鹅发病率低，极少死亡但产蛋量下降。

（四）病理变化

病变的特点是出现急性败血症，全身小血管受损，导致组织出血和体腔溢血，尤其消化道黏膜出血和形成假膜或溃疡，淋巴组织和实质器官出血，坏死。

食管与泄殖腔的斑疹性病变具有特征性：食管黏膜有纵行排列呈条纹状的黄色假膜覆盖或小点出血，假膜易剥离并留下溃疡斑痕。泄殖腔黏膜病变与食管相似，即有出血斑点和不易剥离的假膜与溃疡。食管膨大部分与腺胃交界处有一条灰黄色坏死带或出血带，肌胃角质膜下层充血和出血。肠黏膜充血、出血，以直肠和十二指肠最为严重。位于小肠上的 4 个淋巴环状病变，呈深红色，散在针尖大小的黄色病灶，后期转为深棕色，与黏膜分界明显。

胸腺有大量出血点和黄色病灶区，在其外表或切面均可见到。雏鸭感染时法氏囊充血发红，有针尖样黄色小斑点，到了后期，囊壁变薄，囊腔中充满白色，凝固的渗出物。肝表面和切面上有大小不等的灰黄色或灰白色的坏死点，少数坏死点中间有小出血点，病灶周围有环形出血带，这种病变具有诊断意义。胆囊肿大，充满黏稠的墨绿色胆汁。心外膜和心内膜上有点状或刷状出血斑点，心腔里充满凝固不良的暗红色血液。产蛋母鸭的卵巢滤泡增大，卵泡的形态不整齐，有的皱缩、充血、出血，有的发生破裂而引起卵黄性腹膜炎。

病鸭的皮下组织发生不同程度的炎性水肿，在“大头瘟”典型的病例，头和颈部皮肤肿胀，紧张，切开时流出淡黄色的透明液体。

不同日龄鸭的病变又有区别。雏鸭组织出血很不明显，而淋巴组织病变较突出。成年鸭的法氏囊和胸腺已自然退化，以组织出血和生殖道病变为主。

鹅感染鸭瘟病毒后的病变与鸭相似。食道黏膜上有散在的坏死灶，溃疡，肝也有坏死点和出血点。泄殖腔黏膜出血，表面覆盖一层灰绿色斑点状隆起物，不宜剥离刮落，用刀刮有磨沙感。其它参考鸭的病变。

（五）诊断

本病传播迅速，发病率和病死率高，自然流行除鸭、鹅有易感外，其它家禽不发病。体温升高，流泪，两腿麻痹和部分病鸭头颈肿胀。食管和泄殖腔黏膜出血和有假膜覆盖。肝脏不肿大，肝表面有大小不等的出血点和灰黄色或灰白色坏死点。肠黏膜淋巴滤泡环状出血。根据流行病学，临床症状和病理变化进行综合分析，一般即可做出诊断。必要时进行病毒分离鉴定和中和试验加以确诊。

易感雏鸭接种试验　将病料或病毒的分离物（尿囊液或细胞培养物上清）双抗处理后，用肌肉注射方法接种于 1 日龄非免疫健康雏鸭，每只 0.2 mL。攻毒后 3～12 d 内注意观察雏鸭是否出现该病的特征性症状和病理变化。斑点－酶联免疫吸附试验（Dot－ELISA）可作为快速诊断。

在鉴别诊断上，主要注意与鸭巴氏杆菌病（鸭出败）、鸭病毒性肝炎、小鹅瘟相区别。

鸭出败一般发病急、病程短，能使鸡、鸭、鹅等多种家禽发病，而鸭瘟自然感染时仅仅造成鸭、鹅发病。鸭出败不会造成头颈肿胀，食管和泄殖腔黏膜上也不形成假膜，肝脏上的坏死点仅针尖大，且大小一致。取病死鸭的心、血或肝做抹片，经瑞氏或美蓝染色镜检，可见两极着色的小杆菌。此外，磺胺类药物或抗生素对巴氏杆菌病有一定的疗效，而对鸭瘟则全无效果。

小鹅瘟多发生于3周龄以内的雏鹅和雏番鸭，不感染其它品种的鸭。临床特征为急性下痢，小肠中后段出现由纤维素性渗出物、坏死脱落的肠黏膜、肠内容物等组成的香肠样栓子。小鹅瘟可用相应的血清或疫苗来预防和治疗。

鸭病毒性肝炎主要发生于3~21 d的雏鸭。病雏表现共济失调，角弓反张，急性死亡。肝脏肿大和出血。可用鸭病毒性肝炎弱毒疫苗或抗血清进行预防和治疗。

还要与鸭球虫病和成年鸭的坏死性肠炎相区别。

（六）防制

预防鸭瘟应避免从疫区引进鸭苗和种鸭蛋，如必须引进，一定要经过严格检疫，并避免接触可能被污染的物品和运载工具。新引进的鸭苗也要隔离饲养2周以上，证明健康后才能合群饲养。另外，搞好饲养管理，加强对禽场栏舍、运动场和工具的清洁消毒，以及禁止在鸭瘟流行区域和野水禽出没区域放牧也很重要。

在受威胁区内，所有鸭、鹅均应接种鸭瘟弱毒疫苗。产蛋鸭宜安排在停产期或开产前一个月加强免疫1次。一般在20日龄首免，4~5月龄后加强免疫一次。一周龄以内雏鸭免疫期1个月，2月龄免疫期可达6~9个月。肉鸭一般在20日龄以上免疫一次即可。

发生鸭瘟时应立即采取有效措施，划定疫区，进行严格的封锁、隔离、焚尸、消毒工作。对鸭群用弱毒疫苗进行紧急预防接种，必要时剂量加倍，可降低发病和死亡。病鸭扑杀，停止放牧、外调和出售，防止病毒传播。

对经济价值较高的鸭，可在病初肌注鸭高免血清0.5~1 mL/只，也可用聚肌胞肌肉注射1 mg/只，3日1次，连用2~3次，可收到良好疗效。应用高免卵黄制剂给每只鸭进行皮下注射1~2 mL，预防量减半。也可以用免疫过的蛋鸭所产的蛋给正在发病的鸭群服用，每天每只鸭1个蛋黄，有一定的效果。

四、雏番鸭细小病毒病

雏番鸭细小病毒病（muscovy duck parvovirus，MDPV）俗称番鸭“三周病”，是由雏番鸭细小病毒引起的，以喘气、软脚、腹泻及胰脏坏死和出血为主要特征的传染病。主要侵害1~3周龄雏番鸭，具有高度传染性，发病率和死亡率高，可达40%~50%以上，是目前番鸭饲养业中危害最严重的传染病之一。病变的主要特征是肠黏膜坏死、脱落肠管肿胀，出血。易感动物除雏番鸭外，其它禽类和哺乳动物均不感染发病。本病可造成雏番鸭大批死亡，即使耐过也成为僵鸭。

（一）病原

雏番鸭细小病毒是细小病毒科细小病毒属的成员，病毒粒子呈圆形或六边形，病毒直径 22～23 nm，正二十面体对称，无囊膜，为单股 DNA 病毒。MDPV的生物学特性与小鹅瘟病毒（GPV）相似，但通过交叉中和试验可以把MDPV 和 GPV区分开来。MDPV 对乙醚、胰蛋白酶、酸和热等有很强的抵抗力，但对紫外线辐射很敏感。

（二）流行病学

雏番鸭是唯一自然感染发病的动物，发病率和死亡率与日龄有密切的负相关性，日龄越小发病率和死亡率越高，一般从 4～5 日龄初见发病，10 日龄达高峰，3 周龄以内的雏番鸭发病率为 20%～60%，病死率 20%～40% 不等，以后逐渐减少，20 日龄以后表现为零星发病。近年来，雏番鸭发病日龄有延迟的趋势，40 日龄的番鸭也可发病，但发病率和死亡率低。

麻鸭、北京鸭、樱桃谷鸭、鹅和鸡未见自然感染病例，即使与病番鸭混养或人工接种病毒也不出现临诊症状。

病番鸭和带毒番鸭是主要的传染源。病鸭通过排泄物特别是通过粪便排出大量病毒，污染饲料、饮水、用具、人员和周围环境，造成传播。成年番鸭病感染后不表现任何症状，但能随分泌物、排泄物排出大量病毒，成为重要的传染来源。如果病鸭的排泄物污染种蛋外壳，则引起种蛋在孵化器及出雏器内的污染，使出壳的雏番鸭成批发病。

本病发生的季节性不明显，但是由于冬春气温低，育雏室空气流通不畅，空气中氨和二氧化碳浓度较高，故此季节的发病率和死亡率相对较高。

（三）临床症状

本病的潜伏期4～9 d，病程2～7 d，病程长短与发病日龄密切相关。根据病程长短可分为最急性型、急性和亚急性型。

（1）最急性型　多发生于出壳后6 d 以内的雏番鸭，其病势凶猛，病程很短，只有数小时。多数病雏不表现症状即衰竭、倒地死亡。临死时两腿乱划，头颈向一侧扭曲。本型发病率低，占整个病雏的 4%～6%。

（2）急性型　主要见于7～21 日龄的雏番鸭，约占整个病雏数的 90% 以上。主要表现为精神委顿、羽毛蓬松、两翅下垂、尾端向下弯曲，两脚无力，懒于走动，厌食，离群。有不同程度腹泻，排出灰白或淡绿色稀粪，并黏附于肛门周围。呼吸困难，喙端发绀，后期常蹲伏，张口呼吸。濒死前两腿麻痹，翅膀耷拉并倒地不起，最后衰竭死亡。病程一般为2～4 d。

（3）亚急性型　本型病例较少，往往是由急性型随日龄增加转化而来，也可见于日龄较大的雏鸭。

（四）病理变化

最急性型由于病程短，病理变化不明显，只在肠道内出现急性卡他性炎症，并伴有肠黏膜出血，其它内脏器官无明显病变。

急性型病理变化较典型，呈全身败血症现象。全身脱水明显。大部分病死鸭肛门周围有稀粪黏附，泄殖器扩张、外翻；心脏变圆，心房扩张，心壁松弛，尤以左心室病变明显。肝脏稍肿大，胆囊充盈，肾和脾稍肿大，胰腺肿大且表面散布针尖大小的灰白色病灶。特征性病变在肠道，在空肠中、后段显著膨胀，在肠道膨大处内有一小段质地松软的黏稠渗出物，长 3 ~ 5 cm，呈黄绿色，主要由脱落的肠黏膜、炎性渗出物和肠内容物组成。两侧盲肠均有不同程度的炎性渗出和出血现象。直肠内黏液增多，黏膜有许多出血点，肠管粗大。其它内脏器官一般无明显可见的肉眼变化。

（五）诊断

根据流行病学、临诊症状和病理变化可以做出初步诊断，但是临诊上本病常与小鹅瘟、鸭病毒性肝炎和鸭传染性浆膜炎混合感染，故容易造成混淆。确诊时必须依靠病原分离和血清学检测。

鉴别诊断时，应注意与雏番鸭小鹅瘟鉴别诊断。

（六）防制

采取严格的生物安全措施对本病的防制具有重要意义。尤其是对种蛋、孵化器、出雏器和育雏室的严格消毒，是保证防止发病的重要措施；再结合预防接种，可很好地控制本病的发生和流行。

目前，国内已研制出 MDPV 弱毒活疫苗供雏番鸭和种鸭免疫预防用，也可使用灭活疫苗。国外有供种鸭用的 GPV 和 MDPV 二联灭活疫苗，而在雏番鸭则联合使用灭活的水剂 MDPV 疫苗和弱毒 GPV 活疫苗。

对已经发病的雏鸭可用高免血清进行防制。

五、小鹅瘟

小鹅瘟（gosling plague，GP）又称鹅细小病毒感染、雏鹅病毒性肠炎，是由小鹅瘟病毒引起的雏鹅与雏番鸭的一种急性或亚急性败血性传染病。临床特征为精神委顿、食欲废绝和严重下痢。主要病变为渗出性肠炎，小肠黏膜表层大片脱落，与凝固的纤维素性渗出物一起形成栓子，堵塞于肠腔。本病主要侵害 4 ~ 20 日龄雏鹅，传播快、发病率高、死亡率高。

1956 年，方定一教授等在我国的江苏省扬州地区首次发现了该病，并定名为小鹅瘟。1965 年以后，欧洲和亚洲的许多国家均报道了本病的存在。目前，世界上许多饲养鹅和番鸭的国家和地区都有发病。

（一）病原

小鹅瘟病毒（gosling plague virus，GPV）属细小病毒科、细小病毒属。病毒为球形，无囊膜，直径为 20 ~ 22 nm，是一种单链 DNA 病毒，对哺乳动物和禽细胞无血凝活性，但能凝集黄牛精子。国内外分离到的毒株抗原性基本相同，仅有 1 种血清型，与其它哺乳动物的细小病毒没有抗原关系；但与番鸭细小病毒（MDPV）存在部分共同抗原。最近用交叉中和试验和对基因组做酶切分析表明，鹅细小病毒和番鸭细小病毒（MDPV）存在显著差异。病毒经 65 ℃加热 30 min 对滴度无影响，能抵抗 56 ℃ 3 h，在 pH 3.0 溶液中 37 ℃条件下耐受 1 h 以上，对氯仿、乙醚和多种消毒剂不敏感，能抵抗胰酶的作用。病毒存在于病雏的肠道及其内容物、心血、肝、脾、肾和脑中。

（二）流行病学

本病仅发生于鹅与番鸭的幼雏，其它禽类均无易感性。本病的发生及其危害程度与日龄密切相关，雏鹅的易感性随年龄的增长而减弱。主要侵害 5 ~ 25 日龄的雏鹅与雏番鸭，10 日龄以内发病率和死亡率可达 95% ~ 100%，以后随日龄增大而逐渐减少。1 月龄以上较少发病，成年禽可带毒、排毒而不发病。

病雏及带毒成年禽是本病的传染源。在自然情况下，与病禽直接接触或采食被污染的饲料、饮水是本病传播的主要途径。病毒还可附着于蛋壳上，通过蛋将病毒传给孵化器中易感雏鹅和雏番鸭造成本病的传播，并在出壳后 3 ~ 5 d 内大批发病、死亡。而且，病原体对不良环境的抵抗力很强，蛋壳上的病原体虽经 1 个月孵化期也不能被杀灭。

（三）临床症状

小鹅瘟的潜伏期与感染时雏鹅的日龄密切相关，通常情况下日龄越小的潜伏期越短，出壳即感染者其潜伏期为 2 ~ 3 d，1 周龄以上感染的其潜伏期为 4 ~ 7 d。雏鹅感染本病时日龄不同，其临床症状、发病率、死亡率和病程长短有较大差异。

1 周龄内发病者常呈最急性型，往往无前期症状，一经发现即极度衰弱或倒地两腿乱划并迅速死亡。发病率可达 100%，死亡率高达 95% 以上。

第 2 周内发生的病例多为急性型，病鹅表现为精神委顿，缩头，行走困难，常离群独处，食欲减退，但渴欲增加，有时虽能随群采食，但将啄得之草随即甩去。进一步发展为食欲废绝，出现严重腹泻，排出灰白色或黄绿色带有气泡的稀粪。呼吸困难，喙的前端色泽变暗（发绀），头部触地，眼鼻端有浆性分泌物，嗉囊有多量气体和液体。病鹅临死前常出现神经症状，头颈扭转、两脚麻痹、全身抽搐，病程 1 ~ 2 d。

2 周龄以上病例病程稍长，一部分转为亚急性型，以精神委顿、拉稀、消瘦为主要症状，病死率一般在 50% 以下。大部分耐过鹅在一段时间内都表现为生长受抑制，羽毛脱落。少数病鹅可以自然康复。

成年鹅经人工大剂量接种后也能发病，主要表现为排出黏性稀粪，两脚麻痹，伏地 3 ~ 4 d 后死亡或自愈，最后成为传染源。

雏番鸭的临床症状与鹅相似。

（四）病理变化

最急性型病例除肠道有急性卡他性炎症外，其它器官一般无明显病变。

急性病例表现为全身性败血症现象。心脏变圆，心房扩张，心壁松弛，心尖周围心肌晦暗无光泽，颜色苍白。肝脏肿大，呈深紫色或黄红色，胆囊肿大，充满暗绿色胆汁，脾脏和胰腺充血，部分病例有灰白色坏死点。部分病例有腹水。

本病的特征性病变为小肠发生急性卡他性－纤维素性坏死性肠炎，小肠中下段整片肠黏膜坏死脱落，与凝固的纤维素性渗出物形成栓子或包裹在肠内容物表面的假膜，堵塞肠腔，外观极度膨大，质地坚实，状如香肠。剖开栓子，由2层组成，可见中心是深褐色的干燥的肠内容物。外面由纤维素性渗出物和坏死组织混杂凝固形成的厚层假膜包被，这种栓子表面干燥，呈灰白色，直径1.0 cm，长2～15 cm。有的病例小肠内会形成纤维素性凝固性栓子，形状不一，有的呈圆条状，表面光滑，两端尖细，直径0.4～0.7 cm，长度可达20 cm以上，如蛔虫样；有的呈扁平状，灰白色如绦虫状。这种栓子不与肠壁粘连，很容易从肠管中抽出，而肠壁仍保持平整，但肠黏膜充血、出血，有的肠段出血严重。

亚急性型更易发现上述特有的变化。此外还有浆液性纤维素性肝周炎、心包炎、气囊炎和腹膜炎，腹腔积液，肺水肿、肝萎缩、卡他性肠炎、腿部和胸部肌肉出血等。一些病鹅的中枢神经系统也有明显变化，脑膜及实质血管充血并有小出血灶。

（五）诊断

由于本病具有特征的流行病学表现，如果孵出不久的雏鹅群大批发病及死亡，根据仅引起雏鹅、雏番鸭发病的流行特点，并结合有严重腹泻与神经症状的出现以及小肠出现特征性的急性卡他性－纤维素性坏死性肠炎的病变即可做出初步诊断。

本病确诊须经病毒分离鉴定或血清特异性抗体检查，包括中和试验、琼扩试验、反向间接血凝试验、免疫过氧化物酶染技术、免疫酶琼脂扩散试验、免疫荧光技术、精子凝集抑制试验等。

1. 病毒的分离和鉴定

（1）病毒分离　将病雏的脾、胰或肝脏匀浆后，取其上清液，接种于12～14日龄的鹅胚的尿囊腔，可使5～7 d的鹅胚死亡，死亡鹅胚的绒毛尿囊膜局部增厚，胚体皮肤、肝脏及心脏出血。收获尿囊液和羊水等病料接种于鹅胚的原代细胞，培养3～5 d，可产生明显的细胞病变，在显微镜下可以看到由苏木素－伊红染色的核内包涵体和合胞体。

（2）血清保护试验　取5只雏鹅作为试验组，先皮下注射标准毒株免疫制备的小鹅瘟高免血清1.5 mL，并设生理盐水对照组。注射6～12 h后，2组同时皮下注射含有病毒的尿囊液0.1 mL。当试验组雏鹅80%～100%得到保护，而对照组雏鹅于接毒后 2 ~ 5 d，有 80% 以上死亡时，即可做出判断。

2. 血清学诊断

（1）病毒中和试验　可用鸭胚适应的小鹅瘟病毒在鸭胚上进行，主要用于 GPV 抗体的检测。这种方法重复性好、敏感性高，易于操作，但是比较费时，所以不适用于检测大批的血清。另外，本法也可用已知的阳性血清来鉴定病毒。

（2）琼脂扩散试验　具有较高特异性，简便、实用，但灵敏性稍差，适于基层推广应用。用于检测 GPV、疫苗效价测定以及鹅群抗体检测等具有良好效果，也可用于检测蛋黄中的抗体。

（3）ELISA 试验　ELISA 试验检测抗体结果与病毒中和试验结果的相关性极高，并且该法具有快速的特点，从采样到做出报告只需 3 h。因此，使用 ELISA 试验是检测小鹅瘟抗体的一个非常有效的检测的方法。

3. 鉴别诊断

主要应与以下疾病相区别（见表 3 –1）。

表 3 –1　　小鹅瘟与其它疾病鉴别表

病名	流行病学特点	临床症状与病变	常用诊断方法
小鹅瘟感染	主要发生于 5 ~ 25 日龄的雏鹅或番鸭，死亡率极高，成年鹅及其它禽类均不发病	排黄白色水样稀粪，剖检时见肠炎、肠管内有条状的脱落假膜或栓塞	鹅胚接种，AGP，RIHP
巴氏杆菌病	除雏鹅外，其它禽类都可发生	通常突然发病和死亡。常有腹泻，粪便呈黄色或绿色。心外膜有出血点。肝脏有许多灰白色小坏死点，肠道黏膜发生出血性坏死性炎症	肝脾触片、染色、镜检，分离、培养
雏鹅副伤寒	1 周到 1 月龄多发，发病率、死亡率较低	雏鹅感染后多呈败血症经过，肝脾充血肿大，有条纹状或针尖状出血和坏死灶，心包炎、心包粘连	进行细菌检查
球虫病	1 周到 2 月龄雏鹅多发	小肠黏膜弥漫性出血，黏膜表面粗糙不平，肠内容物呈血样	镜检见多量球虫卵囊

鸭瘟特征性病变是在食管和泄殖腔出血和形成假膜或溃疡，必要时以血清学试验相区别。雏鹅副伤寒可通过细菌学检查和敏感药物治疗实证来区别。鹅球虫病通过镜检肠内容物和粪便是否发现球虫卵囊相区别。番鸭肠道发生急性卡他性 – 纤维素性坏死性肠炎是与鸭病毒性肝炎在病变方面的显著区别。此外，鹅细小病毒病（小鹅瘟）还应与巴氏杆菌病区分开。

（六）防制

小鹅瘟主要是通过孵坊传播的，因此，孵坊中的一切用具设备在每次使用后必须清洗消毒，收购来的种蛋应用甲醛熏蒸消毒。如发现分发出去的雏鹅在3～5 d发病，即表示孵坊已被污染，应立即停止孵化，将房舍及孵化、育雏等全部器具彻底消毒。刚出壳的雏鹅要注意不要与新进的种蛋和大鹅接触，以防感染。对于已污染的孵坊所孵出的雏鹅，应立即注射高免血清。

严禁从疫区购进种蛋及种苗；新购进的雏鹅应隔离饲养20 d以上，确认无小鹅瘟发生时，才能与其它雏鹅合群。

本病目前无有效治疗药物，除采取常规的卫生防疫措施外，主要依靠疫苗、高免血清和卵黄液进行防制。

1. 疫苗免疫

（1）强毒株疫苗　使用小鹅瘟强毒株疫苗对成年种鹅和番鸭进行接种可产生较强的母源抗体，并通过卵黄传递给初生雏，但可能造成强毒株扩散，目前少用。

（2）弱毒株疫苗　目前多使用小鹅瘟弱毒苗用于种鹅（番鸭）和雏鹅（番鸭）的免疫接种。种鹅（番鸭）于开产前15～45 d，皮下肌肉注射弱毒疫苗2～4头份，可使整个产蛋期孵出的初生雏得到母源抗体有效保护；如种鹅（番鸭）未免疫，应对初生雏进行免疫接种，通常每只1头份，进行皮下或肌肉注射。

（3）灭活疫苗　用于免疫种鹅和雏鹅，在没有进行监测的鹅群中常用。

2. 高免血清和高免卵黄液

（1）鹅高免血清　对雏鹅（番鸭）在1～3日龄内注射抗小鹅瘟高免血清或卵黄抗体，必要时于10～13日龄重复1次，有良好的预防效果。对于发病初期的病鹅（番鸭）每只注射抗小鹅瘟高免血清，可显著降低死亡率。

（2）山羊抗小鹅瘟高免血清　给1～15日龄健康或患病鹅雏皮下注射0.5～1 mL/只，能获得良好的防制效果。

单元二 | 以呼吸道症状为主症的病毒性疾病

一、传染性支气管炎

传染性支气管炎（infectious bronchitis，IB）是鸡的一种急性、高度接触传染的病毒性呼吸道传染病。以咳嗽、喷嚏、气管啰音、雏鸡流鼻液、呼吸困难等呼吸道症状为特征，有时会发生死亡。产蛋鸡出现产蛋量减少，产畸形蛋、大型蛋、小型蛋，蛋品质下降等状况。呼吸道黏膜呈浆液性、卡他性炎症。肾型传染性支气管炎表现肾脏肿大、肾小管和输尿管有大量尿酸盐沉积。

（一）病原

传染性支气管炎病毒（infectious bronchitis virus，IBV）属于冠状病毒科冠状病毒属的病毒。该病毒具有多形性，但多数呈圆形，大小为 80～120 nm。病毒粒子有囊膜，表面有长约 20 nm 的杆状纤突，为单股 RNA 病毒。

病毒粒子含有 3 种病毒特异性蛋白：内部核衣壳蛋白（N）、膜蛋白（M）和纤突蛋白（S）。IBV 血清型较多。据不完全统计，至少有 27 个不同的血清型。

IBV 主要存在于病鸡的呼吸道渗出物中。大多数病毒株在 56 ℃ 15 min 失去活力，但对低温的抵抗力则很强，在 -20 ℃时可存活 7 年。一般消毒剂，如 1% 来苏儿、1% 石炭酸、0.1% 高锰酸钾、1% 甲醛溶液及 70% 酒精等均能在 3～5min 内将其杀死。

（二）流行病学

IB 仅发生于鸡，其它家禽均不感染。各种年龄的鸡都易感，但 1～4 周龄雏鸡最为严重，死亡率也高，一般以 40 d 以内的鸡多发。本病主要经呼吸道传染，病毒从呼吸道排毒，通过空气的飞沫传给易感鸡。也可通过被污染的饲料、饮水及饲养用具经消化道感染。

IB 属于高度接触性传染病，在鸡群中传播速度快（2 周内可波及全场）、潜伏期短（平均 3 d）、病鸡带毒时间长（康复后 49 d 仍可排毒）。发病率高，但死亡率不高（幼鸡约为 5%，成鸡为 1.2%～1.4%）。

本病一年四季均能发生，但以冬春寒冷季节多发。一旦发病迅速传播全群。鸡群拥挤、过热、过冷、通风不良、温度过低、缺乏维生素和矿物质以及饲料供应不足或配合不当均可促使本病的发生。气雾、滴鼻免疫也可诱发本病。

（三）临床症状

由于病毒的血清型不同，鸡感染后出现不同的症状。

（1）呼吸型　多发生于6周龄以下的雏鸡。病鸡无明显的前驱症状，常突然发病，出现呼吸道症状，并迅速波及全群。幼雏表现为伸颈、张口呼吸、咳嗽，有呼噜音，尤以夜间最清楚。随着病情的发展，全身症状加剧，病鸡精神萎靡、食欲废绝、羽毛松乱、翅膀下垂、昏睡、怕冷，常拥挤在一起。2周龄以内的病雏鸡，还常见鼻窦肿胀、流黏性鼻液、流泪等症状，病鸡常甩头。6周龄以上的鸡只感染后呼吸道症状轻微，伴有减食，精神不振。产蛋鸡感染后产蛋量下降25%～50%，同时产软壳蛋、畸形蛋或砂壳蛋、大型蛋、小型蛋，蛋色变浅，品质下降，蛋清稀薄如水，没有正常鸡蛋的那种浓蛋清和稀蛋清之间的明显分界。病程1～2周，甚至3周。以后5～6周可以恢复产蛋，但是很难恢复到患病前的水平。

（2）肾型　感染肾型IBV后其典型症状分3个阶段。

第一阶段是病鸡表现轻微呼吸道症状，鸡被感染后24～48 h开始气管发出啰音，打喷嚏及咳嗽，并持续1～4 d，这些呼吸道症状一般很轻微，有时只有在晚上安静的时候才听得比较清楚，因此常被忽视。

第二阶段是病鸡表面康复，呼吸道症状消失，鸡群没有可见的异常表现。

第三阶段是受感染鸡群突然发病，并于2～3 d内逐渐加剧。病鸡集堆、厌食、排白色稀便，粪便中几乎全是尿酸盐。

病程一般为1～2周，发病日龄越小，死亡率越高，一般为10%～30%。

（3）腺胃型　鸡体极度消瘦，采食量下降，甚至废绝，精神沉郁，闭眼缩颈，羽毛蓬乱，嗉囊空虚，排白、绿稀便，有轻微的呼吸道症状，眼肿流泪。发病鸡日龄主要为35～60日龄。

（四）病理变化

（1）呼吸型　主要病变见于气管、支气管、鼻腔、肺等呼吸器官。表现为气管环出血，有的病鸡气囊混浊或含有黄色纤维素性渗出物。气管后段和支气管黏膜出血、充血、水肿，管腔内有黏稠透明的液体。幼雏鼻腔、鼻窦黏膜充血，鼻腔中有黏稠分泌物。肺脏水肿或出血。若在雏鸡阶段感染过IB，则成年后患鸡输卵管发育受阻，变细、变短，长度不及正常的一半，管腔狭小、闭塞或成囊状。产蛋鸡的卵泡充血、出血、变形，甚至破裂，造成“卵黄性腹膜炎”，腹腔内有液态的卵黄样物质。

（2）肾型　主要病变表现为肾脏肿大，呈苍白色，肾小管扩张，沉积大量尿酸盐结晶，使整个肾脏外形呈白线网状，俗称“花斑肾”。严重的病例在心包和腹腔脏器表面均可见白色的尿酸盐沉着，即所谓的内脏型“痛风”。有时还可见法氏囊黏膜充血、出血，囊腔内积有黄色胶冻状物。肠黏膜呈卡他性炎变化，盲肠后段和泄殖腔中常沉积白色的尿酸盐。发生尿石症的鸡除输尿管扩张，内有砂粒状结石外，还往往出现一侧肾高度肿大，同时另一侧肾萎缩。全身皮肤和肌肉发绀，肌肉失水。呼吸道一般无明显的变化，气囊混浊、增厚。

（3）腺胃型　病死鸡体消瘦，皮肤干燥，脱水，腺胃水肿显著，似乒乓球状，腺胃壁增厚2～3倍，腺胃乳头出血且凹凸不平，挤压有乳白色分泌物流出。腺胃空虚，肌胃萎缩，肠道有不同程度出血、溃疡，肝肿大，肾苍白，有尿酸盐沉积。

（五）诊断

根据流行特点、症状和病理变化可做出初步诊断，确诊则必须进行病毒分离与鉴定及其它实验室诊断方法，如接种试验、血凝抑制试验（HI）、中和试验（SN）、酶联免疫吸附试验（ELISA）、免疫荧光技术（FA）和琼脂扩散试验（AGP）。

IB在鉴别诊断上应注意与新城疫、禽流感、鸡传染性喉气管炎及传染性鼻炎、禽霉菌病相区别。

（六）防制

1. 预防

（1）加强饲养管理，降低饲养密度，避免鸡群拥挤，注意温度、湿度变化，避免过冷、过热。加强通风，防止有害气体刺激呼吸道。合理配比饲料，防止维生素，尤其是维生素A的缺乏，以增强机体的抵抗力。

（2）适时接种疫苗　对于呼吸型IB，目前国内外普遍采用Massachusetts血清型的H_{120}和H_{52}弱毒疫苗来控制IB，这与该型毒株流行最广泛有关。首免可在7～9 d用H_{120}弱毒疫苗点眼或滴鼻，二免可于30日龄用H_{52}弱毒疫苗点眼或滴鼻。2种疫苗的区别在于前者的毒力较弱，主要用于免疫3～4周龄以内的雏鸡。开产前用IB灭活油乳疫苗肌肉注射每只0.5 mL。如果在高发地区或流行季节，也可将首免提前到1日龄，二免改在7～10日龄进行。对于饲养周期长的产蛋鸡群最好每隔60～90 d用H_{52}苗喷雾或饮水免疫。

肾型IB，可于4～5 d和20～30 d用肾型IB弱毒苗进行免疫接种，或用灭活油乳疫苗于7～9 d颈部皮下注射。

腺胃型IB，对新进雏鸡可在21～28 d、110～120 d接种新－肾－腺灭活苗或腺胃型传支单联苗肌注（0.3～0.5 mL/只）。对未发病鸡场紧急接种腺胃型传支灭活苗（0.3～0.5 mL/只）。

2. 治疗

传染性支气管炎目前尚无特异性治疗方法，改善饲养管理条件、降低鸡群密度、饲料或饮水中添加抗生素对防止继发感染具有一定的作用。对肾型IB，发病后应降低饲料中蛋白的含量，并注意补充K^+和Na^+，具有一定的治疗作用。应用肾肿解毒药、电解多维等辅助治疗。对肾型传染性支气管炎，可给予复合无机盐或含柠檬酸盐或碳酸氢盐的复方药物。近年来，中药制剂越来越引起人们的重视，其通过增强机体免疫功能，使鸡产生较强的抵抗力。

由于IBV可造成生殖系统的永久损伤，因此对幼龄时发生过IB的种鸡或蛋鸡群需慎重处理，必要时及早淘汰。

二、传染性喉气管炎

传染性喉气管炎（infectious laryngotracheitis，ILT）是由传染性喉气管炎病毒（ILTV）引起鸡的一种急性、接触性呼吸道传染病。其特征是呼吸困难、咳嗽和咳出含有血液的分泌物。发病快，死亡率高。病变主要发生在喉部和气管，剖检时可见喉头、气管黏膜肿胀、出血和糜烂。本病对养鸡业危害较大，传播快，已遍及世界许多养鸡国家和地区。

（一）病原

传染性喉气管炎病毒（ILTV）属于疱疹病毒科α型疱疹病毒亚科的禽疱疹病毒1型。病毒粒子呈球形，中心部分由双股DNA所组成，外有一层含类脂的囊膜。该病毒只有1个血清型，但毒株之间有微小的差异，有强毒株和弱毒株之分。

病毒主要存在于病鸡的气管及其渗出物中，肝、脾和血液中较少见。

病毒对外界环境因素的抵抗力中等，55 ℃存活10～15 min，37 ℃存活22～24 h，直射阳光7 h，普通消毒剂如3%来苏儿、1%火碱12 min都可将病毒杀死。

（二）流行病学

在自然条件下，本病主要侵害鸡，各种龄期和品种的鸡均可感染，但以育成鸡和成年产蛋鸡多发，发病症状也最典型。幼龄火鸡、野鸡、鹌鹑和孔雀也可感染，鸭、鸽、珍珠鸡和麻雀等不易感，哺乳动物不感染。病鸡及康复后的带毒鸡是主要传染源，主要经上呼吸道及眼结膜感染，也可通过消化道感染。

本病一年四季都能发生，但以晚秋、冬季、早春季节多见。鸡群拥挤、通风不良、饲养管理不善、维生素A缺乏、寄生虫感染等，均可诱发或促进本病的发生。ILT在同群鸡传播速度快，群间传播速度较慢，常呈地方流行性。本病感染率高，常见高达90%，但致死率较低一般为5%～10%。产蛋鸡群感染后，其产蛋下降可达35%或更高。

（三）临床症状

ILT自然感染的潜伏期为6～12 d，人工气管内接种时为2～4 d。突然发病和迅速传播是本病发生的特点。

由于病毒的毒力不同、侵害部位不同，ILT在临床上可分为喉气管型和结膜型，所呈现的症状也不完全一样。

（1）喉气管型（急性型） 是高度致病性病毒株引起的，主要发生在成年鸡。其特征是呼吸困难，抬头伸颈，并发出响亮的喘鸣声，表情极为痛苦，有时蹲下，身体就随着一呼一吸而呈波浪式的起伏。咳嗽或摇头时，咳出血痰，血痰常附着于墙壁、水槽、食槽或鸡笼上，个别鸡的嘴有血染。将鸡的喉头用手向上顶，令鸡张开口，可见喉头周围有泡沫状液体，喉头出血。若喉头被血液或纤维蛋白凝块堵塞，病鸡会窒息死亡。病鸡体温升高 43 ℃左右，精神高度沉郁，食欲减退或废绝，有时还排出绿色粪便，死亡鸡的鸡冠及肉髯呈暗紫色，死亡鸡体况较好，死亡时多呈仰卧姿势。产蛋鸡的产蛋量迅速减少（可达35%），康复后1～2个月才能恢复。

（2）结膜型（温和型） 是低致病性病毒株引起的，主要发生于40 d 的雏鸡。其特征为眼结膜炎，眼结膜红肿，1～2 d 后流眼泪，眼分泌物从浆液性到脓性，最后导致眼盲，眶下窦肿胀。发病率约5%，病程长短不一，一般为1～4 周。产蛋鸡产蛋率下降，畸形蛋增多。

（四）病理变化

（1）喉气管型　最具特征性病变在喉头和气管。在喉和气管内有卡他性或卡他出血性渗出物，渗出物呈血凝块状堵塞喉和气管，或在喉和气管内存有纤维素性的干酪样物质。呈灰黄色附着于喉头周围，很容易从黏膜剥脱，堵塞喉腔，特别是堵塞喉裂部。干酪样物从黏膜脱落后，黏膜急剧充血，轻度增厚，散在点状或斑状出血，气管的上部气管环出血。

鼻腔和眶下窦黏膜也发生卡他性或纤维素性炎。黏膜充血、肿胀，散布小点状出血。有些病鸡的鼻腔渗出物中带有血凝块或呈纤维素性干酪样物。

产蛋鸡卵巢异常，出现卵泡变软、变形、出血等。

（2）结膜型　有的病例单独侵害眼结膜，有的则与喉、气管病变合并发生。结膜病变主要呈浆液性结膜炎，表现为结膜充血、水肿，有时有点状出血。有些病鸡的眼睑，特别是下眼睑发生水肿，而有的则发生纤维素性结膜炎，角膜溃疡。

（五）诊断

本病突然发生，传播快，成年鸡多发，发病率高，死亡率低。结膜型病例只表现轻度的结膜炎和眶下窦炎。临床症状较为典型：张口呼吸，气喘，有干啰音，咳嗽时咳出带血的黏液；喉头及气管上部出血明显；呼吸困难的程度比鸡的任何呼吸道传染病明显而严重。根据上述症状及剖检变化可初步诊断为ILT。确诊须进行病毒分离、血清学试验或用分子生物学方法检测。

（1）鉴别诊断　应注意同鸡痘、传染性支气管炎、新城疫及慢性呼吸道病、禽流感等的区别。

（2）白喉型鸡痘　气管黏膜增厚，有痘斑，不易剥离。皮肤型鸡痘在鸡体其它部位也可看到痘斑。

（3）传染性支气管炎　主要侵害6 周龄以内的雏鸡，呼吸音低，病变多在气管下部。成年鸡不死亡，鼻腔、气管、支气管中有浆液性渗出物，不排稀便。

（4）慢性呼吸道病　传播较慢，呼吸啰音，消瘦，气囊变化明显。

（5）传染性鼻炎　主要在育成鸡和产蛋鸡中发生，传播迅速，面部肿胀和鼻、眼分泌物增多。

（6）新城疫 肠道、腺胃和肌胃及盲肠扁桃体的出血性变化，死亡率高，或有扭头，仰脖，瘫痪等神经症状。

（7）禽流感 表现为浆膜和黏膜（腺胃）的广泛出血，皮下有胶冻样水肿。病禽表现流泪、头和颜面部水肿，冠和肉垂发紫。

（六）防制

1. 预防

（1）严格执行兽医卫生防疫制度 坚持严格的隔离、消毒等防疫措施是防止本病流行的有效方法。由于带毒鸡是本病的主要传染源之一，所以有易感性的鸡切记不可和病愈鸡或来历不明的或接种疫苗的鸡接触。平时要注意环境卫生、消毒，鸡舍内氨气过浓时，易诱发本病，要改善鸡舍通风条件，降低鸡舍内有害气体的含量。新购进的鸡必须用少量的易感鸡与其做接触感染试验，隔离观察2周，易感鸡不发病，证明不带毒时方可合群。执行全进全出的饲养制度，严防病鸡和带毒鸡的引入。

（2）免疫预防 这是预防本病的有效方法。一般情况下，在从未发生过本病的鸡场不主张接种疫苗，主要依赖认真执行兽医卫生综合预防措施来预防本病的发生。在本病流行的地区和受威胁地区可接种疫苗。

目前使用的疫苗有2种。一种是弱毒苗，是在细胞培养上继代致弱的，或在鸡的毛囊中继代致弱的或在自然感染的鸡只中分离的弱毒株。弱毒疫苗的最佳接种途径是点眼，但可引起轻度的结膜炎且可导致暂时的盲眼。如有继发感染，甚至可引起1%～2%的死亡。故有人用滴鼻和肌注法，但效果不如点眼好。为防止鸡发生眼结膜炎，稀释疫苗时每羽份加入青霉素、链霉素各500IU。另一种为强毒疫苗，只能做擦肛用，绝不能将疫苗接种到眼、鼻、口等部位，否则会引起疾病的暴发。擦肛后3～4 d，泄殖腔会出现红肿反应，此时就能抵抗病毒的攻击。强毒疫苗免疫效果确实，但未确诊有此病的鸡场、地区不能用。一般首免可在4～5周龄时进行，12～14周龄时再接种1次。肉鸡首免可在5～8日龄进行，4周龄时再接种1次。疫苗的免疫期可达半年至1年。

由于弱毒疫苗可能会造成病毒的终生潜伏，偶尔活化和散毒，因此，应用生物工程技术生产的亚单位疫苗、基因缺失疫苗、活载体疫苗、病毒重组体疫苗将具有广阔的应用前景。

2. 治疗

对发病鸡群目前尚无特异的治疗方法，但本病多是由于继发葡萄球菌感染而使病情加重，死亡率会大大增加，所以采用抗生素治疗可收到良好效果。

（1）结膜炎的大群鸡用环丙沙星或强力霉素以0.005%饮水或0.01%拌料。对病鸡按每只青霉素5万～10万单位肌肉注射，每日2次，连用3 d。

（2）应用平喘药物可缓解症状，盐酸麻黄素每只鸡每天10 mg，氨茶碱每只鸡每天50 mg，饮水或拌料投服。

（3）0.2%氯化铵饮水，连用2~3 d。

（4）肌注喉气管炎高免卵黄抗体2 mL，隔天再肌注1次。

（5）中药治疗。中药喉症丸或六神丸对治疗喉气管炎效果也较好。2~3粒/(只·d)，每天1次，连用3 d。

（6）用镊子除去喉部和气管上端的干酪样渗出物。

（7）对发病鸡群，病初期可用弱毒疫苗点眼，接种后5~7 d即可控制病情。耐过的康复鸡在一定时间内可带毒和排毒，因此须严格控制康复鸡与易感鸡群的接触，最好将病愈鸡只做淘汰处理。

单元三 | 以肿瘤为主症的病毒性疾病

一、马立克病

马立克病（Marek's disease，MD）是由疱疹病毒引起鸡的一种淋巴组织增生性、肿瘤性疾病，主要侵害外神经系统，以外周神经麻痹，虹膜褪色变形，皮肤、性腺、内脏等组织发生淋巴细胞增生、浸润，形成肿瘤为特征。

MD 存在于世界各个养禽国家，对养禽业的影响随着养鸡集约化而越来越大。

（一）病原

马立克病病毒（Marek's disease virus，MDV）在分类上属疱疹病毒科，B 亚群疱疹病毒。本病毒毒株间毒力差异很大，强毒株可引起急性内脏型马立克病；弱毒株可引起神经型马立克病；不致病毒株只造成隐性感染而不发病。

MDV 在鸡体内有 2 种形式存在：一种是无囊膜的裸体病毒，主要存在于内脏组织肿瘤细胞内，是严格的细胞结合病毒，与细胞共存亡，对外界的抵抗力很低，当感染细胞破裂死亡时，病毒粒子的毒力显著下降或失去感染力；另一种是有囊膜的完全病毒，主要存在于羽毛囊上皮细胞内，是非细胞结合性病毒，脱离细胞可存活，对外界有很强的抵抗能力，是传播本病的重要病原体。

根据毒株抗原差异和其它生物学特性，MDV 可分为 3 个血清型。

MDV 对常用消毒药比较敏感，5% 甲醛溶液、2% NaOH、3% 来苏儿等常用消毒剂均可在 10 min 内使其灭活。对温热较敏感，37 ℃ 18 h、56 ℃ 30 min、60 ℃ 10 min可使其灭活。耐寒，在 -65 ℃条件可保存 210 d。不耐酸、碱，pH 4 以下和 pH 10 以上能迅速杀死本病毒。

（二）流行病学

易感动物为鸡和火鸡，另外雉、鸽、鸭、鹅、金丝雀、小鹦鹉、天鹅、鹌鹑和猫头鹰等许多禽种都可观察到类似 MD 的病变，但很少发生。任何年龄的鸡都能感染，以 1 日龄最易感，经测定证明，1 日龄雏鸡敏感性比 14 日龄或 24 日龄雏鸡大 1 000 ~ 10 000 倍不等；母鸡比公鸡易感。发病大多在 2 ~ 5 月龄的鸡，也有在第 3 周就发病的报道。

病鸡和带毒鸡是其传染源，通过直接或间接接触，也可通过空气传播。传播途径主要是经呼吸道传染，也可经消化道和吸血昆虫叮咬传染。本病不能通过鸡蛋垂直传播。

（三）临床症状

本病潜伏期为 3 ~ 4 周。据症状和病变发生的主要部位，MD 在临床上分为4种类型：神经型（古典型）、内脏型（急性型）、眼型和皮肤型。有时可以混合发生，有人称之为第5个类型（混合型）。

1. 神经型

神经型又称古典型。主要侵害外周神经，侵害坐骨神经最为常见。病鸡表现为1条腿或者2条腿麻痹，步态失调，常表现为一条腿前伸，另一条腿后伸，形成特征性的“劈叉”姿势，有时2腿完全麻痹，病鸡瘫痪。当臂神经受侵害时，病鸡表现两侧翅膀麻痹下垂。支配颈部肌肉的神经受损时，引起低头、扭颈或歪头现象。当颈部迷走神经受侵时则可引起失声、嗉囊扩张以及呼吸困难。腹神经受侵时则常有腹泻症状。此型病程一般较长，病鸡行动、采食困难，因饥饿、饮水不足而消瘦脱水，最后死亡。

2. 内脏型

多呈急性暴发，常见于幼龄鸡群，开始无明显症状，只是以大批鸡精神委顿为主要特征。几天后，病鸡表现食欲减少，羽毛松乱，排黄白或黄绿稀粪，逐渐消瘦，鸡冠和肉髯萎缩，颜色变淡，突然死亡。部分病鸡出现共济失调，随后出现单侧或双侧肢体麻痹。部分病鸡死前无特征临床症状，很多病鸡表现下腹增大、脱水、消瘦和昏迷。多见于50~80 d的鸡，死亡率为30%~80%。

3. 眼型

出现于单眼或双眼，虹膜失去正常色素，呈同心环状或斑点状以至弥漫的灰白色（称为鱼眼、灰眼、白眼病）。瞳孔逐渐缩小，瞳孔边缘不整齐，到严重阶段瞳孔只剩下一个针眼大的小孔。视力减退或消失，双眼失明的死亡较快。

4. 皮肤型

此型一般缺乏明显的临诊症状，往往在宰后拔毛时发现羽毛囊增大，形成淡白色的小结节或肿瘤物。约有玉米粒或蚕豆大小，较硬。此种病变常见于大腿部、颈部及躯干背面生长粗大羽毛的部位。病程较长。

混合型会出现以上2种或几种类型的症状。

（四）病理变化

（1）神经型　病鸡最常见的病变表现在外周神经、臂神经、坐骨神经、腹部神经、内脏神经等。特征是神经肿胀变粗，比正常粗2~3倍，变成灰黄色，有时呈半透明的胶冻样，同时神经上还可以看到小的结节，神经粗细不均，横纹消失。病变往往只侵害单侧神经，另一侧正常。诊断时应多与另一侧神经比较。

（2）内脏型　病鸡脏器上有大小不等的肿瘤结节，肿瘤有时可形成结节突出于脏器表面，有时不突出于脏器表面，可能是弥漫性的浸润在内脏的实质内。肿瘤多见于肝、脾、肾、腺胃、睾丸、肌肉、肺、胰脏、心脏、卵巢和皮肤等器官。在上述组织中大小不等的肿瘤块，呈灰白色，质地坚硬而致密。肿瘤组织在受害器官中呈弥漫性增生时，整个器官变得很大，可增大到原来的几倍甚至几十倍，可使腺胃胃壁增厚2~3倍，腺胃外观肿胀，较硬，黏膜潮红，腺胃乳头变大，顶端糜烂。胸腺、法氏囊等萎缩。

（3）皮肤型　病变多是炎症性的，也有肿瘤性的，多位于羽毛囊部形成瘤状物。胸腺有时严重萎缩。多见法氏囊萎缩，偶尔呈弥漫性肿大，不形成结节状肿瘤。这是与淋巴白血病在剖检上的主要区别。

（4）眼型　表现为虹膜或睫状肌有大量淋巴细胞增生、浸润。

（五）诊断

根据MD的临床特点、症状、病理解剖变化可以做出初步诊断，确诊须进行实验室检查。

血清学检查包括间接荧光抗体技术、间接红细胞凝集试验、酶联免疫吸附试验、琼脂扩散试验等。常用的是血清琼脂扩散试验和羽毛囊琼脂扩散试验。

MD常与淋巴白血病（LL）或网状内皮增生症（RE）混淆，应注意鉴别诊断。

MD多发于1月龄以上的鸡，2~7月龄为发病高峰期，病鸡呈现特征性的翅膀下垂、劈叉、麻痹、法氏囊萎缩和内脏器官及外周神经肿瘤等。

禽白血病发生于16周龄以上的鸡，以性成熟时发病率最高，肢体无麻痹现象，肝显著肿大并有肿瘤，法氏囊一般不萎缩常有肿瘤。

网状内皮组织增殖病与MD和白血病在临床上难以区分，需做病理组织学检查可鉴别。

（六）防制

1. 加强饲养管理和卫生管理

坚持自繁自养，执行全进全出的饲养制度，避免不同日龄鸡混养。实行网上饲养和笼养，减少鸡只与羽毛粪便接触。严格卫生消毒制度，尤其是种蛋、出雏器和孵化室的消毒，常选用熏蒸消毒法。孵化室和育雏室的消毒，对防止雏鸡的早期感染非常重要。孵化场应远离鸡舍，孵化器具、接种室要严格消毒，种蛋入孵前和雏鸡出壳后均应用甲醛熏蒸消毒。育雏舍应远离其它鸡舍，入雏前应彻底清扫和消毒。提高鸡群的抗病力。消除各种应激因素，注意对IBD、ALV、REV等的免疫与预防。加强检疫，及时淘汰病鸡和阳性鸡。有一定规模的鸡场应坚持自繁自养，尽量不从外地特别是有本病的地区引进种鸡。非引进不可的要隔离、观察一段时间，并进行2次血清学检疫，健康者方可在本场饲养繁殖。

2. 疫苗接种

疫苗接种是防制本病的关键。在进行疫苗接种的同时，鸡群要封闭饲养，尤其是育雏期间应搞好封闭隔离，可减少本病的发病率。疫苗接种应在1日龄进行。有条件的鸡场可进行胚胎免疫，即在18日胚龄时进行鸡胚接种。所用疫苗，主要为火鸡疱疹病毒冻干苗（HVT）、二价苗（Ⅱ型和Ⅲ型组成）。常见的双价疫苗为HVT + SB_1 或 HVT + HPRS - 16 或 HVT + Z_4 以及血清Ⅰ型疫苗，如 CVI988 和“814”。HVT 不能抵抗超强毒的感染，二价苗与血清Ⅰ型疫苗比 HVT 单苗的免疫效果显著提高。由于二价苗与血清Ⅰ型疫苗是细胞结合疫苗，其免疫效果受母源抗体的影响很小，但一般需在液氮条件下保存，给运输和使用带来一些不便。因此，在尚未存在超强毒的鸡场，仍可应用 HVT。为提高免疫效果，可提高 HVT的免疫剂量。在存在超强毒的鸡场，应该使用二价苗和血清Ⅰ型疫苗。

我国目前应用的疫苗仍是 HVT，雏鸡接种后 10 ~ 14 d 产生免疫力，保护期是一年半。

常用的免疫方法是对 1 日龄的雏鸡进行皮下或肌肉注射，皮下注射部位一般在颈后的皮下，肌肉注射在胸肌内。

近年的研究结果证实，由于 HTV 疫苗为异源性，受母源抗体干扰严重，产生免疫保护至少需 2 周以上，又不能抵抗超强毒感染，因此，目前在养鸡发达国家，已经很少应用。

3. 扑灭措施

一旦发现本病，应及时隔离、封锁、反复检疫，坚决剔除淘汰、焚烧病鸡和阳性带毒鸡，被污染的环境彻底消毒。垫草焚烧，粪便加 0.5% 生石灰堆集发酵，用具、场地、鸡笼等用 2% 氢氧化钠消毒。鸡舍消毒每天 1 ~ 2 次，连续 7d 并空置后再用。

二、禽白血病

禽白血病（Avian leukosis，AL）是由禽 C 型反转录病毒群的病毒引起的禽类多种肿瘤性疾病的统称。肿瘤种类包括白血病、结缔组织瘤、上皮细胞瘤、内皮性肿瘤、相关肿瘤等，其中以淋巴细胞性白血病最为常见。大多数肿瘤与造血系统有关，少数侵害其它组织，以患有良性的或恶性的肿瘤为特征。

本病在世界各地均有发生，我国也有本病发生的报道。

（一）病原

白血病病毒（ALV）属于反转录病毒科禽 C 型反转录病毒群。禽白血病病毒与肉瘤病毒紧密相关，因此统称为禽白血病/肉瘤病毒。依据其宿主范围和抗原性及病毒之间的干扰现象不同，将其分为 A、B、C、D、E、F 和 H 7 个亚群，A 和 B 亚群是最常见的两个病毒亚群。在同一个亚群内部存在抗原性的差异。

白血病/肉瘤病毒对外界抵抗力弱，对紫外线抵抗力较强。不耐酸、碱，对脂溶剂和去污剂敏感，对热的抵抗力弱。病毒材料须保存在 -60 ℃以下，在 -20 ℃很快失活。本群病毒在 pH 5 ~ 9 之间稳定。

（二）流行病学

本病在自然情况下只有鸡能感染。禽白血病/肉瘤病毒宿主范围最广，人工接种在野鸡、珍珠鸡、鸽、鹌鹑、火鸡和鹧鸪也可引起肿瘤。不同品种或品系的鸡对病毒感染和肿瘤发生的抵抗力差异很大。母鸡的易感性比公鸡高，多发生在6~18月龄以上的鸡，4月龄以下的鸡很少发生。本病呈慢性经过，病死率为5%~6%。

病鸡和带毒鸡是传染源。在自然条件下，本病主要以垂直传播方式进行传播，也可水平传播，但比较缓慢，多数情况下接触传播被认为是不重要的。本病的感染虽很广泛，但临床病例的发生率相当低，一般多为散发。饲料中维生素缺乏、内分泌失调等因素可促进本病的发生。

（三）症状和病理变化

禽白血病由于感染的毒株不同，其症状和病理特征也不同。

1. 淋巴细胞性白血病（LL）

此病是最常见的一种白血病病型。在14周龄以下的鸡极为少见，至14周龄以后开始发病，在性成熟期发病率最高。病鸡精神委顿，全身衰弱，进行性消瘦和贫血，鸡冠、肉髯苍白，皱缩，偶见发绀。病鸡食欲减少或废绝，腹泻，产蛋停止。腹部常明显膨大，用手按压可摸到肿大的肝脏（俗称大肝病），最后病鸡衰竭死亡。

剖检可见肿瘤主要发生于肝、脾、肾、法氏囊，也可侵害心肌、性腺、骨髓、肠系膜和肺。肿瘤呈结节形或弥漫形，灰白色到淡黄白色，大小不一，切面均匀一致，很少有坏死灶。

2. 成红细胞性白血病

此病比较少见。通常发生于6周龄以上的高产鸡。临床上分为2种病型，即增生型和贫血型。增生型较常见，主要特征是血液中存在大量的成红细胞；贫血型在血液中仅有少量未成熟细胞。2种病型的早期症状为全身衰弱，嗜睡，鸡冠稍苍白或发绀。病鸡消瘦、下痢。病程从12 d到几个月。

3. 成髓细胞性白血病

此型很少自然发生。其临床表现为嗜睡、贫血、消瘦、毛囊出血，病程比成红细胞性白血病长。

4. 骨髓细胞瘤病

此型自然病例极少见，其全身症状与成髓细胞性白血病相似。

5. 骨硬化病

在骨干或骨干长骨端区存在有均一的或不规则的增厚。晚期病鸡的骨呈特征性的“长靴样”外观。病鸡发育不良、苍白、行走拘谨或跛行。

6. 其它

如血管瘤、肾瘤、肾胚细胞瘤、肝癌和结缔组织瘤等，自然病例均极少见。

（四）诊断

实际诊断中常根据血液学检查和病理学特征结合病原和抗体的检查来

确诊。

成红细胞性白血病在外周血液、肝及骨髓涂片，可见大量的成红细胞，肝和骨髓呈樱桃红色。

成髓细胞性白血病在血管内外均有成髓细胞积聚，肝呈淡红色，骨髓呈白色。

淋巴细胞性白血病应注意与内脏型马立克病鉴别（见表3-2）。

表3-2　鸡马立克病（内脏型）与鸡淋巴细胞性白血病的区别

特征	病名	
	鸡马立克病（内脏型）	鸡淋巴细胞性白血病
病原	疱疹病毒感染	淋巴细胞性白血病病毒
发病周龄	大于4周龄	常大于16周龄
麻痹或不全麻痹	经常出现	经常出现
虹膜混浊	经常出现	极少
周围神经和神经节肿大	经常出现	经常出现
皮肤和肌肉肿瘤	可能出现	无
浸润细胞类型	成熟与未成熟淋巴细胞	主要为淋巴细胞
法氏囊	常见萎缩	常能形成肿瘤

（五）防制

本病主要为垂直传播，病毒型间交叉免疫力很低。雏鸡具免疫耐受，对疫苗不产生免疫应答，所以对本病的控制尚无切实可行的方法。

减少种鸡群的感染率和建立无白血病的种鸡群是控制本病的最有效措施。鸡场的种蛋、雏鸡应来自无白血病种鸡群，同时加强鸡舍孵化、育雏等环节的消毒工作，特别是育雏期（最少1个月）封闭隔离饲养，并实行全进全出制。抗病育种，培育无白血病的种鸡群。其中病原的分离和抗体的检测是建立无白血病鸡群的重要手段。生产各类疫苗的种蛋、鸡胚必须选自无特定病原（SPF）鸡场。

三、网状内皮组织增殖病

网状内皮组织增殖病（reticulo endotheliosis，RE）是由网状内皮组织增殖病病毒（REV）群的反转录病毒科C型反转录病毒引起的火鸡、鸡、鸭和其它禽类的以淋巴网状细胞增生为特征的一群病理综合征，包括急性致死性网状细胞肿瘤、慢性淋巴细胞性肿瘤和矮小综合征。

RE虽然症状不明显，但其普遍存在，能造成感染鸡免疫抑制、生长缓慢、淘汰率高等，给养鸡业带来严重损失。

（一）病原

网状内皮组织增殖病病毒（reticulo endotheliosis virus，REV）属于反转录

病毒科禽C型肿瘤病毒，为RNA病毒，其在免疫学、形态学和结构上与禽白血病/肉瘤病毒群的反转录病毒有所不同。REV呈球形，有壳粒和囊膜。目前分离到的毒株虽然致病力不同，但都具有相似的抗原性，即属于同一血清型。该病毒在 -70 ℃下可长期保护，4 ℃下也较稳定，但在37 ℃下经2 h病毒感染性即可丧失。

（二）流行病学

REV感染的自然宿主有火鸡、鸭、鹅、鸡和鹌鹑，其中以火鸡发病最为常见。本病在商品鸡群中呈散在发生，在火鸡和野水禽中可呈中等程度流行。自然接触感染极少引起临床症状。REV的垂直传递在鸡有过报道，通常传播率很低。鸡在接种意外污染REV的疫苗后也能发病，污染有REV的马立克病疫苗或禽痘疫苗是引起RE的主要因素，时常造成严重的经济损失。REV感染鸡胚或低日龄鸡，特别是新孵出的雏鸡，可引起免疫抑制。这种情况往往导致免疫失败或大批发生矮小综合征。日龄较大的鸡免疫机能完善，感染后不出现或仅出现一过性病毒血症。

RE有水平传播和垂直传播2种方式。阳性鸡的分泌物、排泄物、羽毛以及RE的种蛋是RE传播的来源。水平传播一般经呼吸道和口感染。感染率可因禽的种类、品系、日龄及禽RE不同而敏感性不同。REV可通过鸡胚垂直传播。

（三）症状和病理变化

网状内皮组织增生病（RE）是除马立克病和淋巴细胞性白血病以外病因较为清楚的禽病毒性肿瘤病。禽RE的不同毒株的致病性也不尽相同，如不完全型禽RE主要引起急性肿瘤；完全型禽RE首先引起非肿瘤疾病，后期则可形成淋巴瘤，它包括急性致死性网状细胞肿瘤、慢性淋巴细胞性肿瘤和矮小综合征。

1. 急性网状细胞肿瘤

急性网状细胞肿瘤是由复制缺陷型（不完全型）REV - T株引起的，人工接种后潜伏期很短，最短仅为3 d，一般接种后3周左右发生死亡，死亡率可达100%。由于病程较短，常无明显的临床症状。剖检可见为肝、脾急性肿大，伴有局灶性或弥漫性浸润性病变。病变还可见于胰腺、心、肾脏和性腺。组织学变化以大的空泡样淋巴网状内皮细胞的浸润和增生为特征。

2. 慢性淋巴细胞性肿瘤

慢性淋巴细胞性肿瘤是由非缺陷型（完全型）REV毒株引起的慢性肿瘤。根据表现可分为2种类型：一是包括鸡和火鸡经漫长的潜伏期后发生的淋巴瘤，其与淋巴细胞性白血病的主要区别在于前者是以淋巴网状细胞为主形成的肿瘤；另一类是指那些具有较短潜伏期的肿瘤，但其特征大多尚不明了，有待进行深入研究。

3. 矮小综合征

矮小综合征是指由几种与非缺陷型（不完全型）REV 毒株感染有关的非肿瘤病变。表现为明显的发育迟缓和消瘦苍白，羽毛粗乱和稀少。胸腺和法氏囊萎缩、外周神经肿大、羽毛发育异常、腺胃炎、贫血、肠炎和肝脾坏死，并伴有细胞和体液免疫应答低下等。

（四）诊断要点

（1）由于 RE 缺乏特征性的症状和病变，并且疾病的表现多种多样，许多变化易与其它肿瘤病相混淆。因此，本病的诊断不仅须见到典型的肉眼和组织学病变，还应尽可能进行病毒的分离、鉴定和血清学试验。

（2）血清学检查应用间接免疫荧光或病毒中和试验、琼脂凝胶扩散试验，可以测出感染禽血清或卵黄中的特异性抗体。

（3）鉴别诊断　须与马立克病和淋巴细胞性白血病鉴别，肿瘤病变中如有淋巴网状细胞，应认为对本病有相当诊断价值。

（五）防制

至今尚无适用于本病的特异性防制办法，其是散发和自限性疾病，一般可参照禽白血病的综合性防疫措施进行防制。

单元四 | 以神经症状为主症的病毒性疾病

一、传染性脑脊髓炎

禽传染性脑脊髓炎（avian encephalomyelitis，AE），俗称流行性震颤，是由禽脑脊髓炎病毒引起的一种主要侵害雏鸡、雉鸡、鹌鹑和火鸡的病毒性地方性传染病，以雏鸡共济失调、阵发性头颈震颤、两肢轻瘫及不完全麻痹、蛋鸡短期产蛋量下降为特征。

本病在世界各养鸡地区均有发生。我国也有发生的报道。

（一）病原

禽脑脊髓炎病毒（avian encephalomyelitis virus，AEV）属于小 RNA 病毒科。病毒粒子具有六边形轮廓，无囊膜，直径 24～32 nm。

（二）流行病学

自然感染见于鸡、雉、火鸡、鹌鹑、珍珠鸡等，鸡对本病最易感。各个日龄均可感染，尤其是 1 日龄雏鸡最易感，雏禽有明显症状。此病具有很强的传染性，病毒通过肠道感染 5～21 d 后，经粪便排毒，病毒在粪便中能存活相当长的时间。

本病以垂直传播为主，也能通过接触进行水平传播。

本病无明显的季节性，一年四季均可发生，以冬春季节育雏高潮季节时稍多。发病及死亡率与鸡群的易感鸡多少、病原的毒力高低、发病的日龄大小而有所不同。雏鸡发病率一般为 40%～60%，死亡率 10%～25%，甚至更高。

（三）临床症状

AE 垂直感染的潜伏期为 1～7 d，水平感染潜伏期为 11～30 d。发病主要见于 3 周龄以内的雏鸡，虽然出雏时有较多的弱雏并可能有一些病雏，但有典型神经症状的病雏大多在 1～2 周龄时才陆续出现。病雏最初表现为迟钝，继而出现共济失调，雏鸡不愿走动而蹲坐在自身的跗关节上，驱赶时可勉强以跗关节着地走路，走动时摇摆不定，向前猛冲后倒下，或出现一侧或双侧性腿麻痹。一侧腿麻痹时，走路跛行，双侧腿麻痹则完全不能站立，双腿呈一前一后的劈叉姿势，或双腿倒向一侧。肌肉震颤大多在出现共济失调之后才发生，在腿、翼，尤其是头颈部可见明显的阵发性震颤，频率较高，在病鸡受惊扰（如给水、加料、倒提）时更为明显。部分存活鸡可见一侧或两侧眼的晶状体混浊或浅蓝色褪色，眼球增大及失明。

（四）病理变化

病鸡唯一可见的肉眼变化是腺胃的肌层有细小的灰白区，个别雏鸡可发现小脑水肿。组织学变化表现为非化脓性脑炎，脑部血管有明显的管套现象。脊髓背根神经炎，脊髓根中的神经原周围有时聚集大量淋巴细胞。小脑分子层易发生神经原中央虎斑溶解，神经小胶质细胞弥漫性或结节性浸润。此外尚有心肌、肌胃肌层和胰脏淋巴小结的增生、聚集以及腺胃肌肉层淋巴细胞浸润。肌肉萎缩，尤其是病雏的腿部肌肉萎缩更明显。

（五）诊断

1. 初步诊断

根据流行病学、症状、病理组织学变化等可做出初步诊断，确诊必须进行病毒的分离鉴定或血清学试验。

2. 实验室诊断

可用病毒分离与鉴定、雏鸡接种试验、琼脂扩散试验、免疫荧光抗体试验、中和试验和 ELISA 等进行诊断。

3. 鉴别诊断

（1）与新城疫的鉴别　二者均有非化脓性脑炎变化，但禽脑脊髓炎的神经细胞变性为中央染色质溶解；而新城疫的神经细胞的变性为周边染色质溶解，且有消化道、内脏明显病变；禽脑脊髓炎则无。

（2）与维生素 E－硒缺乏症的鉴别　维生素 E－硒缺乏症引起大脑和大脑皮质出现水肿、出血及血栓形成，脑质软化；无围管性淋巴浸润和增生性病变，且心肌、骨骼肌发生凝固性坏死和渗出性素质。而禽脑脊髓炎则无。

（3）与马立克病的鉴别　马立克病是外周神经变粗，淋巴细胞浸润增生，皮肤、内脏形成肿瘤，中枢神经无病变；而禽脑脊髓炎是中枢神经有病变、外周神经无病变、皮肤、内脏无肿瘤形成。

（4）与维生素 B_1、维生素 B_2 缺乏症的鉴别　维生素 B_1、维生素 B_2 缺乏时，病鸡也表现腿部麻痹和行走困难。但维生素 B_1 缺乏时，病鸡常出现颈部伸肌痉挛，头向背后极度弯曲，呈“观星”姿势；维生素 B_2 缺乏时，病鸡趾爪向内蜷缩，剖检可见坐骨神经和臂神经肿胀。

（六）防制

1. 预防

（1）除搞好平时的卫生消毒防制措施外，要特别注意不到有本病的地区和鸡场引进种蛋、雏鸡和种鸡。应坚持自繁自养。非引进不可的也要加强对本病的监测检疫，把好引入关。对种鸡群若出现产蛋量短时期下降现象，应引起高度重视，迅速查找原因，并进行实验室诊断。若确诊为本病应迅速采取扑灭净化措施。

（2）免疫预防　目前有 2 类疫苗可供选择。

①活毒疫苗：一种用 1143 毒株制成的活苗，可通过饮水法接种，鸡接种疫苗后 1～2 周排出的粪便中能分离出脑脊髓炎病毒，这种疫苗可通过自然扩散感染，且具有一定的毒力，故小于 8 周龄和处于产蛋期的鸡群不能接种这种

疫苗，以免引起发病。建议于10周以上，但不能迟于开产前4周接种疫苗，接种后4周内所产的蛋不能用于孵化，以防雏鸡由于垂直传播而发病。另一种活毒疫苗常与鸡痘弱毒疫苗制成二联苗，一般于10周龄以上至开产前4周之间进行翼膜刺种。

②灭活疫苗：用野毒或鸡胚适应毒接种SPF鸡胚，取其病料灭活制成油乳剂灭活疫苗。这种疫苗安全性好，接种后不排毒、不带毒，特别适用于无禽脑脊髓炎病史的鸡群。可于种鸡开产前18～20周接种。

种鸡患病1个月左右所产的蛋不能用做种蛋来孵化。未发生本病的地区不宜应用疫苗，特别是弱毒疫苗，以免病毒返强，散布病原。

2. 治疗

本病尚无有效的治疗方法。一般地说，应将发病鸡群全部扑杀并做无害化处理。如有特殊需要，也可将病鸡隔离，给予舒适的环境，提供充足的饮水和饲料，饲料和饮水中添加维生素E、维生素B_1，避免尚能走动的鸡践踏病鸡等，可减少发病与死亡。

（1）用抗禽脑脊髓炎高免血清（或康复期血清）肌肉注射，每只雏鸡0.2～0.5 mL，每天1次，连用2～3 d。

（2）用抗禽脑脊髓炎高免蛋黄液肌肉注射，每只雏鸡0.5～1 mL，每天1次，连用2～3 d。

二、鸭病毒性肝炎

鸭病毒性肝炎（duck virus hepatitis，DVH）是由鸭肝炎病毒引起雏鸭的一种急性、高度致死性传染病。其特征是发病急、传播快、死亡率高；共济失调、角弓反张；肝脏肿大和出血。本病常给养鸭场造成巨大的经济损失，是严重危害养鸭业的主要传染病之一。

（一）病原

病原为鸭肝炎病毒（duck hepatitis virus，DHV）。病毒大小为20～40 nm，属于小核糖核酸病毒科，肠道病毒属。有人认为是嗜肝DNA病毒科禽嗜肝DNA病毒属。该病毒不凝集禽和哺乳动物红细胞。病毒有3个血清型，即Ⅰ、Ⅱ、Ⅲ型，各型之间有明显差异，无交叉免疫性。此病毒不能与人和犬的病毒性肝炎的康复血清发生中和反应，与鸭乙型肝炎病毒也没有亲缘关系。

DHV对外界的抵抗力很强，对氯仿、乙醚、胰蛋白酶和pH 3.0都有抵抗力，在56 ℃加热60 min仍可存活，但加热至62 ℃，30 min可以灭活。

（二）流行病学

自然条件下本病主要发生于6周龄以下雏鸭，特别是3周内的雏鸭最易感。成年鸭可感染，但仅有免疫反应，无临床症状，可通过粪便排毒，污染环境而感染易感小鸭。自然条件下不感染鸡。人工感染1日龄和1周龄的雏火鸡、雏鹅，能够产生本病的症状、病理变化和血清中和抗体，并从雏火鸡肝脏中分离到病毒。

本病主要通过与接触病鸭或被污染的人员、工具、饲料、垫料、饮水等传播，经消化道和呼吸道感染，具有极强的传染性。

本病一年四季均可发生，以冬春季节发病为多。主要在孵化季节，我国南方多在2~5月和9~10月间，北方多在4~8月间。饲养管理不当、鸭舍内温度过高、密度太大、卫生条件差、缺乏维生素和矿物质都能促使本病的发生。

（三）临床症状

本病潜伏期短，仅1~2 d。最急性的雏鸭常无任何症状而突然死亡，几个小时后波及全群。表现为突然发病。开始时病鸭表现扎堆、精神萎靡、缩颈、翅下垂，不能随群走动，眼睛半闭，打瞌睡，共济失调。发病半日到一日，发生神经症状，不安定、全身性抽搐，头向后背，成角弓反张姿态俗称“背脖病”（此为最具特征的症状）。身体倒向一侧，两脚痉挛性反复踢蹬，约十几分钟死亡；也有反复发作，持续几小时后死亡。喙端和爪尖淤血呈暗紫色，少数病鸭死亡前排黄白色和绿色稀粪。

Ⅱ型和Ⅲ型鸭肝炎病毒所引起的鸭病毒性肝炎的临床症状与Ⅰ型相似。

（四）病理变化

病变主要在肝脏，肝脏肿大，发黄发暗，质地脆，呈淡红色或外观呈斑驳状，表面有出血点或出血斑或刷状出血。胆囊肿胀，充满胆汁，胆汁呈褐色或茶色，淡黄或淡绿色。脾脏有时肿大，外观也呈斑驳花纹状，多数病鸭的肾脏发生树枝状充血和肿胀，其它器官没有明显变化。心肌多苍白。

病理组织学变化特征是肝组织的炎症变化，急性病例肝细胞弥漫性变性坏死，其间有大量红细胞。慢性病变为广泛性胆管增生，有不同程度的炎性细胞反应和出血。脾组织呈退行性变性坏死。

（五）诊断

本病发病急，传播迅速，病程短。3周龄内死亡率高，成年鸭不发病。病鸭有明显的神经症状（角弓反张）。病变主要表现为肝细胞的变性和出血。根据这些特点可做出初步诊断。确诊须进行实验室诊断。

鉴别诊断应注意与以下疾病相区别。

（1）鸭瘟病例肝脏虽然有出血病变和坏死灶，但尚有肠道出血，食管和泄殖腔出血和形成假膜或溃疡。

（2）鸭出败病例具有特征性的肝肿大，散布针尖大小的坏死点和心外膜出血，十二指肠出血等变化，肝和心血涂片镜检，可见具有两极染色的巴氏杆菌。

（3）球虫病也可使雏鸭急性死亡，症状也见有角弓反张，病变出现肠道肿胀，出血与黏膜坏死，但肝脏无出血变化，肠内容物涂片镜检，可见有大量裂殖体和裂殖子存在，就可以确诊。

（4）黄曲霉毒素中毒也可以引起共济失调，角弓反张；但无肝脏出血。

本病则有4个特征：发病急、传播快、病程短、死亡高。多发于25日龄以内的雏鸭，成鸭不见发病。病鸭有神经症状，背脖，两肢痉挛。肝脏肿大、变性、有出血点。

（六）防制

（1）严格的防疫和消毒　这是预防本病的积极措施，应避免从疫区或疫场购入带毒雏鸭。坚持自繁自养和全进全出的饲养管理制度，可有效防止疾病传入和扩散。定期对鸭场的环境、用具进行预防消毒是绝对必要的。

（2）免疫接种　这是最有效的预防措施。

可用鸡胚化鸭肝炎病毒疫苗免疫种母鸭，每只1 mL，隔2周再做1次，共2次。这些母鸭的抗体可维持4～7个月以上，其后代母源抗体可保持2周左右，足以保护雏鸭渡过最易感的危险期。

但在环境卫生条件差、疫情较重的鸭场，则在雏鸭9～13日龄时，进行一次鸭肝炎疫苗的主动免疫或使用免疫母鸭的蛋黄匀浆进行被动免疫。

没有母源抗体保护的雏鸭，在疫情不严重的鸭场，1日龄注射肝炎弱毒疫苗0.5～1.0 mL即可受到保护。在疫情严重的鸭场，必须在1日龄注射鸭病毒性肝炎的高免卵黄抗体或高免血清0.5～1.0 mL，必要时于10日龄左右重复1次。对发病初期的病鸭及时注射鸭病毒性肝炎高免卵黄抗体或高免血清每只1～1.5 mL，可治愈80%～90%病鸭，对中度病鸭也有一定疗效。同时饮用加葡萄糖的卵黄液2～3 mL，效果较好。

（3）治疗　目前尚无其它有效药物用于本病防制。

单元五 | 以贫血症状为主症的病毒性疾病

一、鸡传染性贫血

鸡传染性贫血（chicken infectious anemia，CIA）是由鸡传染性贫血病毒引起雏鸡的一种免疫抑制性疾病，又称出血综合征、贫血因子病、贫血性皮炎综合征和蓝翅病等。主要特征为再生障碍性贫血、皮下肌肉出血、全身淋巴组织萎缩和引起机体免疫抑制。

CIA 在世界各养禽国家广泛存在。在我国许多地区也普遍存在，一些鸡场的阳性率高达 40% ~70%。由于免疫抑制的影响，经常继发其它疾病的感染，给养鸡业造成很大危害。

（一）病原

鸡传染性贫血病毒（chicken infectious anemia virus，CIAV）属于圆环病毒科圆环病毒属，环状单股 DNA 病毒，呈球形，直径为 19 ~24 nm，无囊膜，无血凝性，不凝集鸡、猪和绵羊的红细胞。本病毒只有一个血清型，不同病毒株毒力有一定差异，但抗原性无差异。

CIAV 耐酸，pH 3 作用 3 h 仍然稳定；耐热，对 56 ℃或 70 ℃1 h 和 80 ℃ 15 min作用有抵抗力，100 ℃15 min 可完全灭活。对氯仿、乙醚、丙酮、两性肥皂和季铵盐类有抵抗力。

（二）流行病学

鸡是其唯一的自然宿主，各种年龄的鸡均可感染。几乎所有的鸡群都会受到感染，但多呈隐性感染。发病鸡和带毒母鸡是主要传染源。CIAV 主要是经卵垂直传播，2 ~3 周龄幼雏和中雏易感染发病，1 ~7 日龄雏鸡最易感染，其中以肉鸡尤其是公鸡最易感染。成鸡不易感，但能带毒和排毒。可通过污染的饮水、饲料、工具和设备等发生水平的间接接触性传播。CIAV 的水平传播虽可发生，但只产生抗体反应，而不引起临床症状，其发病率取决于鸡的日龄和病毒毒株的毒力。自然感染的发病率为 20% ~30%，死亡率为 5% ~10%。

CIA 能诱导雏鸡的免疫抑制，不仅增加对继发感染的易感性，而且能降低疫苗免疫力，特别是对鸡马立克病疫苗的免疫。CIA 与鸡马立克病、传染性法氏囊病、网状内皮组织增殖病混合感染时，能增强病毒传染性和降低母源抗体的抵抗力，从而增加鸡的发病率和死亡率。

（三）临床症状

本病潜伏期 10 ~14 d，其特征性症状是严重的免疫抑制和贫血。可见发育不良，精神沉郁，消瘦贫血，皮肤苍白，羽毛松乱。皮肤和肌肉广泛出血，全身点状出血明显，血液稀薄如水，凝血时间延长，双翅出血严重，发暗呈蓝紫色。血液学检查表明，红细胞和血红素明显降低，红细胞压积降为20%以下（正常值在30%以上，降至25%以下为贫血），红、白细胞数量显著减少。血液中出现幼稚型红细胞，细胞核肿大，核内出现嗜酸性包涵体，吞噬细胞内有变性的红细胞。死亡率增加，死亡高峰发生在出现临床症状后的5～6 d，其后逐渐下降，5～6 d后恢复正常。有的可能有腹泻。成鸡感染后一般无临床表现，产蛋量、受精率和孵化率均不受影响。但经蛋垂直传播病毒。

（四）病理变化

全身贫血，血液稀薄。特征性的病变是骨髓萎缩，尤其是股骨腔中的骨髓，呈脂肪色、淡黄色或淡红色，导致再生障碍性贫血。常见有胸腺萎缩，甚至完全退化，呈深红褐色。有的出现法氏囊萎缩，体积缩小，外观呈半透明状。肝、脾、肾肿大，褪色。心脏变圆，心肌、真皮和皮下出血并伴有坏疽性皮炎。骨骼和腺胃固有层黏膜出血，严重的出现肌胃黏膜糜烂和溃疡。有的鸡有肺实质性变化。骨髓中造血细胞严重减少，几乎被脂肪组织所代替。

（五）诊断

1. 临床综合诊断

根据流行病学特点、症状和病理变化可做出初步诊断；血常规检查有助于诊断，但确诊需要做病毒分离和血清学试验。

2. 实验室诊断

常用肝脏病料制成悬液加等量氯仿处理后接种于1日龄SPF雏鸡或鸡胚卵黄囊，进行病毒分离培养。此外，还可采用病毒中和试验、ELISA、间接荧光抗体试验、核酸探针技术和PCR技术等诊断本病。

3. 鉴别诊断

应与成红细胞引起的贫血、MDV感染、IBDV感染、腺病毒感染、球虫病以及黄曲霉毒素中毒、磺胺药中毒等进行区别。

（六）防制

（1）加强鸡群的饲养管理及卫生措施，防止从疫区引种时引入带毒鸡；在引种前，必须对CIA抗体监测，严格控制CIAV感染鸡进入鸡场。对种鸡加强检疫，及时淘汰阳性鸡是控制本病的最主要措施。鸡群应注意传染性法氏囊病和马立克病的防制。

（2）疫苗接种　目前主要有2种疫苗：一种是由鸡胚生产的有毒力的活疫苗，可通过饮水免疫途径对13～15周龄种鸡进行接种，3周后可出现抗体，6周后产生坚强的免疫力，免疫期为10个月，可有效地防止其子代发病，但该疫苗不能在产蛋前3～4周接种，以防止垂直传播；另一种是减毒的活疫苗，可通过肌肉或皮下对种鸡接种，效果良好。

（3）本病目前尚无有效的治疗方法。

二、鸡包涵体肝炎

包涵体肝炎（inclusion body hepatitis，IBH）是由禽腺病毒引起鸡的一种急性传染病，也称贫血综合征。以突然死亡、严重贫血、黄疸、肌肉出血、肝炎、肝细胞内形成核内包涵体为特征。

1951 年美国首次报道本病，世界很多国家均有发生。

（一）病原

包涵体肝炎病毒（inclusion body hepatitis virus，IBHV）属于腺病毒科禽腺病毒属。病毒粒子直径为 80 ~ 90 nm，无囊膜，呈正二十面体对称，为双股 DNA 病毒。可以从病鸡的肝、脾、肾及腔上囊组织中分离到。IBHV 的血清型众多，从病鸡中分离到的腺病毒已发现认定有 12 个血清型。

IBHV 对外界环境的抵抗力较强。耐热 50 ℃3 h 稳定，在干燥条件下 25 ℃可存活 7 d。对乙醚、氯仿、脱氧胆酸钠、胰蛋白酶、2% 酚、酸碱（pH 3 ~ 9）均不敏感，0.2% 甲醛溶液 38 ℃48 h 可灭活，但对甲醛溶液、次氯酸钠、碘制剂较为敏感。

（二）流行病学

本病主要发生在鸡，火鸡、鸽、野鸭和鹌鹑也可感染发病。主要流行于肉用仔鸡饲养地区，发生于 3 ~ 15 周龄的鸡，3 ~ 9 周龄鸡最常见。成年鸡很少发病。病毒可存在于粪便、气管和鼻黏膜及肾脏中，传染方式可以通过接触病鸡和被病鸡排出的粪便、口鼻分泌物污染的饲料、饮水、运输工具等经消化道传播给易感鸡。病毒可以通过呼吸道和眼结膜近距离的感染易感鸡，可以通过鸡蛋传递给雏鸡。母鸡发生本病后，往往造成种蛋的孵化率降低和雏鸡的死亡率增高。

本病的发生常与其它诱发条件有关，例如发生过传染性法氏囊病的鸡容易感染发病。外来品种鸡易感，当地土种鸡不易感染；肉鸡比蛋鸡易感。春、秋两季多发，如有其它病混合感染时，病情加剧，病死率上升。

（三）临床症状

本病自然感染潜伏期为 1 ~ 2 d。往往是在小鸡或青年鸡群中突然发生急性死亡，一般 3 ~ 4 d 出现死亡高峰，5 d 后死亡减少或逐渐停止，病程一般为 10 ~ 14 d。

多见于 3 ~ 7 周龄的肉用鸡，病鸡常表现为突然发病，精神沉郁，羽毛蓬乱无光泽，食欲减退或消失，呈蜷曲姿势蹲伏于地，有一时性白色水样腹泻，呈严重贫血和黄疸症状，冠、肉髯苍白或黄染。水样下痢，肛门周围有污垢。末梢血液稀薄、色淡、如水样，红细胞和血小板明显减少。病程为 10 ~ 14 d，死亡率约为 10%，如并发其它细菌（如大肠杆菌、梭状芽孢杆菌等）感染，死亡率高达 40%。

（四）病理变化

肝脏肿胀和淤血，苍白、质脆易碎，并有胆汁淤积的斑纹，有出血斑和出血点，纤维素性肝周炎。显微镜下可见肝细胞核内产生一种嗜酸性包涵体，着染红色，这是本病的一个示病性的变化，所以称为包涵体肝炎。肾和脾肿大，肾脏色泽苍白，皮质出血。内脏器官浆膜、皮下和肌肉广泛发生出血。法氏囊萎缩变小。骨髓苍白贫血。

（五）诊断

1. 临床综合诊断

根据流行病学、临诊症状、病理变化特点可做出初步诊断，确诊须进行实验室诊断。

2. 实验室诊断

分离病毒时可选用病鸡的肝脏和脾脏，常规处理后接种 9 ~ 12 日龄的 SPF 鸡胚或无母原抗体的鸡胚的卵黄囊或绒毛尿囊膜上，经 2 ~ 7 d，鸡胚死亡，胚体全身充血或出血，肝脏有黄色坏死灶，在肝细胞内可检出嗜碱性核内包涵体。

用琼脂扩散试验可进行定性检查，目前应用较广。还可采用血清中和试验、免疫荧光抗体试验、酶联免疫吸附试验等方法诊断。

3. 鉴别诊断

（1）与住白细胞原虫病的鉴别　二者外观都有严重贫血症状，但住白细胞原虫病急性死亡的较少，末梢血液涂片可见到配子生殖Ⅱ期原虫，剖检时肌肉、内脏、肠浆膜出血，多呈大头针帽状凸出表面，较硬。肝脏无斑驳状变化。

（2）与传染性贫血因子的鉴别　二者均有严重贫血，但鸡传染性贫血因子急性死亡的较少，发病日龄多为 2 ~ 4 周龄雏鸡，比包涵体肝炎的小，且剖检不见肝脏斑驳状。

（3）与传染性法氏囊病的鉴别　区别点是传染性法氏囊病有典型的法氏囊肿大、出血和浆膜下胶冻样水肿的变化。

（4）与磺胺类药物中毒的鉴别　出现再生障碍性贫血，应有服药的病史。

（六）防制

1. 预防措施

没有本病的地区、鸡场、鸡群，要把好引入关，严防传入本病，不从有该病的地区、鸡场引进种鸡、种蛋。坚持自繁自养。做好法氏囊病、传染性鸡贫血因子等病的防制。加强饲养管理，防止密度过大，经常通风换气，提高鸡群的抵抗力。坚持不同群的鸡分群隔离饲养和定期消毒的卫生防疫制度等综合性防制措施。

2. 扑灭措施

一旦发生本病，最好将患本病的鸡全部淘汰，鸡舍用 0.1% ~0.3% 次氯酸钠或次氯酸钾喷雾，或甲醛熏蒸等彻底消毒。粪便加 0.5% 生石灰堆积发酵，饮水用漂白粉消毒，尽快扑灭本病。

目前对鸡包涵体性肝炎尚无有效疗法，主要是在雏鸡饲料中适当喂抗生素药物，可以减少并发细菌感染，降低病鸡死亡率。此外，结合补充维生素（主要是维生素 B_{12}）和微量元素（铁、铜和钴合剂），以促进贫血的恢复。

单元六 | 其它病毒性疾病

一、传染性法氏囊病

传染性法氏囊病（infectious bursal disease，IBD）是由传染性法氏囊病病毒引起的鸡的一种免疫抑制性、高度接触性传染病。本病最早是 Cosgrove 于 1962 年首次报道，死于该病的鸡有严重的肾损伤，称之为禽肾病。此病首次发生于美国特拉华州冈博罗（Gumboro）镇附近的一些鸡场的肉鸡群，所以又称冈博罗病。主要症状为腹泻寒战、极度虚弱。法氏囊和肾脏的病变具有特征性的变化。

本病由于感染鸡极度虚弱和免疫抑制，从而造成多种疫苗免疫失败，使鸡对多种传染病的易感性增加，在养鸡场中可造成相当大的经济损失。本病广泛分布于世界各地区，我国也常发生。

（一）病原

鸡传染性法氏囊病病毒（infections bursal disease virus，IBDV）为呼肠孤病毒科、双股 RNA 病毒。病毒粒子无囊膜，仅由单层核酸和衣壳组成，无红细胞凝集特性。目前已知 IBDV 有 2 个血清型，即血清Ⅰ型（鸡源性毒株）和血清Ⅱ型（火鸡源性毒株），二者在血清学上的相关性低于 10%，相互间的交叉保护力极差。

在鸡舍中的病毒可存活 100 d 以上。病毒耐热、耐阳光及紫外线照射。56 ℃加热 5 h 仍存活，60 ℃可存活 0.5 h，70 ℃则迅速灭活。病毒耐酸不耐碱，pH 2.0经 1 h 不被灭活，pH 12 时则受抑制。0.05% 氢氧化钠的变性肥皂可杀灭病毒或对病毒活性有强烈的抑制作用。病毒对乙醚和氯仿不敏感。0.5% 的氯化铵 10 min 可杀灭病毒，0.2% 的过氧乙酸、2% 次氯酸钠、5% 的漂白粉、3% 的石炭酸、3% 甲醛溶液、0.1% 的升汞溶液可在 30 min 内灭活病毒。

（二）流行病学

IBDV 的自然宿主仅为雏鸡和火鸡。从鸡分离的 IBDV 只感染鸡，感染火鸡后不发病，但能引起抗体产生。同样，从火鸡分离的 IBDV 仅能使火鸡感染，而不感染鸡。不同品种的鸡均有易感性。IBD 母源抗体阴性的鸡可于 1 周龄内感染发病，有母源抗体的鸡多在母源抗体下降至较低水平时感染发病。3 ~ 6 周龄的鸡最易感。肉仔鸡比蛋鸡易感。成年鸡对本病有抵抗力。1 ~ 2 周龄的雏鸡发病较少。也有 15 周龄以上鸡发病的报道。

IBD 全年均可发生，无明显季节性，但以冬春季节较为严重。

病鸡和带毒鸡是主要传染源，病鸡的粪便中含有大量病毒。鸡可通过直接接触和污染了IBDV的饲料、饮水、垫料、尘埃、用具、车辆、人员、衣物等间接传播，老鼠和甲虫等也可间接传播。媒介昆虫可能参与本病的传播。本病毒不仅可通过消化道和呼吸道感染，还可通过污染了病毒的蛋壳传播，但未有证据表明经卵传播。另外，经眼结膜也可传播。

IBD常突然发生，迅速传播全群，并向邻近鸡舍传播，常造成地方性流行。鸡群通常在感染后第3天开始死亡，于5~7 d达到最高峰，以后逐渐减少。商品肉鸡由于高密度饲养，病情最为严重。遇超强毒株感染，首次暴发时发病率高达100%，死亡率高达80%或更高。一般的发病率为70%~90%，死亡率为20%~40%。暴发后转为隐性感染。一般呈一过性经过，但也有再度感染发病的报道。

IBDV侵害的靶器官是法氏囊，而法氏囊是鸡的重要免疫器官，所以IBD可导致严重的免疫抑制。因此，本病的另一流行病学特点是发生本病的鸡场，常常出现新城疫、马立克病等疫苗接种的免疫失败，这种免疫抑制现象常使发病率和死亡率急剧上升。

（三）临床症状

本病潜伏期为2~3 d，易感鸡群感染后发病突然，传播迅速，很快波及整个鸡群。在发病的3~4 d内发病率可达100%，典型发病鸡群的死亡曲线呈尖峰式，死亡集中于发病后3~4 d内，发病1周左右基本停止死亡。

发病鸡群的早期症状之一是有些病鸡有啄自己肛门的现象，随即病鸡出现腹泻，排出白色黏稠或米汤样稀便，并黏附在泄殖腔周围的羽毛上。随着病程的发展，食欲逐渐消失，颈和全身震颤，病鸡步态不稳，羽毛蓬松竖立，精神委顿，沉郁，闭眼呆立，卧地不动，体温常升高。此时病鸡脱水严重，趾爪干燥，眼窝凹陷，震颤。后期体温下降，最后衰竭死亡。急性病鸡可在出现症状1~2 d后死亡，鸡群3~5 d达死亡高峰，以后逐渐减少。在初次发病的鸡场多呈显性感染，症状典型，死亡率高。以后发病多转入亚临诊型。

近年来发现部分Ⅰ型变异株所致的病型多为亚临诊型，死亡率低，病鸡症状不明显，呈隐性感染，病程为5~7 d，长的可达3周，其危害性更大，造成的免疫抑制严重，常造成抗病能力下降和疫苗免疫失败。

（四）病理变化

病死鸡明显脱水，腿爪干燥。大腿内外侧和胸部肌肉常见条纹状或斑块状出血。腺胃和肌胃交界处常见出血点或出血斑。心脏外膜有出血斑点；脾脏肿大，肾脏肿大，有尿酸盐沉积。肝表面有黄色条纹；胰脏白垩变性。盲肠扁桃体肿大、出血，直肠黏膜有条纹状出血。法氏囊病变具有特征性，水肿，比正常大2~3倍，囊壁增厚，外形变圆，呈土黄色，外包裹有胶冻样透明渗出物。囊内黏膜皱褶上有出血点或出血斑，内有炎性分泌物或黄色干酪样物。随病程延长法氏囊萎缩变小，囊壁变薄，呈现灰色，第8天后仅为其原重量的1/3左右。一些严重病例可见法氏囊严重出血，呈紫黑色如紫葡萄状。肾脏肿大、苍白，常见尿酸盐沉积，突出肾窝，表面呈花斑样。肾小管明显扩张，管内有多量尿酸盐沉积。输尿管内也常因尿酸盐沉积而高度扩张。盲肠扁桃体多肿大、出血，肝脏无明显变化，脾脏肿大褪色，表面有灰白色坏死灶。

（五）诊断

根据本病流行病学、症状及剖检变化，一般不难做出诊断。如发现3~6周龄鸡发病率高，传播迅速，死亡相对集中发生于短短的几天内，以及法氏囊、肾脏和肌肉的特征性变化等可以做出初步诊断。确诊须做病毒的分离鉴定或血清学检查。

1. 病毒分离鉴定

取病死鸡法氏囊、脾或肾等组织器官，以常规方法制成悬液，经过离心沉淀后加入双抗处理，然后取上清液，接种于9~11日龄鸡胚的绒毛尿囊膜，接种后3~5 d死亡，可见到胚体和绒毛尿囊膜的病变。

2. 动物接种试验

取病死鸡法氏囊、脾或肾等组织器官病料经口服或滴眼感染30日龄左右的易感雏鸡，通常经3~5 d出现症状，扑杀后可见到法氏囊的特征性肉眼病变。

3. 琼脂扩散试验

取病鸡的血清与标准抗原进行琼脂扩散试验，检测其抗体。一般病鸡感染后5~6 d大部分可检出沉淀性抗体，第8天全部阳性，至感染后的第7周沉淀性抗体达到高峰，至少可维持2个月。反之，用已知阳性血清检测法氏囊匀浆中的病毒抗原，人工接种后24 h可检出少量病毒，72 h达高峰，96 h开始下降，至196 h病毒基本消失。

此外，中和试验、酶联免疫吸附试验、荧光抗体检查、对流免疫电泳技术等都可以用于本病的确诊。

（六）防制

1. 实行科学的饲养管理和严格的卫生措施

（1）采用全进全出饲养体制，全价饲料。鸡舍换气良好，温度、湿度适宜，消除各种应激条件，提高鸡体免疫应答能力。要特别注意不要从有本病的地区、鸡场引进鸡苗、种蛋。必须引进的要隔离消毒观察20 d以上，确认健康者方可合群。对60日龄内的雏鸡最好实行隔离封闭饲养，杜绝传染来源。

（2）严格卫生管理，加强消毒净化措施。进鸡前鸡舍（包括周围环境）用消毒液喷洒→清扫→高压水冲洗→消毒液喷洒（几种消毒剂交替使用2~3遍）→干燥→甲醛熏蒸→封闭1~2周后换气再进鸡。饲养鸡期间，可采用0.3%次氯酸钠或过氧乙酸等，按30~50 mL/m^3定期进行带鸡气雾消毒。

（3）搞好免疫接种 目前使用的疫苗主要有灭活苗和活苗2类。

活疫苗包括弱毒苗、中等毒力疫苗、强毒疫苗。强毒苗已经不用。弱毒苗有 D78，PBG98，LKT，LLD228，A80 等。这类疫苗对法氏囊无损害，但接种后产生抗体慢（7～10 d），效价也低，遇到强毒时保护率低。中等毒力疫苗有 B87、BJ836、法国的 Culm 等。此类疫苗对法氏囊的损害较高，但是此为可逆性损害；不影响法氏囊的发育，也不会引起免疫抑制，接种后第 5 天产生抗体，2 周后抗体效价达到较高水平，对强毒感染的保护率达 85%～95%，免疫效果好。

灭活苗最大的优点是安全，不影响法氏囊的功能。多用于种鸡的免疫，采用肌肉注射方法免疫。灭活苗主要有组织灭活苗和油佐剂灭活苗，使用灭活苗对已接种活苗的鸡效果好，并使母源抗体保护雏鸡长达 4～5 周。

疫苗接种途径有注射、滴鼻、点眼、饮水等多种免疫方法，可根据疫苗的种类、性质、鸡龄、饲养管理等情况进行具体选择。

免疫程序的制定应根据琼脂扩散试验或 ELISA 方法对鸡群的母源抗体、免疫后抗体水平进行监测，以便选择合适的免疫时间。

肉用雏鸡和蛋鸡视抗体水平而定，多在 2 周龄和 4～5 周龄时进行 2 次弱毒苗免疫。

附　2 种免疫程序（仅供参考）

无母源抗体或低母源抗体的雏鸡，出生后用弱毒疫苗或用 1/3～1/2 中等毒力疫苗进行免疫，滴鼻、点眼两滴（约 0.05 mL）。肌肉注射 0.2 mL。饮水按需要量稀释，2～3 周时，用中等毒力疫苗加强免疫。

有母源抗体的雏鸡，14～21 d 用弱毒疫苗或中等毒力疫苗首次免疫，必要时 2～3 周后加强免疫 1 次。

商品鸡用上述程序免疫即可。种鸡则在 10～12 周龄用中等毒力疫苗免疫 1 次，18～20 周龄用灭活苗注射免疫。

2. 扑灭措施

一旦发生本病，及时处理病鸡，进行彻底消毒。发病鸡舍应严格封锁，每天上下午各进行一次带鸡消毒。对环境、人员、工具也应进行消毒。消毒可选用以下药物和方法，喷洒 0.2% 过氧乙酸，或 2% 次氯酸钠、5% 漂白粉、5% 甲醛溶液、1:128杀特灵，也可用甲醛溶液熏蒸。门前消毒池宜用 2% 的戊二醛溶液，每 2～3 周换 1 次，也可用 1/60 的菌毒净，每周换 1 次。及时选用对鸡群有效的抗生素，控制继发感染。改善饲养管理和消除应激因素。可在饮水中加入复方口服补液盐以及维生素 C、维生素 K、B 族维生素或 1%～2% 脱脂奶粉，以保持鸡体水、电解质、营养平衡，促进康复。

3. 药物防制

（1）鸡传染性法氏囊病高免血清注射液　治疗可在病雏早期用高免血清或卵黄抗体皮下或肌肉注射，可获得较好疗效。雏鸡 0.5～1.0 mL/羽，大鸡 1.0～2.0 mL/羽，必要时次日再注射 1 次。或按照 3～7 周龄鸡，每只肌注 0.4 mL。大鸡酌加剂量。成鸡注射 0.6mL，注射 1 次即可，疗效显著。

（2）鸡传染性法氏囊病高免蛋黄注射液　按 1 mL/kg 体重肌肉注射，有较好的治疗作用。

（3）中药治疗　使用中药防制 IBD 主要是通过提高机体特异性免疫功能和非特异性免疫功能，利用中药所含的某些特殊成分诱导机体产生内源性干扰素（黄芪多糖等），提高机体的整体基础抗病能力，干扰和控制病毒在宿主细胞的增殖而使病毒致病能力减弱或不能致病，以控制本病的发生和流行。

为提高治疗效果，在选用以上治疗方法的同时，应给予辅助治疗和一些特殊管理。如给予口服补液盐，每 100 g 加水 6 000 mL 溶化，让鸡自由饮用 3 d，可以缓解鸡只脱水及电解质平衡丧失的问题；或以 0.1% ~1% 小苏打水饮用 3 d，可以保护肾脏。当有细菌感染，投服对症的抗生素，但不能用磺胺类药物。降低饲料中蛋白质含量到 15% 左右，维持 1 周，可以保护肾脏，防止尿酸盐沉积。

二、禽痘

禽痘（fowl pox，FP）是禽痘病毒引起的家禽和鸟类的一种常见的缓慢扩散、高度接触性传染病。该病传播较慢，以在少毛或无毛的皮肤上发生痘疹为特征（皮肤型），或在口腔、咽喉部黏膜形成纤维素性坏死性假膜和增生性病灶（白喉型），又称鸡白喉。

本病世界各地均有发生，死亡率一般不高，但影响鸡的生长和产蛋。如并发其它传染病、寄生虫病和卫生条件差或营养不良时，可引起大批死亡，对雏鸡可造成更严重的损失。

（一）病原

鸡痘病毒（fowl pox virus，FPV）属痘病毒科、禽痘病毒属。这个属的代表种为鸡痘病毒，是一种比较大的 DNA 病毒。

病毒大量存在于病禽的皮肤和黏膜病灶中，在病变皮肤的表皮细胞或黏膜细胞的胞浆内，可形成圆形或椭圆形的包涵体。各种禽类痘病毒与哺乳动物痘病毒之间不能交叉感染和交叉免疫，且各种禽痘病毒之间在抗原性上极近似，均具有血细胞凝集性。

病毒对外界自然因素抵抗力相当强，特别是对干燥的耐受力，上皮细胞屑片和痘结节中的病毒可抗干燥数年之久，阳光照射数周仍可保持活力，-15 ℃下保存多年仍有致病性。病毒对乙醚有抵抗力，在 1% 的酚或 1∶1 000 甲醛溶液中可存活 9 d，1% 氢氧化钾溶液可使其灭活；但对热、酸、碱较敏感，50 ℃30 min 或60 ℃8 min 被灭活。胰蛋白酶不能消化 DNA 或病毒粒子，在腐败环境中，病毒很快死亡。一般消毒药 5 ~10 min 内可将其杀死。

（二）流行病学

鸡对本病最易感，其次是火鸡，鸽有时也可发生，鸭、鹅的易感性低。无论任何年龄、性别和品种的鸡均可感染，以雏鸡和青年鸡最为严重，雏鸡死亡率高。本病的传染源主要是病鸡。传染媒介是吸血昆虫，主要是蚊子和体表寄生虫。传播途径主要是通过皮肤、黏膜的伤口接触传染或经蚊虫叮咬传染。常见于头部、冠和肉髯外伤后引起。

本病一年四季均可发生，以秋季和蚊子活跃的季节最易流行。夏、秋季发生皮肤型的较多，冬季发生白喉型的较多。肉用仔鸡夏季也常发生本病。库蚊、疟蚊和按蚊等吸血昆虫在传播本病中起着重要的作用。蚊虫吸吮过病灶部的血液之后即带毒，带毒的时间可长达10～30 d，其间易感染的鸡经带毒的蚊虫刺吮后而传染，这是夏秋季节流行鸡痘的主要传播途径。

争斗、啄羽、交配等造成外伤，鸡群过分拥挤、通风不良、鸡舍阴暗潮湿、体外寄生虫、营养不良、缺乏维生素及饲养管理太差等，均可促使本病发生和加剧病情。如有传染性鼻炎、慢性呼吸道病等并发感染，可使病死率增高；特别是继发葡萄球菌感染时可造成大批死亡。

（三）临床症状

鸡痘的潜伏期为4～50 d，根据病鸡的症状和病变，可以分为皮肤型、黏膜型和混合型，偶有败血症。

（1）皮肤型　皮肤型鸡痘的特征是在身体无毛或少毛部位，特别是在鸡冠、肉髯、眼睑和喙角，亦可出现于泄殖腔的周围、翼下、腹部及腿等处，产生一种灰白色的小结节，渐次成为带红色的小丘疹，很快增大如绿豆大痘疹，呈黄色或灰黄色，凹凸不平，呈干硬结节，有时和邻近的痘疹互相融合，形成干燥、粗糙呈棕褐色的大的疣状结节，突出皮肤表面。痂皮可以存留3～4周之久，以后逐渐脱落，留下一个平滑的灰白色疤痕。轻的病鸡也可能没有可见疤痕。皮肤型鸡痘一般比较轻微，没有全身性的症状。但在严重病鸡中，尤以幼雏表现出精神萎靡、食欲消失、体重减轻等症状，甚至引起死亡。产蛋鸡则产蛋量显著减少或完全停产。

（2）黏膜型（白喉型）　此型鸡痘的病变主要在口腔、咽喉和眼等黏膜表面，气管黏膜出现痘斑。初为鼻炎症状，2～3 d后先在黏膜上生成一种黄白色的小结节，稍突出于黏膜表面，以后小结节逐渐增大并互相融合在一起，形成一层黄白色干酪样的假膜，覆盖在黏膜上面。这层假膜是由坏死的黏膜组织和炎性渗出物质凝固而形成，很像人的“白喉”，故称白喉型鸡痘或鸡白喉。如果用镊子撕去假膜，则露出红色的溃疡面。随着病的发展，假膜逐渐扩大和增厚，阻塞在口腔和咽喉部位，使病鸡尤其是幼雏鸡呼吸和吞咽障碍，严重时嘴无法闭合，病鸡往往做张口呼吸，发出“嘎嘎”的声音。

（3）混合型　皮肤和口腔黏膜同时发生病变，病情严重，死亡率高。

（4）败血型　在发病鸡群中，个别鸡无明显的痘疹，只是表现为下痢、消瘦、精神沉郁，逐渐衰竭而死，病禽有时也表现为急性死亡。

（四）病理变化

（1）皮肤型鸡痘　特征性病变是局部表皮和其下层的毛囊上皮增生，形成结节。结节起初表现湿润，后变为干燥，外观呈圆形或不规则形，皮肤变得粗糙，呈灰色或暗棕色。结节干燥前切开，切面出血、湿润，结节结痂后易脱落，并出现瘢痕。

（2）黏膜型禽痘　其病变出现在口腔、鼻、咽、喉、眼或气管黏膜上。黏膜表面出现稍微隆起白色结节，以后迅速增大，并常融合而成黄色、奶酪样坏死的假白喉或白喉样膜。将其剥去可见出血糜烂，炎症蔓延可引起眶下窦肿胀和食管发炎。

（3）败血型鸡痘　其剖检变化表现为内脏器官萎缩，肠黏膜脱落，若继发引起网状内皮细胞增殖病病毒感染，则可见腺胃肿大，肌胃角质膜糜烂、增厚。

（五）诊断

（1）临床综合诊断　根据流行病学、临诊症状和病理变化，特别是在少毛或无毛皮肤处或黏膜上发生特殊的丘疹、假膜、结痂不难做出诊断。确诊则有赖于实验室检查。

（2）实验室检查　病毒鉴定可用无菌病料悬液（取病变痘痂或假膜用生理盐水制成1∶5～10悬液）划痕接种易感雏鸡的冠部或9～12日龄鸡胚绒毛尿囊膜。接种鸡于5～7 d出现典型皮肤痘疹，鸡胚绒毛尿囊膜则于接种后5～7 d形成痘斑。另外还可通过琼脂扩散试验、血凝试验、免疫荧光法、ELISA及病毒中和试验等血清学诊断进行确诊。

（3）鉴别诊断　皮肤型鸡痘易与生物素缺乏相混淆，生物素缺乏时，因皮肤出血而形成痘痂，其结痂小，而鸡痘结痂较大。

黏膜型鸡痘须与传染性喉气管炎进行鉴别，一般情况下，黏膜型鸡痘发病的同时多在鸡群中可发现皮肤型鸡痘。

黏膜型鸡痘易与传染性鼻炎相混淆，传染性鼻炎时上下眼睑肿胀明显，用磺胺类药物治疗有效。黏膜型鸡痘时上下眼睑多黏合在一起，眼肿胀明显，用磺胺类药物治疗无效。

维生素A缺乏症与黏膜型鸡痘有相像之处。区别在于鸡痘黏膜上的假膜常与其下的组织紧密相连，强行剥离后则露出粗糙的溃疡面，皮肤上多见痘疹，而维生素A缺乏症鸡黏膜上的干酪样物质易于剥离，其下面黏膜常无损害。

（六）防制

1. 预防

平时要做好卫生防疫工作，新引进的鸡要隔离，观察20 d以上，检验无病时方可合群。应注意消灭鸡舍内蚊子、体外寄生虫等。

防制本病最有效的方法是接种疫苗。目前应用的疫苗有3种。

（1）鸡痘鹌鹑化弱毒疫苗　按实含组织量用50%甘油生理盐水或生理盐水稀释100倍后应用，稀释后当天用完。用消毒过的刺种器或钢笔尖蘸取疫苗，在鸡翅内侧无血管处皮下刺种1~2针。1月龄以内的雏鸡刺1针，1月龄以上的鸡刺2针，或按鸡只年龄稀释疫苗，1~15日龄鸡稀释200倍，15~16日龄鸡稀释100倍，2~4月龄鸡稀释50倍，每鸡刺种1针，刺种后3~4 d，刺种部位微现红肿、水泡及结痂，约有绿豆大小，2~3周痂块脱落，免疫期5个月。若无反应说明免疫无效，应重做。

（2）鸡痘蛋白筋胶弱毒疫苗（鸡痘原）　用生理盐水将疫苗稀释50倍，2月龄以上的每只鸡肌肉注射1 mL，2月龄以下的注射0.2~0.5 mL。接种后14 d产生免疫力，免疫期5个月。

（3）鸡痘蛋白筋胶弱毒疫苗（鸽痘原）　用生理盐水稀释10倍，用小毛刷（或毛笔剪去1/3，也可应用蘸取），涂在拔去羽毛的腿外侧毛囊内，2~3周产生免疫力，免疫期3~4个月。

2. 扑灭

发病时立即隔离、彻底消毒。死禽深埋或焚烧，病重者淘汰，轻者抓紧治疗，康复鸡在2个月后方可合群。

3. 治疗

（1）在刚出现病鸡时，可紧急刺种疫苗。目前尚无特效治疗药物，主要采用对症疗法，以减轻病鸡的症状和防止并发症。皮肤上的痘痂，一般不进行治疗，必要时可用清洁镊子小心剥离，伤口涂碘酒、红汞或紫药水。对白喉型鸡痘，应用镊子剥掉口腔黏膜的假膜，用0.1%高锰酸钾洗后，再用碘甘油或鱼肝油涂擦。病鸡眼部如果发生肿胀，眼球尚未发生损坏，可将眼部蓄积的干酪样物排出，然后用2%硼酸溶液或1%高锰酸钾冲洗干净，再滴入5%蛋白银溶液。剥下的假膜、痘痂或干酪样物都应烧掉，严禁乱丢，以防散毒。

（2）发生鸡痘后也可视鸡日龄的大小，紧急接种新城疫Ⅰ系或Ⅳ系疫苗（干扰素诱生剂疗法），以干扰鸡痘病毒的复制，达到控制鸡痘的目的。操作方法：取鸡新城疫疫苗，用生理盐水或冷开水稀释10~15倍，每只病鸡注射0.3~0.5 mL，经7~10 d后鸡痘即可逐渐消失，治愈率达90%以上。

（3）发生鸡痘后，由于痘斑的形成造成皮肤外伤，这时易继发引起葡萄球菌感染而出现大批死亡。所以，大群鸡应使用抗病毒药和广谱抗生素，如0.005%环丙沙星或培氟沙星、恩诺沙星或病毒散50 g，混水25k g（也可加到10倍量），连用5~7 d。

（4）克霉唑癣药水涂擦鸡的患部痘疹，一般经3 d痂皮脱落，鸡痊愈。

三、病毒性关节炎

病毒性关节炎（viral arthritis，VA）又称禽呼肠孤病毒感染、传染性腱鞘炎，是一种由呼肠孤病毒引起的鸡的重要传染病，主要发生于肉用仔鸡，在世界各地均有发生。

（一）病原

病毒性关节炎的病原为禽呼肠孤病毒（avian reovirus），在分类上属呼肠孤病毒科呼肠孤病毒属。该病毒粒子无囊膜，呈正二十面体对称排列，直径约为75 nm，有双层衣壳结构，核酸为分段的双链 RNA 基因组。病毒血清型很复杂，毒株间的毒力有很大差异，至少有 11 个血清型。

本病毒能在鸡胚、鸡胚肾、肺、睾丸、成纤维细胞上生长繁殖，可在细胞质内产生包涵体，并可致死鸡胚，在绒毛尿囊膜上形成灰白色小痘斑。胚体全身出血，心、肝、脾肿大并有坏死灶。

禽呼肠孤病毒对热有一定的抵抗能力，耐寒冷，4 ℃可存活 3 年以上，-20 ℃可存活 4 年以上。能耐受 60 ℃达 8 ~ 10 h。对乙醚不敏感，对 H_2O_2、pH5 的 2% 来苏儿、3% 甲醛溶液等均有抵抗力。用 70% 乙醇和 0.5% 有机碘、2% ~3% 的火碱可以灭活病毒。

（二）流行病学

鸡呼肠孤病毒广泛存布于自然界，可从许多种鸟类体内分离到，但是鸡和火鸡是目前已知唯一可被呼肠孤病毒引起关节炎的自然宿主。主要发生于肉鸡，其次是蛋鸡和火鸡。一年四季均可发生，冬季较重。肉鸡比蛋鸡易感，群养比笼养易感，公鸡比母鸡易感。一般呈散发或地方性流行。本病感染后多呈隐性感染长期带毒，4 ~21 周龄时有部分转为显性感染，出现临诊症状。病鸡和带毒鸡所产的蛋也带毒。

传染来源主要是病鸡、带毒鸡和带毒蛋。可通过直接或间接接触病鸡和带毒鸡经消化道、呼吸道水平传播；或经带毒蛋垂直传播。吸血昆虫是传播媒介。

本病常发生于 2 ~16 周龄的鸡，尤以 4 ~7 周龄多见，大鸡也有发生。各种类型的鸡都可以感染，但以肉仔鸡的发病率高。发病率为 100%，死亡率为 6%。

（三）临床症状

本病大多数野外病例均呈隐性或慢性感染，要通过血清学检测和病毒分离才能确定。人工感染的潜伏期为 9 ~13 d，自然感染的潜伏期为 28 ~150 d。病鸡精神沉郁、食欲不振、发育不良、生长迟缓。跗、趾关节肿大，胫跖骨变粗，腓肠肌腱断裂。多见一侧跛行，或单腿跳动。病鸡常蹲坐，不愿行走，进而瘫痪卧地不起，因无法采食，衰竭而死。多因患肢不能伸展、负重，采食困难，发育不良，生长迟缓，饲料报酬低而被淘汰。

种鸡在产蛋期受到感染，其症状与肉用仔鸡相似，有时跟腱发生断裂，患部肿大，或不表现任何症状，产蛋率下降 15% ~20%。种鸡受精率下降，淘汰率很高。

（四）病理变化

患鸡跗关节上下周围肿胀，切开皮肤可见到关节上部腓肠腱水肿，滑膜内经常有充血或点状出血，关节腔内含有淡黄色或血样渗出物，少数病例的渗出物为脓性，与传染性滑膜炎病变相似，这可能与某些细菌的继发感染有关。其它关节腔淡红色，关节液增加。病鸡小腿肿胀。根据病程的长短，有时可见周围组织与骨膜脱离。大雏或成鸡易发生腓肠腱断裂。换羽时发生关节炎，可在患鸡皮肤外见到皮下组织呈紫红色。慢性病例的关节腔内的渗出物较少，腱鞘硬化和粘连，在跗关节远端关节软骨上出现凹陷的点状溃烂，然后变大、融合，延伸到下方的骨质，关节表面纤维软骨膜过度增生。有的在切面可见到肌和腱交接部发生的不全断裂和周围组织粘连，关节腔有脓样、干酪样渗出物。有时还可见到心外膜炎，肝、脾和心肌上有细小的坏死灶。

（五）诊断

1. 临床综合诊断

根据流行病学、临诊症状和病理变化即可做出初步诊断；确诊须进行实验室诊断。

2. 实验室诊断

可用病毒的分离鉴定、动物接种、琼脂扩散试验、荧光抗体技术、中和试验和酶标记技术进行病毒鉴定或抗体检测。

3. 鉴别诊断

应注意与滑液囊支原体、葡萄球菌感染引起的关节病变、跛行进行区别。滑液囊支原体引起的跛行多伴有呼吸症状；葡萄球菌一般只引起单个关节病变，并且脓肿明显，内容物涂片或培养可发现细菌，早期注射青霉素有效果。鸡的跛行是常见而多原因的，应综合考虑其发病因素。

（六）防制

目前尚无有效的治疗方法，须采用以预防为主的综合性防制措施。

1. 预防措施

（1）坚持搞好平时的卫生、消毒措施　不从有本病的地区、鸡场引进种蛋、种鸡。必须引进时要加强对本病的检疫，确认无病时方可进入饲养鸡舍。加强饲养管理，密度不要过大，使用全价饲料，保持鸡舍恒温。坚持定期消毒，定期监测，定期搞好防疫，全进全出，自繁自养等措施。

（2）免疫接种　目前国外已有多种灭活疫苗和弱毒疫苗。

①接种弱的活疫苗可以有效地产生主动免疫，一般采用皮下接种途径。无母源抗体的雏鸡，可在 6 ~ 8 日龄用活苗首免，8 周龄时再用活苗加强免疫，在开产前 2 ~ 3 周注射灭活苗，一般可使雏鸡在 3 周内不受感染。这已被证明是一种有效的控制鸡病毒性关节炎的方法。将活疫苗与灭活疫苗结合免疫种鸡群，可以达到很好的免疫效果。在使用活疫苗时要注意疫苗毒株对不同年龄的雏鸡的毒性是不同的。用 S1133 弱毒苗与马立克病疫苗同时免疫时，S1133 会

干扰马立克病疫苗的免疫效果，故2种疫苗接种时间应相隔5 d以上。

②对种鸡群免疫，一般在1~7日龄和4周龄时各接种一次弱毒疫苗，开产前再接种一次灭活疫苗。对于肉种鸡，多在1日龄时接种一次弱毒疫苗。

2. 扑灭措施

一旦发现本病应立即隔离封锁。用0.2%次氯酸钠或0.2%过氧乙酸带鸡喷雾消毒。焚烧死鸡，反复检疫，淘汰病鸡和阳性带毒鸡、带毒蛋，经高温处理方可出场，以防疫源扩散。检出最后一只病鸡或带毒鸡后10个月方可解除封锁。

四、产蛋下降综合征

产蛋下降综合征（eggs drop syndrome 1976，EDS－76）是由禽腺病毒引起鸡的一种急性病毒性传染病。该病临床症状不明显，主要表现产蛋率急剧下降，出现软壳蛋和畸形蛋。

本病1976年首次在荷兰发现，因此而命名。现已遍及世界各地。

（一）病原

鸡产蛋下降综合征（EDS－76）病毒属于腺病毒科、禽腺病毒属成员，为无囊膜的双股DNA病毒，病毒粒子直径为70~80 nm。病毒能在鸭肾细胞、鸭胚成纤维细胞、鹅胚成纤维细胞和鸡肾细胞上生长增殖。病毒含有血细胞凝集素，能凝集鸡、鸭、鹅的红细胞，并为特异抗体所抑制。所以可用血凝和血凝抑制试验诊断本病。其它禽腺病毒，主要是凝集哺乳动物红细胞，这与EDS－76病毒不同。

病毒对外界抵抗力较强，对乙醚、氯仿不敏感，pH3~7稳定，病毒在56 ℃下可存活3 h，60 ℃下30 min可丧失致病性，70 ℃下20 min则死亡，室温条件下可存活6个月以上，0.3%的甲醛溶液经24 h、0.1%的甲醛溶液经48h可完全灭活病毒。

（二）流行病学

本病毒的主要易感动物是鸡，其自然宿主是鸭或野鸭。鸭感染后虽不发病，但长期带毒，带毒率可达85%以上。在家鸭、家鹅、俄罗斯鹅和白鹭、加拿大鹅和凫、海鸥、猫头鹰、鹳、天鹅、北京鸭、珠鸡中广泛存在EDS－76抗体。

不同品系的鸡对EDS－76病毒的易感性有差异。26~35周龄的所有品系的鸡都可感染，尤其是产褐壳蛋的肉用种鸡和种母鸡最易感，产白壳蛋的母鸡患病率较低。EDS－76病毒除可使不同品系的鸡和鸭感染外，鹅、雉鸡、珠鸡、火鸡和鹌鹑也可产生不同程度的抗体或排出病毒，鹌鹑只排出病毒但不产生抗体。

任何年龄的肉鸡、蛋鸡均可感染。幼龄鸡感染后不表现任何临床症状，血清中也查不出抗体，只有到开产以后，血清才转为阳性。因此 EDS－76 的流行特点是病毒的毒力在性成熟前的鸡体内不表现出来，产蛋初期的性成熟应激，致使病毒活化而使产蛋鸡发病。6～8 月龄母鸡处于发病高峰期。

EDS－76 的传染源是带毒鸡和病鸡，主要途径是由输卵管和卵巢传播，既可水平传播、又可垂直传播。被感染鸡可通过种蛋和种公鸡的精液传递。从鸡的输卵管、泄殖腔、粪便、咽黏膜、白细胞、肠内容物等可分离到 EDS－76 病毒。可见，病毒可通过这些途径向外排毒，污染饲料、饮水、用具、种蛋经水平传播使其它鸡感染。通过蛋垂直传播，并经蛋内感染的鸡，多数在全群产蛋达到 50% 到高峰时，出现排毒，并产生血凝抑制抗体。水平传播较慢，且呈间断性。

（三）临床症状

本病的潜伏期约为 9 d。感染鸡群无明显临诊症状，通常是 26～36 周龄产蛋鸡突然出现群体性产蛋下降，产蛋率比正常下降 20%～30%，甚至达 50%；与此同时，产出软壳蛋、薄壳蛋、无壳蛋、小蛋，蛋体畸形，蛋壳表面粗糙，如白灰、灰黄粉样，褐壳蛋则色素消失，颜色变浅、蛋白水样，蛋黄色淡，或蛋白中混有血液、异物等。异常蛋可占产蛋的 15% 或以上，蛋的破损率增高。持续 4～10 周或更长些时间，然后缓慢上升，最终也回升不到标准产蛋曲线。发生于产蛋后期的鸡，产蛋率下降更明显。病鸡其它方面均正常，有时出现腹泻症状。

（四）病理变化

本病常缺乏明显的病理变化，其特征性病变是输卵管各段黏膜发炎、水肿、萎缩。病鸡的卵巢萎缩变小，卵泡出血、软化、色淡，甚至变性。子宫黏膜发炎，肠道出现卡他性炎症。组织学检查，子宫输卵管腺体水肿，单核细胞浸润，黏膜上皮细胞变性、坏死，子宫黏膜及输卵管固有层出现浆细胞、淋巴细胞和异嗜细胞浸润，输卵管上皮细胞核内有包涵体，核仁、核染色质偏向核膜一侧，包涵体染色有的呈嗜酸性，有的呈嗜碱性。

（五）诊断

1. 临床综合诊断

根据流行病学、临诊症状等可做出初步诊断。确诊须做实验室诊断。

2. 实验室诊断

可通过病毒分离与鉴定、血凝抑制（HI）试验、琼脂扩散试验、免疫荧光抗体技术、中和试验和 ELISA 等方法进行诊断。

3. 鉴别诊断

（1）与新城疫、传染性支气管炎的鉴别　三者虽然均有产蛋量下降和产异常蛋的现象，但 EDS－76 一般没有其它临诊症状和除生殖器以外的病理变化；而非典型新城疫则有神经症状和稍轻的呼吸道、消化道症状和相应的剖检变化；传染性支气管炎有明显的呼吸器官症状和相应的病理变化，且在恢复期产异常蛋（特别是大型蛋和小型蛋）。

（2）与脑脊髓炎、败血支原体病的鉴别 脑脊髓炎和败血支原体病虽也有产蛋量下降现象，但不产畸形蛋、壳异常蛋，可与 EDS－76 相鉴别。

（六）防制

目前没有特效的治疗方法，只有采用综合性防制措施。

1. 预防措施

（1）未有本病的地区、鸡场、鸡群要严防本病传入，除搞好平时的卫生、消毒防制措施外，应特别注意，在引进种蛋和种鸡时，引入后应严格消毒和隔离观察一段时间，施行分批饲养。严禁鸡场养鸭、鹅、鹌鹑等；鸡场和鸭、鹅场、鹌鹑场要隔离开，保持一定的距离，加强管理。喂给平衡的配合日粮，特别是保证必需氨基酸、维生素和微量元素的平衡，减少应激源。

（2）免疫接种 近年来，国内外已开展了 EDS－76 病毒 127 株油佐剂灭活疫苗的研制，该疫苗接种 18 周龄后备母鸡。经肌内或皮下接种 0.45 mL，15 d 后产生免疫力。抗体可维持 12～16 周，以后开始下降，40～50 周后抗体消失。种鸡场发生本病时，无论是病鸡群还是同一鸡场其它鸡生产的雏鸡，必须注射疫苗。在开产前 4～10 周进行初次接种，产前 3～4 周进行第 2 次接种。

目前使用的疫苗大多是新城疫－传染性支气管炎－产蛋下降综合征三联苗，新城疫－产蛋下降综合征二联苗。

2. 扑灭措施

在鸡群中一旦发现有产畸形蛋、壳异常蛋、产蛋量下降现象，应立即隔离、封锁、消毒，同时尽快查明原因，迅速确诊。一经确诊为本病，要尽早扑杀、淘汰病鸡和血清学阳性鸡。与其同群或同舍的鸡隔离饲养，固定专人，用具专用，每天用 0.3% 过氧乙酸带鸡喷雾消毒，连用 7 d，同时用灭活疫苗免疫。非同舍鸡也尽早用灭活疫苗免疫。产蛋下降期内所产的蛋，一律不留作种用，也不能作为种蛋出售。被污染场地、蛋箱、用具等用 2%～3% NaOH（火碱）喷洒消毒。鸡舍用甲醛溶液熏蒸消毒。粪便掺入 5% 生石灰后堆积发酵。饮水用漂白粉消毒。医用器械、注射器、针头、输精管等用高压或煮沸消毒。防疫时坚持一鸡一针头，人工受精时一鸡一支输精管，消毒后再继续使用。尽快扑灭本病，净化鸡场，建立 SPF 鸡群。

一、禽病毒性传染病的特点

病毒是一类具有特殊繁殖方式的胞内寄生的非细胞型微生物，个体微小，结构简单，在化学组成、结构、繁殖方式及对药物敏感性方面与其它病原微生物有明显区别，所以禽病毒性传染病除具备传染病的特点外，还具有一些独特的特点。

1. 传播迅速、流行广泛、危害严重

如新城疫、禽流感、鸭瘟、小鹅瘟等，都具有很高的发病率和死亡率，有时甚至死亡率达100%，而且可以短时间内大范围流行。

2. 大多具有典型的临床症状和病理变化

病毒为细胞内寄生体，侵入机体后侵害相应的组织器官，表现出较为明显的临床症状和病理变化。一些特征性的症状和病理变化可以作为诊断疾病的依据。但近年来，随着病毒在流行过程中的变异，隐性感染、非典型感染的情况也常发生。

3. 实验室诊断难度较大

病毒性传染病的实验室诊断可用形态观察、细胞培养及血清学诊断 3 种方法。因病毒体积过小，不易观察形态予以确认；病毒的分离培养必须借助活的易感细胞，只有动物接种、鸡（禽）胚培养和组织细胞培养 3 种方法，而这 3 种方法，条件要求高，终判时间较长，影响因素较多；由于病毒抗体种类和数量都有限，血清学诊断要求灵敏度较高，试验要素较多，操作难度较大。这些因素给病毒性传染病的实诊室诊断带来很大困难，基层诊断不易操作，因此禽病毒性传染病的诊断应重点进行流行病学调查、临床症状观察和病理变化检查，在积累丰富临床经验的基础上鉴别诊断，得出初步诊断结论，如有条件时进行实验室诊断，可进一步确诊。

4. 目前大多没有有效的治疗药物

由于病毒以其寄生的细胞作为保护伞，从而可以抵御药物的抗病毒作用。许多抗病毒药物在作用于病毒的同时，往往也影响了宿主细胞的正常代谢，治疗结果往往是病毒同其寄生的细胞“同归于尽”，因此，病毒性传染病大多无药可治。

病毒性传染病的预防主要依靠免疫接种及加强日常的饲养管理，严格执行兽医卫生消毒制度等措施。近年来，对病毒性传染病的防控，除了疫苗的研制与应用外，抗病毒动物群体的选育、干扰素和单克隆抗体以及现代生物技术的综合应用等方法也发挥了重要作用。

二、免疫失败的原因

免疫接种是禽病综合预防措施中的重要一环，但在生产实践中，接种疫苗后未能获得满意的免疫效果时有发生，原因可能是多方面的。

1. 疫苗质量

疫苗质量不合标准，如病毒或细菌的含量不足、冻干或密封不佳、油乳剂疫苗水分层、氢氧化铝佐剂颗粒过粗等。疫苗在运输或保管中因温度过高或反复冻融减效或失效，油佐剂疫苗被冻结或已超过有效期等。

2. 疫苗选择

（1）疫病诊断不准确，造成使用的疫苗与发生疾病不对应，例如鸡群患了新城疫，却使用传染性喉气管炎疫苗。

（2）弱毒活疫苗或灭活疫苗、血清型、病毒株或菌株选择不当。例如，在传染性囊病流行的地区仅选用低毒力或单一血清型的疫苗。对已接种传染性支气管炎 H_{52} 疫苗之后，又再使用 H_{120} 株疫苗。

（3）使用与本场本地区血清型不对应的禽出败菌苗、大肠杆菌菌苗等。

3. 免疫程序安排不当

在安排免疫接种时对下列因素考虑不周到，以致免疫接种达不到满意的保护效果：

（1）疾病的日龄敏感性。

（2）疾病的流行季节。

（3）当地、本场受疾病威胁。

（4）家禽品种或品系之间差异。

（5）母源抗体的影响。

（6）疫苗的联合或重复使用的影响。

（7）其它人为的因素、社会因素、地理环境和气候条件的影响等。

4. 疫苗稀释的差错

（1）稀释液不当，如马立克病疫苗没有使用指定的特殊稀释液进行稀释。

（2）饮水免疫时仅用自来水稀释而没有加脱脂乳。

（3）用一般井水稀释疫苗时，其酸碱度及离子均会对疫苗有较大的影响。

（4）有时由于操作人员粗心大意造成稀释液量的计算或称量差错，致使稀释液的量偏大。有些人为了补偿疫苗接种过程中的损耗，有意加大稀释液的用量等。

（5）在直射阳光下或风沙较大的环境下稀释疫苗。

（6）对于一些用液氮罐低温保存的疫苗，如不按规程操作，疫苗的质量均会受到严重的破坏。

（7）从稀释后到免疫接种之间的时间间隔太长。例如，有些鸡场一次需要接种几千甚至几万只鸡，接种前将几十瓶甚至上百瓶疫苗一次稀释完，置于常温下不断使用，这样越往后用的疫苗，效价就越低，尤其是在稀释液质量不好或环境温度偏高的情况下，效果更差。

（8）在稀释液中加入过量的抗生素或其它化学药物，如庆大霉素、链霉素等，这些药物对疫苗病毒虽无直接杀灭作用，但当浓度较高时，随着 pH、离子浓度的改变，对疫苗中的病毒也会有不良影响的。

5. 接种途径的选择不当

每种疫苗均具有其最佳接种途径，如随便改变可能会影响免疫效果。例如，当鸡新城疫Ⅰ系疫苗饮水免疫、喉气管炎疫苗用饮水或者肌注免疫时，效果都较差。

在我国目前的条件下，不适宜过多地使用饮水免疫，尤其是对水质、饮水量、饮水器卫生等了解和注意不够多时，免疫效果将受到较大影响。

6. 接种操作的失误或错漏

（1）采用饮水免疫时饮水的质量、数量、饮水器的分布、饮水器卫生不符合标准。

（2）在喷雾免疫时气雾的雾滴大小、喷雾的高度或速度不恰当，以及环境、气流不符合标准等。

（3）滴眼、滴鼻免疫不正确操作，有时在疫苗滴尚未进入眼内或鼻内，就将鸡放回地面，因而就没有足够的疫苗液进入眼内或鼻内。

（4）注射的部位不当或针头太粗，当针头拔出后注射液体即倒流出来；或针头刺在皮肤之外，疫苗液喷射出体外；或将疫苗、注射入胸腔、腹腔内；或连续注射器的定量控制失灵，使注射量不足等。

7. 多种疫苗之间的干扰作用

严格地说，多种疫苗同时使用或在相近时间接种时，疫苗病毒之间可能会产生干扰作用。例如，传染性支气管炎疫苗病毒对鸡新城疫疫苗病毒的干扰作用，使鸡新城疫疫苗的免疫效果受到影响。这在生产中经常被忽视，而出现不良后果。

8. 抗菌素、抗病毒药对弱毒活菌苗、疫苗的影响作用

一些人在接种弱毒活菌苗期间，例如接种禽出败弱毒菌苗时使用抗生素，就会明显影响菌苗的免疫效果。在接种病毒疫苗期间使用抗病毒药物，如病毒唑、病毒灵等也可能影响疫苗的免疫效果。

9. 免疫缺陷

禽群内如有某些个体的体内 γ 球蛋白、免疫球蛋白 A 缺乏等，则对抗原的刺激不能产生正常的免疫应签，影响免疫效果。

10. 免疫麻痹

在一定限度内，抗体的产量随抗原的用量而增加；但抗原量过多，超

过一定的限度，抗体的形成反而受到抑制，这种现象称为“免疫麻痹”。有些养鸡场超剂量多次注射免疫，这样可能引起机体的免疫麻痹，往往达不到预期的效果。

11. 免疫抑制

由于免疫抑制，使机体在接种疫苗后不能产生预期的免疫保护作用。引起免疫抑制的原因很多，例如：机体营养状况不佳，缺乏维生素 E、维生素 C，缺硒、锌、氯、钠、饥饿、缺水、寒冷等。各种应激因素，机体健康状况不佳，尤其是已存在某些疾病时进行免疫接种。鸡贫血因子病毒、传染性囊病病毒和马立克病感染等，尤其是当三者联合作用时引起免疫抑制作用更为明显。

1. 禽流感的主要症状和病变特征是什么？发生高致病性禽流感时如何采取扑灭措施？

2. 新城疫主要症状和病变特征，以及切实可行的预防措施是什么？

3. 新城疫和高致病性禽流感的区别有哪些？

4. 禽流感、新城疫、传染性支气管炎和产蛋下降综合征均能引起产蛋下降，如何鉴别？

5. 鸡传染性支气管炎、鸡传染性喉气管炎的临床症状、病变有何异同？

6. 防制传染性支气管炎病时，根据什么选择疫苗才能达到良好的免疫效果？

7. 如何预防鸡痘？接种是否有效如何判断？

8. 传染性法氏囊病发生的流行特点、病变及防制方法有哪些？

9. 禽传染性脑脊髓炎的发病特点是什么？如何预防？

10. 试述鸡马立克病的主要诊断依据，如何预防该病的发生？

11. 为什么接种过马立克病疫苗的鸡还会发生马立克病？

12. 引起病鸡出现肿瘤的主要病毒性传染病有哪些，如何鉴别？

13. 试述传染性贫血病的主要临床症状和剖检病变。

14. 鸡包涵体肝炎和法氏囊病的有哪些异同点？

15. 简述鸭瘟的临床症状和病变特征。

16. 简述鸭病毒性肝炎的流行病学和病变特征及防制措施。

17. 小鹅瘟的流行病学特点是什么？简述其特征性的病理变化。

18. 哪些病毒病可通过种禽免疫接种而使其后代免于发病？

19. 引起鸡发生免疫抑制的病毒性传染病有哪些？如何鉴别？

实训八 NDV 鸡胚培养与鉴定技术

◇实训条件

温箱、照蛋器、蛋架、超净工作台、1 mL 注射器、20～27 号针头、镊子、酒精灯、灭菌吸管、灭菌滴管、灭菌青霉素瓶、铅笔、病料、9～11 日龄鸡胚、石蜡、2.5% 碘酊及 75% 酒精棉球等。

◇方法步骤

（一）鸡胚培养 NDV

1. 鸡胚培养

把疑似病毒样品处理好，待接种 9～11 日龄的鸡胚取出，在照蛋器上照视，划出气室及胚胎位置，标明胚龄及日期，气室朝上立于卵架上。在气室中心或远离胚胎侧气室边缘先后用碘酊棉球及酒精棉球消毒，以钢锥在气室的中央或侧边打一小孔，针头沿孔垂直或稍斜插入气室，进入尿囊，向尿囊腔内注入 0.2 mL 新城疫病毒悬液，拔出针头，用融化的石蜡封孔，直立孵化。每个样品接种 5 只鸡胚，孵化期间，每晚照蛋，观察胚胎存活情况。弃去接种后 24 h 内死亡的鸡胚。

2. 收获病毒

新城疫病毒在接种后 24～48 h 即可收获病毒。收获前将鸡胚置于 0～4 ℃冰箱中冷藏 4 h 或过夜，使血管收缩，以免解剖时出血。气室朝上立于卵架上，无菌操作轻轻敲打并揭去气室顶部蛋壳，形成直径为 1.5～2.0 cm 的开口。用灭菌镊子夹起并撕开气室中央的绒毛尿囊膜，然后用吸管从破口处吸取尿囊液，每胚可得 5～6 mL，贮于无菌小瓶内，无菌检验后，冰冻保存，做种毒或试验之用。

（二）鉴定 NDV

样品接种鸡胚后，若收获尿囊液具有血凝活性，可应用 HA 及 HI 试验进行鉴定。

（三）微量血凝试验（HA）

确定收获的尿囊液是否有血凝性。

1. 1% 鸡红细胞悬液的配制

采集 2～3 只健康公鸡血液与等量的阿氏液混合，放入离心管中，用

pH 7.0~7.2、0.01 mol/L PBS 液洗涤 3 次，每次均以 2 000 r/min 离心 3 min，弃掉血浆和白细胞层，最后一次 5 min，弃上清，吸取红细胞泥用 PBS 液配成体积比为1∶99的红细胞悬液。

2. 操作方法

按表 3－3 操作。

（1）在 96 孔微量血凝板上，向第 1～11 孔各加入 25 μL PBS，12 孔不加。

（2）吸取 25 μL 被检病毒液（感染尿囊液）加入第 1 孔，混合后吸出 25 μL加至第 2 孔，第 2 孔液体混合后，吸出 25 μL 加至第 3 孔，以此类推，稀释至第 10 孔，第 10 孔混合后吸出 25 μL 弃去。第 11 孔不加病毒液，做红细胞对照，12 孔加新城疫病毒抗原 25 μL，做标准抗原对照。

表 3－3　　血凝试验操作术式

孔　号	1	2	3	4	5	6	7	8	9	10	11	12
病毒稀释倍数	2^1	2^2	2^3	2^4	2^5	2^6	2^7	2^8	2^9	2^{10}	红细胞对照	抗原对照
磷酸盐缓冲液/μL	25	25	25	25	25	25	25	25	25	25	25	/
被检病毒液/μL	25	25	25	25	25	25	25	25	25	25	弃 25 /	25
磷酸盐缓冲液/μL	25	25	25	25	25	25	25	25	25	25	25	25
1% 鸡红细胞悬液/μL	25	25	25	25	25	25	25	25	25	25	25	25
在微型振荡器上振荡 1 min，或手持血凝板摇动混匀												
室温（18～20 ℃）下作用 30～40 min，或置 37 ℃温箱中作用 15～30 min 后观察结果												
结果举例	+	+	+	+	+	+	±	±	±	－	－	+

注：+：红细胞完全凝集；±：红细胞不完全凝集；－：红细胞不凝集。

（3）每孔再加入 25 μL PBS。

（4）吸取 1% 红细胞悬液，每孔加入 25 μL。

（5）将反应板置于微型振荡器上振荡 1 min，或手持血凝板摇动混匀，室温下（约 20 ℃）静置 30～40 min 或 37 ℃温箱中作用 15～30 min，待红细胞对照孔红细胞全部沉淀后，判定结果。

（四）微量血凝抑制试验（HI）

病毒鉴定试验，确定尿囊液中的病毒是否为新城疫病毒。

1. 4 单位待检病毒液的制备

将 HA 试验测定的病毒血凝滴度除以 4 即为 4 HAU 病毒液的稀释倍数。如血凝价为 2^6，则 4 单位病毒液的稀释倍数应为 1∶16（$2^6/4$）。吸取 HA 试验被检病毒液（感染尿囊液）1 mL 加 15 mL PBS 液，混匀即成。

2. 操作方法

按表 3－4 操作。

表 3－4　　血凝抑制试验操作术式

孔　号	1	2	3	4	5	6	7	8	9	10	11	12
血清稀释倍数	2^1	2^2	2^3	2^4	2^5	2^6	2^7	2^8	2^9	2^{10}	对照	对照
磷酸盐缓冲液/μL	25	25	25	25	25	25	25	25	25	25	25	/
标准阳性血清/μL	25	25	25	25	25	25	25	25	25	25 弃 25	25	25
4 单位待检病毒液/μL	25	25	25	25	25	25	25	25	25	25	/	25
在微型振荡器上振荡 1 min 室温（18～20 ℃）下作用 20 min，或置 37 ℃温箱中作用 5～10 min												
1%鸡红细胞悬/μL	25	25	25	25	25	25	25	25	25	25	25	25
在微型振荡器上振荡 15～30 s 室温下静置 30～40 min，或置 37 ℃温箱中作用 15～30 min 后观察结果												
结果举例	−	−	−	−	−	−	±	±	+	+	−	−

注：+：红细胞完全凝集；±：红细胞不完全凝集；−：红细胞不凝集。

（1）在 96 孔微量血凝板上，向第 1～11 孔各加入 25 μ L PBS，12 孔不加。

（2）吸取 25 μL 新城疫标准阳性血清加入第一孔，混匀后吸出 25 μL 加到第 2 孔，依次类推，倍比稀释至第 10 孔，第 10 孔混合后吸出 25 μL 弃去。11 孔加入 4 倍稀释的标准阳性血清 25 μL，为 4 倍稀释的标准阳性血清对照；12 孔加入 4 倍稀释的标准阳性血清 25 μL，设为 4 单位标准抗原与 4 倍稀释的标准阳性血清的血凝抑制对照。

（3）吸取 4 单位待检病毒液，第 1～10 孔每孔加入 25 μL，11 孔不加，12 孔加入 4 单位标准抗原 25 μL。

（4）在微型振荡器上摇匀，室温（18～20 ℃）下作用 20 min，或置 37 ℃温箱中作用 5～10 min。

（5）吸取 1%红细胞悬液，每孔加入 25 μL。

（6）将反应板置于微型振荡器上振荡 15～30 s，或手持血凝板摇动混匀，并放室温（18～20 ℃）下作用 30～40 min，或置 37 ℃温箱中作用 15～30 min 后取出，观察并判定结果。4 倍稀释的标准阳性血清对照孔应呈明显的圆点沉于孔底。

◇结果与分析

1. 微量血凝试验（HA）结果

结果判读时，将血凝板倾斜 45°角观察，凡沉于管底的红细胞沿着倾斜面向下呈线状流动即呈泪滴状流淌，与红细胞对照孔一致者，判为红细胞完全不凝集。

能使红细胞完全凝集的病毒液的最大稀释倍数称为血凝滴度或血凝价，也代表一个血凝单位（HAU）。如表 3－3 举例结果中的血凝滴度为 2^6。

2. 微量血凝抑制试验（HI）结果

能完全抑制红细胞凝集的血清最大稀释度为该血清的血凝抑制滴度或血凝抑制价，一般用对数 $\log 2^X$ 表示，如表 3－4 结果举例所示的血凝抑制滴度为 2^6，表示为 6 log2。

3. 病毒的鉴定结果

从疑似病例的样品中分离到 HA 滴度 $\geqslant 2^4$ 的病毒，其血凝性能被新城疫标准阳性血清有效抑制。如确诊还须对分离毒株进行毒力测定，可进行鸡胚平均死亡时间（MDT）、1 日龄鸡脑内接种致死指数（ICPI）以及 6 日龄鸡脑内接种致死指数（IVPI）等指标的测定，分离毒的 ICPI≥0.7，可判断为中等或强毒新城疫感染。

◇实训报告

根据实训课实际情况报告新城疫诊断方法及结果。

实训九 ND、IBD 抗体监测技术

一、ND 抗体效价测定

◇实训条件

温箱、微型振荡器、试管、96 孔微量血凝板、微量加样器、pH7.0～7.2 的磷酸盐缓冲液（PBS）、生理盐水、新城疫病毒液、新城疫病毒阳性血清、被检血清等。

◇方法步骤

1. 原理

有些病毒如新城疫病毒等能凝集某些动物的红细胞，利用病毒的这一特性通过红细胞凝集试验可检查被检材料中是否有病毒存在，或测定病毒的滴度。而病毒的红细胞凝集现象能被特异性的抗血清所抑制，通过病毒的血凝抑制试验可测定抗体的滴度，或用已知的抗血清鉴定未知病毒。

2. 1% 鸡红细胞悬液的配制

采集 2～3 只健康公鸡血液与等量的阿氏液混合，放入离心管中，用

pH 7.0～7.2 0.01 mol/L PBS 液洗涤 3 次，每次均以 2 000 r/min 离心 3 min，弃掉血浆和白细胞层，最后一次 5 min，弃上清液，吸取红细胞泥用 PBS 液配成体积比为1∶99的红细胞悬液。

3. 新城疫的微量血凝（HA）试验

按表 3－5 操作术式进行操作，加样完毕，将反应板置于微型振荡器上振荡1 min，或手持血凝板摇动混匀，并放室温（18～20 ℃）下作用 30～40 min，或置 37 ℃温箱中作用 15～30 min 后取出，观察并判定结果。对照孔红细胞呈明显的圆点沉于孔底。

表 3－5　新城疫病毒血凝试验操作术式

孔　号	1	2	3	4	5	6	7	8	9	10	11	12
磷酸缓冲盐水/μL	50	50	50	50	50	50	50	50	50	50	50	50
新城疫病毒液/μL	50	50	50	50	50	50	50	50	50	50	50	/
病毒稀释倍数	2^1	2^2	2^3	2^4	2^5	2^6	2^7	2^8	2^9	2^{10}	2^{11}	对照
0.5% 鸡红细胞悬液/μL	50	50	50	50	50	50	50	50	50	50	50	50
在微型振荡器上振荡 1 min，或手持血凝板摇动混匀 室温（18～20 ℃）下作用 30～40 min，或置 37 ℃温箱中作用 15～30 min 后观察结果												
结果举例	+	+	+	+	+	+	±	±	±	－	－	－

注：+：红细胞完全凝集；±：红细胞不完全凝集；－：红细胞不凝集。

4. 新城疫的血凝抑制（HI）试验

采用同样的血凝板，每排孔可检查 1 份血清样品。按表 3－6 操作术式加样完毕后，将反应板置于微型振荡器上振荡 1 min，或手持血凝板摇动混匀，并放室温（18～20 ℃）下作用 30～40 min，或置37 ℃温箱中作用 15～30 min后取出，观察并判定结果。对照红细胞呈明显的圆点沉于孔底，病毒对照孔呈完全凝集。

表 3－6　新城疫病毒血凝抑制试验操作术式

孔　号	1	2	3	4	5	6	7	8	9	10	11	12
磷酸缓冲盐水/μL	50	50	50	50	50	50	50	50	50	50	50	50
抗血清/μL（待检血清）	50	50	50	50	50	50	50	50	50	50	/	/
抗血清稀释倍数	2^1	2^2	2^3	2^4	2^5	2^6	2^7	2^8	2^9	2^{10}	对照 弃 50	对照

续表

孔 号	1	2	3	4	5	6	7	8	9	10	11	12
4 单位病毒抗原/μL	50	50	50	50	50	50	50	50	50	50	50	/
室温（18～20 ℃）下作用 20 min，或置 37 ℃温箱中作用 5～10 min												
0.5% 鸡红细胞悬液	50	50	50	50	50	50	50	50	50	50	50	50
在微型振荡器上振荡 1 min 室温下静置 30～40 min，或置 37 ℃温箱中作用 15～30 min 后观察结果												
举例结果	—	—	—	—	—	—			+	+	+	—

注：+：红细胞完全凝集；±：红细胞不完全凝集；－：红细胞不凝集。

◇结果与分析

1. 新城疫的微量血凝（HA）试验结果

反应强度判定标准：

+——红细胞完全凝集，呈网状铺于反应孔底端，边缘不整或呈锯齿状。

－——红细胞不凝集，全部沉淀至反应孔最底端，呈圆点状，边缘整齐。

±——红细胞不完全凝集，下沉情况介于“+”与“－”之间。

结果判读时，也可将血凝板倾斜 45°角，观察沉于孔底的红细胞流动现象判定是否凝集，凡沉于管底的红细胞沿着倾斜面向下呈线状流动即呈泪滴状流淌，与红细胞对照孔一致者，判为红细胞完全不凝集。

能使红细胞完全凝集的病毒液的最大稀释倍数为该病毒的血凝滴度，或称血凝价。将病毒原液稀释成 1/4 凝集价的稀释倍数即为 4 单位病毒液。

2. 新城疫的血凝抑制（HI）试验结果

能完全抑制红细胞凝集的血清最大稀释度称为该血清的血凝抑制滴度或血凝抑制价。在微量血凝抑制试验中，血清的血凝抑制价一般用对数 $\log 2^X$ 表示，“X”为血清的稀释倍数。如表 3－7 结果举例所示的被检血清的血凝抑制滴度为 2^6，表示为 6log2。

利用病毒的血凝抑制试验，用已知的病毒检查待检血清中是否含有相应的抗体及其血凝抑制滴度，从而用于免疫接种效果的检查及某些传染病的免疫监测。对于鸡新城疫病毒，为使鸡群体内保持高效价的抗体，科学的方法是用血凝抑制试验定期监测 HI 抗体效价。每隔一定时间，随机抽样检查，根据 HI 抗体滴度进行分析判定，据此对 HI 抗体水平低的鸡群或存在低水平的个体尽早进行加强免疫，从而有效控制新城疫的发生。

表3－7　　新城疫HI抗体滴度分析结果表

类　型	HI抗体滴度	与监床的关系
1	≥11（log2）	可能有新城疫强毒感染，须结合流行病学判定
2	5～10（log2）	对新城疫强毒感染有不同程度的免疫力。其中高效价者，对新城疫强毒有坚强的免疫力，能维持较长时间；低效价者，对新城疫病毒感染有免疫力，但持续时间短，近日应进行疫苗接种
3	≤4（log2）	对新城疫强度感染缺乏足够免疫力，可能发生新城疫，须马上接种疫苗

3. 注意事项

（1）血凝反应板尤其是微量血凝反应板的清洗，对试验结果有很大的影响。一般清洗程序是：试验完毕后，立即用自来水反复冲洗，再用含洗涤剂的温水浸泡30 min，并在洗涤剂溶液中以棉拭子洗凹孔及板面，用自来水冲洗多次，最后以蒸馏水冲净2～3次，在37 ℃温箱内烘干备用。

（2）试验感作温度，从4～37 ℃，随温度上升，HA与HI滴度提高。感作常用温度为18～22 ℃。

（3）许多研究者认为来源不同个体鸡只的红细胞对新城疫病毒的敏感性不同，一般HI滴度相差1～2个滴度。所以试验时最好用3～4只鸡的红细胞。红细胞的浓度对本试验结果也有很大的影响，一般红细胞浓度增加（0.5%～1%），HA滴度下降，HI滴度有所上升。

（4）在血凝和血凝抑制试验中，当红细胞出现凝集以后，由于新城疫病毒囊膜上含有神经氨酸酶，其裂解红细胞膜受体上的神经氨酸，结果使病毒粒子重新脱落到液体中，红细胞凝集现象消失，此过程称为洗脱。试验时应注意，以免判定错误。

（5）试验用稀释液的pH对试验有影响，稀释液pH＜5.8，红细胞易自凝，pH＞7.8，凝集的红细胞洗脱加快。

二、IBD抗体效价测定

◇实训条件

酒精灯、蒸馏水、琼脂粉、氯化钠、烧杯、微波炉、旧报纸、微量加样器、滴头、灭菌平皿（直径为9 mm）、打孔器、8号针头、鸡传染性法氏囊病琼扩抗原、鸡传染性法氏囊病标准阳性及标准阴性血清、鸡传染性法氏囊病待检血清。

◇方法步骤

1. 1%琼脂平板的制备

琼脂粉	1. 0 g
pH 7. 40. 01 mol 磷酸盐缓冲生理盐水 （或 pH 8. 6 硼酸缓冲液）	100 mL
2%叠氮钠（NaN_3）	1. 0 mL

将以上成分混合，微波炉反复加热，待琼脂融化均匀后倒入平皿内，使其厚度为2. 5～3 mm。直径90 mm平皿注入琼脂液15～18 mL，待琼脂冷凝后加盖，倒置平皿，防止水分蒸发，在4 ℃冰箱中可保存1周左右。

也可根据待检血清样品的多少采用大、中、小3种不同规格的玻璃板。10 cm×16 cm的玻璃板，注入琼脂液40 mL；6 cm×7 cm的注入11 mL；3. 2 cm×7 cm的注入6 mL。

2. 打孔

目前多采用组合打孔器直接打孔，孔图呈梅花形。用8号针头挑出孔内的琼脂，注意勿伤边缘或使琼脂层脱离皿底。

3. 封底

在酒精灯外焰上缓缓加热至孔底边缘的琼脂刚刚要融化为止。以此封闭孔的底部，以防侧漏。

4. 编号、加样

按规定图形编号，中间孔加入鸡传染性法氏囊病琼扩抗原；外周孔加入标准阳性血清及被检血清。每孔均以加满为止，不要溢出。

5. 扩散

加样完毕，平皿加盖，待孔中抗原、血清吸收半量后，将平皿轻轻倒置，放入湿盒内，以防水分蒸发。放置37 ℃条件下，逐日观察3 d，记录结果。

◇结果与分析

1. 结果判定

（1）阳性　当标准阳性血清孔与抗原孔之间有明显致密的沉淀线时，被检血清孔与抗原孔之间形成沉淀线或标准阳性血清的沉淀线末端向毗邻的被检血清孔内侧偏弯者，此被检血清判为阳性。

（2）阴性　被检血清孔与抗原孔之间不形成沉淀线或标准阳性血清孔与抗原孔之间的沉淀线向毗邻的被检血清孔直伸或向其外侧偏弯者，此被检血清判为阴性。

2. 应用

（1）确定最佳首免日龄　按总雏鸡数的0. 5%的比例采血分离血清，用标准抗原及阳性血清进行抗体测定。若10份血清中有8份检出抗体，阳性率即为80%。按照如下测定的结果制定活疫苗的首免最佳日龄。鸡群在1日龄测定时阳性率不到80%的，在10～17日龄间首免。若阳性率达80以上，应在7～10日龄再次监测一次，此次阳性率低于50%时，在14～21日龄首免；如果阳性率在50%以上，在17～21日龄首免。

（2）检查免疫效果　免疫后10 d进行抗体监测，血清抗体阳性率达80%以上，证明免疫成功。

（3）确定卵黄抗体效价　将高免卵黄在96孔微量反应板做倍比稀释后，依次加到外周孔，反应后出现沉淀线的卵黄液最高稀释倍数为卵黄的抗体效价。法氏囊病卵黄抗体效价使用的最终浓度应达到64倍以上。

3. 注意事项

（1）制备的琼脂板放在4 ℃冰箱冷却后，打孔效果为佳。

（2）溶化的琼脂倒入平皿时，注意使整个平板厚薄均匀一致，不要产生气泡。在冷却过程中，不要移动平板，以免造成琼脂表面不平坦。

（3）加样后的琼脂板，切勿马上倒置以免液体流出，待孔中液体吸收一半后再倒置于湿盒内。

模块四 禽细菌性疾病

单元一 | 以消化道症状为主症的细菌性疾病

一、禽沙门菌病

禽沙门菌病（avian salmonellosis）是一个概括性术语，指由沙门菌属中的任何一个或多个成员所引起的禽类的急性或慢性疾病的总称。沙门菌属是庞大的肠杆菌科中的一员，包括了2 100多个血清型。在自然界中，家禽构成了沙门菌最大的单独贮存宿主。在所有动物中，最常报道的沙门菌来源于家禽和禽产品。

禽沙门菌病根据细菌抗原结构的不同可分为3类：鸡白痢、禽伤寒和禽副伤寒，其中鸡白痢和禽伤寒沙门菌有宿主特异性，主要引起鸡和火鸡发病，而禽副伤寒沙门菌则能广泛感染多种动物和人。目前，受其污染的家禽及其产品已成为人类沙门菌感染和食物中毒的主要来源之一，因此，禽副伤寒沙门菌具有重要的公共卫生意义。

（一）鸡白痢

鸡白痢（pullorum disease）是由鸡白痢沙门菌引起的鸡的传染病，主要侵害鸡和火鸡。本病以幼雏感染后常呈急性败血症和排白色浆糊状粪便为特征，发病率和死亡率都很高。成年鸡感染后，多呈慢性或隐性带菌，病原菌可随粪便排出；同时，因卵巢带菌，也严重影响孵化率和雏鸡成活率。

1. 病原

鸡白痢沙门菌又称雏沙门菌，属于肠杆菌科沙门菌属D血清群中的成员。

鸡白痢沙门菌具有高度的宿主适应性。本菌为两端稍圆的细长革兰阴性杆菌，大小为（0.3～0.5）μm×（1～2.5）μm，对一般碱性苯胺染料着色良好。细菌常单个存在，很少见到2菌以上的长链。在涂片中偶尔可见到丝状和大型细菌。本菌无荚膜和鞭毛，不能运动，不液化明胶，不产生色素和芽孢，兼性厌氧。

本菌只有O抗原，无H抗原，其O抗原为O_1，O_9和O_{12}，O_{12}可发生变异。由于成年家禽类感染后3～10 d能检出相应的凝集抗体，因此临床上常用凝集试验检测隐性感染和带菌者。需要指出的是，鸡白痢沙门菌与鸡伤寒沙门菌具有很高的交叉凝集反应性，可使用一种抗原来检测这2种细菌。

本菌对热和常规消毒剂的抵抗力不强，60 ℃10 min、0.1%升汞、0.2%甲醛和3%石炭酸15～20 min均可将其杀死。但该菌在自然环境中的耐受力很强。在鸡舍内，患病鸡粪便中的病原菌可存活10 d以上；在外界环境中，分离出的菌株呈现不同程度的抗药性，说明其容易产生抗药性。

2. 流行病学

各种品种、龄期和性别的鸡对本病均有易感性，但以2～3周龄以内雏鸡的发病率与病死率最高，常呈流行暴发。随着日龄的增加，鸡对本病的抵抗力增强。成年鸡感染后常呈慢性或隐性经过，限于生殖系统等处。不同品种、性别以及不同饲养模式下的鸡只对本病的易感性有差异，一般来说，重型品种的鸡比轻型品种的鸡易感染，褐羽产褐壳蛋鸡易感，母鸡比公鸡易感，地面平养的鸡群比网上和笼养的鸡群易感性高。近年来鸡白痢的发展趋势是青年鸡感染增多。

本病最常发生于鸡，其次是火鸡，其它禽类偶有发生。鸭、雏鹅、珍珠鸡、野鸡、鹌鹑、麻雀、欧洲莺和鸽都有自然感染本病的报道；芙蓉鸟、红鸠、金丝雀和乌鸦则无易感性；在哺乳动物中，兔特别是乳兔有高度易感性。存在本病的鸡场，雏鸡的发病率在20%～40%，但新传入发病的鸡场，其发病率显著增高，甚至有时高达100%，病死率也比老疫场高。

病鸡和带菌鸡是本病的主要传染源。本病主要经卵垂直传播，也可水平传播，还可通过交配和伤口传播，常致鸡终生感染。饲养管理不善、饲料营养不全等不良因素都能诱发本病的发生和流行。

鸡白痢一年四季均可发生，以冬春季节多发。

3. 临床症状

雏鸡和成年鸡感染本病后的临床症状表现有显著的差异。

（1）雏鸡　雏鸡和雏火鸡二者的症状相似。潜伏期一般为4～5 d，故出壳后感染的雏鸡，多在孵出后几天才出现明显症状。7～10 d后雏鸡群内病雏逐渐增多，至2～3周龄达高峰。若是种蛋本身已感染鸡白痢沙门菌，则在孵化过程中出现死胚或弱胚，也有出壳后不久就以败血症而迅速死亡，无特殊症状。发病雏鸡呈最急性者，无症状迅速死亡；稍缓者表现精神委顿、绒毛松乱、两翼下垂、缩头颈、闭眼昏睡、不愿走动、病雏怕冷寒颤、常成堆拥挤在一起，病初食欲减少，而后停食，多数出现软嗉症。

典型症状是腹泻，排稀薄如浆糊状白色粪便，致使肛门周围绒毛被粪便污染，有的因粪便干结封住肛门周围，影响排粪。由于肛门周围炎症引起疼痛，故常发生尖锐的叫声，最后因呼吸困难及心力衰竭而死。有的病雏还会出现眼盲或关节肿胀、跛行等症状。病程短的1 d，一般为4～7 d，20 d以上的雏鸡病程较长。3周龄以上发病的鸡极少死亡。耐过鸡生长发育不良，成为慢性患者或带菌者。

（2）中鸡（育成鸡） 本病多发生于40～80 d的鸡，地面平养的鸡群发生此病较网上和育雏笼发生的要多。从品种上看，褐羽产褐壳蛋的鸡品种发生几率比产白壳蛋的鸡品种高。另外，育成鸡发病多有应激因素的影响，如鸡群密度过大、环境卫生条件恶劣、饲养管理粗放、气候突变、饲料突然改变或品质低下等。

本病发生突然，最明显的是腹泻，排出颜色不一粪便，全群鸡只食欲、精神不见异常，但总见鸡群中不断出现精神、食欲差和下痢的鸡只，常突然死亡。死亡不见高峰而是每天都有鸡只死亡，数量不一。病程比雏鸡白痢长一些，可拖延20～30 d，死亡率可达10%～20%。

（3）成年鸡 成年鸡感染后一般呈慢性经过或隐性感染，无任何症状或仅出现轻微的症状。当鸡群感染率比较大时，可明显影响产蛋量，产蛋高峰不高，维持时间也短，死淘率增高。有的鸡表现鸡冠萎缩，有的鸡在开产时鸡冠发育尚好，以后则表现出鸡冠逐渐变小、发绀。病鸡有时下痢。仔细观察鸡群可发现有的鸡产蛋减少或根本不产蛋。极少数病鸡表现精神委顿、头翅下垂、腹泻、排白色稀粪、产卵停止。有的感染鸡因卵巢或输卵管受到侵害而导致卵黄囊炎性腹膜炎，腹膜增生而出现“垂腹”现象，有时成年鸡可呈急性发病。

4. 病理变化

（1）雏鸡 在日龄短、发病后很快死亡的雏鸡中，病变不明显。只见到肝肿大，充血或有条纹状出血。其它脏器充血。肺充血或出血，病死鸡脱水，眼睛下陷，脚趾干枯。卵黄囊变化不大。病期延长者卵黄吸收不良，其内容物色黄如油脂状或干酪样。有的在心肌、肺、肝、盲肠、大肠及肌胃肌肉中有坏死灶或结节。有些病例中见有心外膜炎，肝或有点状出血及坏死点，胆囊肿大，脾有时肿大，肾充血或贫血，输尿管充满尿酸盐而扩张。泄殖腔内有恶臭白色粪便。盲肠中有干酪样物堵塞肠腔，有时还混有血液，肠壁增厚，常有腹膜炎。

在上述器官病变中，以肝的病变最为常见，其次为肺、心、肌胃及盲肠的病变。死于几日龄的病雏，见出血性肺炎；稍大的病雏，肺可见有灰黄色结节和灰色肝变。

（2）青年鸡 病死鸡营养中等或消瘦时，剖检可见突出的变化是肝明显肿大，是正常的2～3倍，淤血呈暗红色，或略呈土黄色，质脆易破，表面散在或密布灰白、灰黄色坏死点，有时为红色的出血点。有的肝被膜破裂，破裂处有血凝块，腹腔内有血凝块或血水。整个腹腔被肝脏所覆盖。脾脏肿大，心包增厚，心包膜呈黄色不透明。心肌上有数量不等的坏死灶，严重的心脏变形成圆形。肠道有卡他性炎症。

（3）成年鸡　慢性经过的母鸡，主要表现为卵泡变形、变色、质地改变以及卵泡呈囊状，有腹膜炎，伴以急性或慢性心包炎。受害的卵泡内容物常呈油脂或干酪样，卵黄膜增厚，病变的卵泡或仍附在卵巢上，常有长短粗细不一的卵蒂（柄状物）与卵巢相连，脱落的卵泡深藏在腹腔的脂肪性组织内。有些卵泡则自输卵管逆行而坠入腹腔，有些则阻塞在输卵管内，引起广泛的腹膜炎及腹腔脏器粘连。大鸡还常见腹水。心脏变化稍轻，但常有心包炎，其严重程度和病程长短有关。轻者只见心包膜透明度较差，含有微混的心包液；重者心包膜变厚而不透明，逐渐粘连，心包液显著增多。在腹腔脂肪中或肌胃及肠壁上有时发现琥珀色干酪样小囊包。

成年公鸡的病变，常局限于睾丸及输精管。睾丸极度萎缩，同时出现小脓肿；输精管管腔增大，充满稠密的均质渗出物。急性死亡的成年鸡病变与鸡伤寒相似。

5. 诊断

根据本病的流行病学特点及临床症状和病理变化不难做出初步诊断，确诊则须通过血清学诊断和细菌的分离鉴定。

（1）血清学诊断　主要用于鸡场鸡白痢的检疫。成年鸡及青年鸡常为隐性带菌者，无可见症状，必须对整个鸡群进行血清学诊断，才能查出感染鸡。常用的方法有全血平板凝集反应试验、血清或卵黄试管凝集试验、ELISA 等。可以根据不同的要求和目的选择使用，但临床上最常用的方法是全血平板凝集反应试验。

（2）细菌分离与鉴定　主要用于实验室确诊。病料一般采自没有用过药物治疗的病死鸡的肝、脾、未吸收的卵黄、病变明显的卵泡等，雏鸡以肝脏为最好。

（3）鉴别诊断　雏鸡白痢应注意与禽曲霉菌病进行鉴别诊断。禽曲霉菌病的发病日龄、症状及病变与雏鸡白痢相似，这 2 种病均可能见到肺部的结节性病变，但禽曲霉菌病的肺部结节明显突出于肺表面，质地较硬，有弹性，切面可见有层状结构，中心为干酪样坏死组织，内含绒丝状菌丝体，且肺、气囊等处有霉菌斑。

6. 防制

预防禽白痢的重要原则，是千方百计地把鸡群中的带菌鸡消灭掉，尤其是种鸡群更应如此，以便建立和培育无白痢的种鸡群。

（1）定期检疫，净化种鸡场　坚持自繁自养，慎重地从外地引进种蛋。

在健康鸡群，每年春秋两季对种鸡群定期用血清凝集试验或全血玻璃平板凝集试验全面检疫或不定期抽查检疫。对40～60 d以上的中雏也可进行检疫，连续3～4次，每月1次，淘汰阳性鸡及可疑鸡。在有病鸡群，应每隔2～4周检疫1次，经3～4次后一般可把带菌鸡全部检出淘汰，但有时也须反复多次才能检出。

（2）做好种蛋、孵化器、孵化室、出雏器的消毒工作　孵化用的种蛋必须来自鸡白痢阴性的鸡场，要求种蛋每天收集4次（2 h内收集1次），收集的种蛋先用0.1%新洁尔灭消毒，然后放入种蛋消毒柜熏蒸消毒（40%甲醛溶液30 mL/m^3，高锰酸钾15 g/m^3，30 min）后再送入蛋库中贮存。种蛋放入孵化器后，进行第2次熏蒸，排气后按孵化规程进行孵化。出雏60%～70%时，用甲醛溶液（14 mL/m^3）和高锰酸钾（7 g/m^3）在出雏器对雏鸡熏蒸15 min。

（3）加强饲养管理，搞好环境卫生，减少病原菌的侵入　鸡舍及一切用具要注意经常清洁消毒。育雏室及运动场保持清洁干燥，饲料槽及饮水器每天清洗1次，并防止被鸡粪污染。育雏室温度维持恒定，采取高温育雏，增强雏鸡的体质，并注意通风换气，避免过于拥挤。饲料配合要适当，保证含有丰富的维生素A。不用孵化的废蛋喂鸡。防止雏鸡发生啄食癖。若发现病雏，要迅速隔离消毒。此外，在禽场范围内须防止飞禽或其它动物进入散播病原。

（4）治疗措施

①鸡雏鸡白痢的防制：雏鸡出壳后应用甲醛溶液14 mL/m^3、高锰酸钾7 g/m^{3}在出雏器中熏蒸15 min。通常在雏鸡开食之日起，在饲料或饮水中添加抗菌药物，用0.01%高锰酸钾溶液做饮水1～2 d，或在雏鸡粉料中按0.5%加入磺胺类药，有利于控制雏鸡白痢的发生。

在饲料、饮水中添加药物的种类很多，以下药物是实践中比较常用且效果比较好的：庆大霉素（2 000～3 000 IU/只，饮水）及新型喹诺酮类药物（恩诺沙星、氧氟沙星等）。5%恩诺沙星或5%环丙沙星溶液1 mL加水1kg稀释任其饮服，连续3～5 d。肌肉注射时每千克体重注射0.1～0.2 mL。拌料用2%环丙沙星预混剂，每千克饲料拌入预混剂250 g，连喂3～5 d。此外还有兽用新霉素防止雏鸡下痢也有很好的效果；而青霉素、链霉素、土霉素对鸡白痢沙门菌可以说几乎无效。

近年来，微生物制剂开始在畜牧业中应用，有的生物制剂在防治畜禽下痢有较好效果，具有安全、无毒、不产生副作用，细菌不产生抗药性，价廉等特点。常用的有促菌生、调痢生、乳酸菌、益生素等。在用这类药物的同时以及前后4～5 d应该禁用抗菌药物。

②育成鸡白痢的防制：要突出一个“早”字，一旦发现鸡群中病死鸡数量增多，确诊后立即全群给药，可给予恩诺沙星等药物，先投服5 d后间隔2～3 d再投喂5 d，目的是使新发病例得到有效控制，制止疫情的蔓延扩

大；同时加强饲养管理，消除不良因素对鸡群的影响，可以大大缩短病程，最大限度地减少损失。

（二）禽伤寒

禽伤寒（fowl typhoid）是由鸡伤寒沙门菌引起鸡、鸭和火鸡的一种急性或慢性败血性传染病。特征是引起青年鸡和成年鸡的黄绿色下痢及肝脏肿大，呈青铜色（尤其是生长期和产蛋期的母鸡）。

1. 病原

病原为鸡伤寒沙门菌（或称鸡沙门菌），它和鸡白痢沙门菌均为肠杆菌科、沙门菌属 D 血清群的成员，是一种革兰阴性的短粗杆菌，大小为（1.0～2.0）μm×1.5 μm。常单独存在，但偶尔也成对存在。染色时两端比中间着色略深，无鞭毛，不能运动，不形成芽孢和荚膜。

鸡伤寒沙门菌具有与鸡白痢沙门菌相同的菌体抗原 O_1，O_9 和 O_{12}，但没有 O_{12}的变异发生，不过二者具有很高的交叉凝集反应，可使用一种抗原检出另一种病的带菌者。

本菌抵抗力不强，60 ℃10 min 内或直射阳光下很快被杀灭。一般常用的消毒剂均可在短时间内杀死本菌。

2. 流行病学

鸡和火鸡对本病最易感。雉、珍珠鸡、鹌鹑、孔雀、麻雀、斑鸠也有自然感染的报道。鸽子、鸭和鹅则有抵抗力。本病主要发生于成年鸡（尤其是产蛋期的母鸡）和 3 周龄以上的青年鸡，3 周龄以下鸡偶见发病。本病多呈散发性，有时也会出现地方流行。

病鸡和带菌鸡是主要的传染源，其粪便中含有大量病原菌，可通过污染的垫料、饲料、饮水、用具、车辆等进行水平传播，老鼠也可机械性地传播本病。病原菌的入侵途径主要是消化道，其它途径还包括眼结膜等。经蛋垂直传播是本病的另一种重要的传播方式，它可造成病原菌在鸡场中连续不断地传播。

3. 临床症状

本病的潜伏期一般为 4～5 d，病程 5 d 左右。但也可通过蛋传播，在雏鸡和雏火鸡中暴发。雏鸡和雏火鸡发病时在临床症状和病理变化上与鸡白痢较为相似。这些症状并不是本病的特征性症状。

（1）雏鸡与雏火鸡　如果在胚胎阶段感染，常造成死胚或弱雏；在育雏期感染，病雏表现为嗜睡、生长不良、虚弱、食欲不振、怕冷聚堆、排白色稀便，与肛门周围黏附着白色物。由于疾病波及肺部，因而可见到呼吸困难或张口喘气。雏鸡的死亡率可达 10%～50%，雏火鸡的死亡率约为 30%。与雏鸡白痢不易区别。

（2）青年鸡与成年鸡　本病主要发生于青年鸡、成年鸡。鸡群中暴发急性禽伤寒时，最初表现为饲料消耗量突然下降、鸡的精神萎靡、羽毛松乱、头部苍白、鸡冠萎缩。感染后的2～3 d内，体温升高1～3 ℃，并一直持续到死前的数小时。病鸡排黄绿色稀便。感染后4 d内出现死亡，但通常是死于感染后5～10 d之内，死亡率较低，康复鸡往往成为带菌者。亚急性或慢性经过者症状不典型，主要表现为长期腹泻、食欲不振、消瘦。

(3) 火鸡　暴发禽伤寒时，表现为渴欲增加、食欲不振、无精打采、离群索居以及有绿色或黄绿色下痢。体温升高，可高达44～45 ℃。死前体温可降到低于正常。没有明显的上述症状也可发生死亡。初发本病时死亡严重，随后便是间歇性复发，死亡也不太严重。

4. 病理变化

禽伤寒的雏鸡病变与鸡白痢基本相似，特别是肺和心肌中常见到灰白色结节病灶。成年鸡最急性病例病变特征是肝、脾、肾充血肿大，亚急性和慢性病例病变特征是肝肿大呈青铜色，肝和心肌有灰白色粟粒大坏死灶，脾肿大，肺呈灰色，卵泡出血、变形、变色，或因卵泡破裂引发严重的腹膜炎。

雏鸭感染时，心包膜出血，脾轻度肿大，肺及肠可见到卡他性炎症。成年鸭感染后，卵巢和卵黄有变化，与成年母鸡类似。

虽然在鸡中很少见到出血性肠炎（尤其是十二指肠）与明显的肠道溃疡，但在火鸡中是常见的病变。

5. 诊断

根据流行病学、临床症状和病理变化可以做出初步诊断，但确诊必须进行通过病原菌的分离培养鉴定以及血清学试验，其方法与鸡白痢沙门菌诊断相同。

6. 防制

应实施严格的管理制度，以防止禽伤寒及其它传染病引入禽群。

（三）禽副伤寒

副伤寒为各种家畜、家禽和人的共患病，对人可引起食物中毒，被认为是影响最广泛的人畜共患病之一。禽副伤寒（fowl paraphoid）是由除鸡白痢沙门菌和禽伤寒沙门菌之外的其它血清型的沙门菌引起的细菌性传染病，主要危害鸡和火鸡，常引起幼禽严重的死亡，母禽感染后会引起产蛋率、受精率和孵化率下降，往往引起严重的经济损失。

雏鸡多表现为急性、热性败血症，成年鸡则为慢性或隐性感染。特征是下痢和各种器官的灶状坏死。受该种细菌污染的禽肉和禽蛋与引起人类沙门菌病密切相关，因此，考虑到人类的健康，控制该病显得尤为重要。

1. 病原

在世界范围内，从12种禽中报道的副伤寒病原菌有90个血清型，其中以鼠伤寒沙门菌最为常见。近年来，以前很少出现的血清型在某些国家和地区内越来越常见。在任何国家中，家禽较常见的沙门菌的血清型通常带有地方特色，并且在短时间内分离频率不会有大的波动。

禽副伤寒沙门菌的抵抗力不强，60 ℃、15 min 可被杀死；酸、碱、酚类及甲醛溶液等常用消毒剂对其有很好的杀灭效果。但本菌在外界环境中生存和繁殖的能力很强，在饲料和灰尘中存活的时间较长；温度越低存活时间越长；在粪便、蛋壳、孵化室脱落的绒毛中可长期存活；在土壤中可存活几个月；在含有机物的土壤中存活得更大。这成为本病易于传播的一个重要因素。

2. 流行病学

大多数种类的温血和冷血动物都可发生副伤寒感染。在家禽中，副伤寒感染最常见于鸡和火鸡，也发生于鸭、鹅、鸽子等。常在孵化后 2 周之内感染发病，6 ~ 10 d 达最高峰。呈地方性流行，死亡率从很低到 20% 不等，严重者高达 80% 以上。

雏鸡最易感，1 月龄以上的家禽有较强的抵抗力，一般不引起死亡，也往往不表现临床症状。

3. 临床症状及病理变化

禽副伤寒在幼禽多呈急性或亚急性经过，与鸡白痢相似，而在成禽一般为慢性经过，呈隐性感染。

4. 诊断

根据流行病学、临床症状和病理变化可以做出初步诊断，确诊须做病原的分离与鉴定。应注意与鸡白痢、鸡伤寒、大肠杆菌病、鸭病毒性肝炎、鸭瘟等进行鉴别诊断，如表 4 – 1 所示。

表 4 – 1　鸡副伤寒与鸡白痢、鸡伤寒的鉴别诊断

项目	鸡白痢	鸡伤寒	鸡副伤寒
发病日龄	3 周龄内多发，死亡高峰在2 ~ 3周	3 周龄以上多发，雏鸡死亡率高	3 周龄以内多发，死亡高峰在 20 日龄
主要症状	排绿色稀粪，易堵肛门，畏寒、扎堆、呻吟、缩头闭眼、口渴	排黄绿色稀粪、精神萎靡、离群独立、冠髯苍白、嗜睡、饮欲增加	排水样稀粪、畏寒、扎堆、口渴、结膜炎、流泪、嗜睡
剖检变化	肝、脾、心肌有白色坏死灶，肿胀轻，肝有条状出血。卵黄吸收不良，呈黄绿色，肾淤血肿大，暗紫色，小肠可见到卡他性炎症，盲肠膨大，内有白色干酪样凝固物	肝肿大 2 ~ 3 倍，呈青铜色，脾肿大，胆囊充满胆汁，肝、脾、心肌有白色坏死灶。心包积液，卵黄凝固，肾土黄色。肠内容物黏稠呈黄绿色，肠道可见到卡他性炎症	肝脾肿大，淤血，肝表面有纤维素性渗出，胆囊充盈膨大，卵黄吸收不好，心包粘连发炎，肠道可见到出血性炎症

5. 防制

（1）综合防制措施　由于禽副伤寒沙门菌血清型众多，因此很难用疫苗

来预防本病，再加上本病有很多传染源和传播途径，目前尚无理想的血清学检测方法，所以其防制要比鸡白痢和禽伤寒困难得多。

（2）治疗　药物治疗可以降低急性禽副伤寒引起的死亡，并有助于控制此病的发展和传播，但不能完全消灭本病。氟喹诺酮类药物、氨苄青霉素、磺胺类药物、强力霉素、氟苯尼考、庆大霉素、阿米卡星、链霉素等对本病具有很好的治疗效果。由于不同的沙门菌对药物的敏感性不同，因此，有条件的禽场最好在药敏试验的基础上筛选最有效的药物。对急性病例，要迅速隔离、治疗；对死禽及病重濒死的禽只应立即淘汰、深埋或焚烧，并严格消毒防止疫情扩散。由于治愈后的禽只往往成为长期带菌者，因此不能留作种用。

6. 公共卫生

禽副伤寒不但危害畜禽，而且还可从畜禽传染给人。人类沙门菌食物中毒的潜伏期一般为10～20 h，若食入的菌数多、毒力强，则症状会出现更早。发病初期通常表现为体温升高，伴有头痛、寒战、恶心、呕吐、腹痛和严重腹泻。治疗可用抗菌药物，脱水严重者要静脉注射5%葡萄糖生理盐水，大多数患者可于3～4 d恢复。

带菌的动物和人、被沙门菌污染的禽肉和禽蛋等是人沙门菌病的主要传染源，其中又以家禽数量多、带菌率高而对人类构成威胁。所以防止家禽及其产品污染沙门菌已被列为世界卫生组织（WHO）的主要任务之一，各国食品卫生标准中也都规定食品中不得检出沙门菌。为此，必须做好饲养、屠宰、加工、包装、贮藏、消费等各个环节的卫生防范工作。

二、禽梭菌性肠炎

梭菌性疾病是由梭状芽孢杆菌不同菌种所引起的禽的一类疾病的总称，包括溃疡性肠炎、坏死性肠炎及坏疽性皮炎等。

（一）溃疡性肠炎

溃疡性肠炎也称鹌鹑病（quail disease），其特征为突然发病和迅速大量死亡，呈世界分布。

1. 病原

溃疡性肠炎是由大肠梭状芽孢杆菌（又称肠梭菌）引起的。该菌为革兰染色阳性杆状菌体；菌体长3～4 μm、宽1 μm，平直或稍弯，两端钝圆，芽孢较菌体小，位于菌体近端，人工培养时，仅少数菌体可形成芽孢。

本菌能形成芽孢，因此对外界环境有很强的抵抗力。芽孢对辛酰及氯仿具有较强抵抗力。

2. 流行病学

大部分禽类都可感染，鹌鹑最敏感，且实验室人工感染获得成功，其它多种禽类都可自然感染。常侵害幼龄禽类，4～12周龄鸡、3～8周龄火鸡、4～

12 周龄鹌鹑等幼龄禽类较易感，成年鹌鹑也可感染发病。常与球虫病并发，或继发于球虫病、再生障碍性贫血、传染性法氏囊病及应激因素之后。

自然情况下，主要通过粪便传播，经消化道感染。发病和耐过的带菌禽是主要传染源。

3. 临床症状

急性死亡的禽几乎不表现明显的症状。鹌鹑常发生下痢，排出白色水样稀粪，精神委顿，羽毛松乱无光泽，如果病程 1 周或更长，病禽胸肌萎缩、机体异常消瘦。幼鹌鹑死亡率 100%，鸡的死亡率 2% ~10%。鸡抵抗力较强，常可痊愈。

4. 病理变化

急性死亡鹌鹑的肉眼病变特征是十二指肠有明显的出血性炎症，可在肠壁内见到小出血点。病程稍长，发生坏死和溃疡。这种坏死和溃疡可以发生于肠管的各个部位和盲肠。

5. 诊断

溃疡性肠炎根据死后肉眼病变较易获得诊断，根据典型的肠管溃疡以及伴发的肝坏死和脾肿大出血，便可做出临床诊断。确诊须进一步做病原学检查。

本病应与球虫病、组织滴虫病、坏死性肠炎以及包涵体肝炎等进行鉴别诊断。

6. 防制

（1）预防　做好日常的卫生工作，场舍、用具要定期消毒。粪便、垫草要勤清理，并进行生物热消毒，以减少病原扩散造成的危害。避免拥挤、过热、过食等不良因素刺激，有效地控制球虫病的发生，对预防溃疡性肠炎有积极的作用。

（2）治疗　链霉素、杆菌肽氯霉素、痢特灵对本病有一定的预防和治疗作用，首选药物为链霉素和杆菌肽。可经注射、饮水及混饲给药，其混饲浓度为链霉素 0.006%，杆菌肽 0.005% ~0.010%，链霉素饮水浓度为每克链霉素加水 4.5 kg，连用 3 d。

（二）坏死性肠炎

坏死性肠炎（necrotic enteritis）又称肠毒血症，是由 A 型或 C 型产气荚膜梭状芽孢杆菌引起的一种急性传染病。主要发生在鸡和火鸡中，主要表现为病禽排出黑色间或混有血液的粪便，病死禽以小肠后段肠黏膜坏死为特征。

1. 病原

坏死性肠炎的病原为 A 型或 C 型产气荚膜梭状芽孢杆菌（又称 A 型或 C 型魏氏梭状芽孢杆菌），而由 A 型魏氏梭状芽孢杆菌产生的 α 霉素，C 型魏氏梭状芽孢杆菌产生的 α、β 霉素则被认为是引起感染鸡肠黏膜坏死这一特征性病变的直接因素。

产气荚膜梭状芽孢杆菌在自然界分布极广，土壤、饲料、污水、粪便及人畜肠道内均可分离到。该菌菌体为直杆状、两端钝圆的革兰染色呈阳性的大杆菌，大小为（1.3~19.0）μm×（0.6~2.4）μm，单独存在或成对存在，无鞭毛，不能运动。芽孢大而呈卵圆形，位于菌体中央或近端，但在一般条件下罕见形成芽孢。多数菌株在动物体内可形成荚膜。

本菌为厌氧菌，但对厌氧程度的要求并不严格。

2. 流行病学

在正常的动物肠道就有产气荚膜梭状芽孢杆菌，它是多种动物肠道的寄居者，因此，粪便内就有它的存在。在禽类中，仅有鸡自然感染发生本病的报道。肉鸡、蛋鸡均可发生，尤以平养鸡多发。蛋鸡的发病日龄为2周龄至6月龄，肉鸡发病日龄一般为2~6周龄。易感的鸡只主要通过污染的饲料经消化道感染。

本病多为散发，一年四季均可发生，但以炎热潮湿的夏季多发。该病的发生有明显的诱因，如鸡群密度大，通风不良，饲料的突然更换且饲料中鱼粉、小麦的含量较高，高纤维垫料，不合理地使用药物添加剂，球虫病导致的肠黏膜损伤等均会诱发本病。一般情况下，该病的发病率和死亡率都不高。

3. 临床症状

本病的经过较急，常突然发病，病鸡往往没有明显症状就突然死亡。病程稍长的可见病鸡精神沉郁、呆立、羽毛松乱、食欲减退或废绝、常有腹泻、排出黑色间或混有血液的粪便。病程极短，常急性死亡。一般情况下发病鸡只较少，如治疗及时，1~2周即告停息，死亡率2%~3%；如治疗不及时或有并发症则死亡明显增加，最高可达50%。

4. 病理变化

新鲜的死亡鸡只打开腹腔后，可闻到一般疾病所少有的尸腐臭味。病变主要在小肠后段，尤其是回肠和空肠部分，盲肠也有病变。肠壁脆弱、扩张、充满气体，内有黑褐色肠容物。肠黏膜上附着疏松或致密的黄色或绿色的假膜，有时可出现肠壁出血。病变呈弥散性，并有病变形成的各种阶段性景象。本病常与球虫病同时发生，所以，有时剖检可见到球虫病病变。

5. 诊断

根据流行病学特点和特征性的病理变化可做出初步诊断，确诊主要靠病料涂片镜检和病原菌的分离鉴定及动物接种试验。

本病应与溃疡性肠炎和球虫病相区别。溃疡性肠炎的特征前已述及；而坏死性肠炎病变局限于空肠和回肠，肝脏和盲肠很少发生病变。球虫病与坏死性肠炎也有相似之处，但球虫病的病变以肠黏膜出血为特征，可通过粪便涂片镜检有无球虫卵即可鉴定。但要注意球虫病与坏死性肠炎常混合感染，在诊断和处理上要分清主次缓急。

6. 防制

（1）预防 加强饲养管理和环境卫生工作、避免密饲和垫料堆积、合理贮藏饲料、减少细菌污染等，严格控制各种内外因素对机体的影响，避免应激因素，使用乳头式饮水器，注意垫料的质量，可有效地预防和减少本病的发生。平养鸡要控制球虫病的发生，对防制本病有重要意义。

（2）治疗　饲料中添加抗微生物药物具有减少粪便中产气荚膜梭状芽孢杆菌的作用。杆菌肽、土霉素、青霉素、链霉素、磺胺类药物、弗吉尼亚霉素、林可霉素等对本病具有良好的治疗和预防作用，一般通过饮水或混饲给药。值得注意的是，在治疗的同时，改善鸡舍卫生条件、认真做好卫生消毒、减少饲养密度、加强通风等工作对迅速控制本病具有非常重要的意义。

三、禽念珠菌病

禽念珠菌病又称霉菌性口炎、白色念珠菌病，俗称鹅口疮，是由白色念珠菌引起禽类上消化道的一种真菌性传染病，其特征是上消化道（口腔、食管、嗉囊）黏膜发生白色的假膜和溃疡。

1858 年最早报道火鸡发生本病，目前呈世界性分布。

（一）病原

病原是半知菌纲念珠菌属中的一种类酵母状的真菌，称为白色念珠菌。在沙堡弱氏培养基上经 37 ℃培养 1 ~ 2 d，形成 2 ~ 3 mm 大小、呈白色或奶油色、凸起的圆形菌落，表面湿润，呈金属光泽。边缘整齐，不透明，较黏稠略带酒酿味。菌体小而椭圆，能够长芽，伸长而形成假菌丝。革兰染色呈阳性，但着色不甚均匀。病鸡的粪便中含有大量病菌，在病鸡的嗉囊、腺胃、肌胃、胆囊以及肠内，都能分离出病菌。白色念珠菌在自然界广泛存在，可在健康畜禽及人的口腔、上呼吸道和肠道等处寄居。各地不同禽类分离的菌株其生化特性有较大差别。

白色念珠菌对外界环境及消毒药有很强的抵抗力。

（二）流行病学

本病可发生于多种禽类，我国主要有鸡、火鸡、鸽、鸭、鹅发病的报道。本病以幼龄禽多发，成年禽也有发生。鸽以青年鸽易发且病情严重。该病多发生在夏秋炎热多雨季节。

病禽和带菌禽是主要的传染源。病原通过分泌物、排泄物污染饲料，饮水经消化道感染。雏鸽感染主要是通过带菌亲鸽的“鸽乳”而传染。本病发病率、死亡率在火鸡和鸽中均很高。

禽念珠菌病的发生与禽舍环境卫生状况差、饲料单纯和营养不足、长期应用广谱抗生素或皮质类固醇以及其它疾病使机体抵抗力降低有关。鸽群发病往往与鸽毛滴虫并发感染。

（三）临床症状

病鸡精神不振、食量减少或停食、消瘦、羽毛粗乱、消化障碍。嗉囊胀满，但明显松软，挤压时有痛感，并有酸臭气体自口中排出。有时病鸡下痢，粪便呈灰白色。一般1周左右死亡。

火鸡雏多发，表现精神委顿，食欲减退。口腔内有黏液并黏附着饲料，擦去饲料在黏膜上见有一层白色的膜。病雏常伸颈甩头，张嘴呼吸。少部分雏有程度不同的下痢。火鸡一旦发病，死亡逐日增多，发病率、死亡率高。

大小鸽均可感染，但尤以青年鸽最严重。成年鸽一般无明显症状。雏鸽感染率也较高，但症状不严重。口腔与咽部黏膜充血、潮红、分泌物稍多且黏稠。青年鸽发病初期可见口腔、咽部有白色斑点，继而逐渐扩大，演变成黄白色干酪样假膜。口气微臭或带酒糟味。个别鸽引起软嗉症，嗉囊胀满，软而无收缩力。食欲废绝，拉墨绿色稀粪，多在病后2~3 d或1周左右死亡。一般可康复，但在较长时间内成为无症状带菌者。

幼鸭的白色念珠菌病的主要症状是呼吸困难、喘气、叫声嘶哑，发病率和死亡率都很高。

（四）病理变化

病理变化主要集中在上消化道，可见喙缘结痂，口腔、咽和食管有干酪样假膜和溃疡。嗉囊黏膜明显增厚，被覆一层灰白色斑块状假膜，易刮落。假膜下可见坏死和溃疡。少数病禽引起胃黏膜肿胀、出血和溃疡，颈胸部皮下形成肉芽肿。

病理组织学检查在嗉囊黏膜病变部位，上皮细胞间散在大量圆形或椭圆孢子，尚见少数分枝分节、大小不一的酵母样假菌丝。

（五）诊断

一般根据流行病学特点，典型的临诊症状和特征性的病理变化可以做出初步诊断。确诊须刮取口腔、食管黏膜渗出物涂片，用显微镜检查菌体和菌丝；或是进行霉菌的分离培养和鉴定，将采取的分泌物接种沙堡弱培养基，分离白色念珠菌，并将该菌经皮下接种小白鼠或家兔，白色念珠菌可使小白鼠和家兔的肾脏和心肌形成脓肿。

（六）防制

1. 加强饲养管理，改善卫生条件

防止饲料和垫料发霉，减少应激，室内应干燥通风，防止拥挤、地面潮湿。种蛋表面可能带菌，在孵化前要严格消毒。

2. 药物治疗

发生本病后，可选用下列药物进行治疗。

（1）常用按1:(2 000~3 000）倍稀释的硫酸铜溶液进行全群饮水，连用3 d或在饮水中添加0.07%的硫酸铜连服1周。

（2）制霉菌素按50~100 mg/kg饲料（预防量减半）连用1~3周，或每只每次20 mg，每天2次连喂7 d。投服制霉菌素时，还需适量补给复合维生素B，对大群防制有一定效果。

（3）个别治疗，可将鸡口腔假膜刮去，涂碘甘油。嗉囊中可以灌入数毫升2%硼酸水。

单元二 | 以呼吸道症状为主症的细菌性疾病

一、传染性鼻炎

传染性鼻炎（infectious coryza，IC）是由副鸡嗜血杆菌所引起鸡的一种急性上呼吸道传染病，其特征是鼻腔与窦发炎、流鼻涕、打喷嚏、眼结膜发炎、流泪、脸部肿胀等。

（一）病原

副鸡嗜血杆菌属巴氏杆菌科、嗜血杆菌属，呈多形性。在初分离时为一种革兰阴性菌，两极染色，不形成芽孢，无荚膜和鞭毛，不能运动。兼性厌氧，在含5%～10% CO_2 的大气条件下生长较好。

本菌的抵抗力很弱，对热、阳光、干燥及常用消毒药也很敏感。培养基上的细菌在4 ℃时能存活2周，在自然环境中数小时即死。在45 ℃存活不过6 min，卵黄囊内菌体－20 ℃应每月继代1次，在真空冻干条件下可以保存10年。

（二）流行病学

本病发生于各种龄期的鸡，以8～9周龄以上的育成鸡和产蛋鸡最易感，尤以产蛋鸡发病最多。但近几年来，商品肉鸡发生本病也比较多见，应引起注意。

本病的发生具有发病率高、传染性强而死亡率低的特点。当集约化密集型饲养的鸡群一旦发病，3～5 d内很快波及全群，一般发病率可达70%，有时甚至100%，病程为4～18 d。死亡率则往往根据环境因素、有无并发或继发病以及是否及时采取治疗措施等情况而有很大差异，多数情况下较低，尤其是在流行的早、中期鸡群很少有死亡出现。但是，当有其它疾病并发或继发时，如鸡毒支原体感染、大肠杆菌病、传染性支气管炎等，将会加重病情，并导致较高的死亡率。死亡率一般为20%以下，有时发病死亡率达20%～50%。

病鸡及隐性带菌鸡是传染源，而慢性病鸡及隐性带菌鸡是鸡群中发生本病的重要原因。通过飞沫、尘埃经呼吸感染是其最重要的传播途径之一，但该细菌也可通过污染的饲料和饮水经消化道传播。通常认为本病不能垂直传播。

本病一年四季均可发生，但有明显的季节性，主要发生于冬、春两季。该病的发生与各种诱因有密切关系，如鸡群拥挤、不同年龄的鸡混群饲养、通风不良、鸡舍内闷热、氨气浓度大、鸡舍寒冷潮湿、缺乏维生素A、受寄生虫侵袭等都能促使鸡群严重发病。鸡群接种禽痘疫苗引起的全身反应，也常常是传染性鼻炎的诱因。

（三）临床症状

本病的潜伏期短，一般人工感染为18～36 h，自然感染为1～3 d。

病鸡精神沉郁、面部浮肿、缩头呆立、发热、采食和饮水减少。仔鸡生长不良，成年母鸡产卵减少，公鸡肉髯肿胀。如病的损害在鼻腔和鼻窦，则发生炎症者常仅表现鼻腔流稀薄清液，以后转为浅灰色浆液黏性分泌物，病鸡时常甩头，打喷嚏。到中后期，脸肿胀或表现水肿及眼结膜发炎、眼睑肿胀，有的眼睑被分泌物粘连，引起失明。严重的整个头部肿大，眼球陷于肿胀的眼眶内。或有下痢，体重减轻。如炎症蔓延至下呼吸道，则因咽喉被分泌物阻塞，呼吸困难，病鸡常摇头欲将呼吸道内的黏液排出，并带啰音，部分鸡会因窒息而死。产蛋鸡在发病后1周左右产蛋减少，可由70%降至30%～20%，但蛋的品质变化不大。育成鸡还表现发育停滞或增重减缓，开产期延迟，弱残鸡增多，淘汰率升高。公鸡肉髯常见肿胀。一般情况下单纯的传染性鼻炎很少造成鸡只死亡，多数病鸡可以恢复而成为带菌鸡。

（四）病理变化

剖检变化复杂多样，有的死鸡具有1种疾病的主要病理变化特征，有的鸡则兼有2～3种疾病的病理变化特征。具体说在本病流行中由于继发症致死的鸡中，常见有鸡慢性呼吸道疾病、鸡大肠杆菌病、鸡白痢等。病死鸡多瘦弱，不产蛋。

育成鸡发病死亡较少，流行后期死淘鸡不及产蛋鸡群多。主要病变为鼻腔和窦黏膜呈急性卡他性炎，充血肿胀，表面覆有大量黏液、窦内有渗出物凝块，后成为干酪样坏死物。发生结膜炎时，结膜充血肿胀，内有干酪样物质，常使鸡的眼部发生显著肿胀和向外突出，严重者巩膜穿孔、眼球萎缩、破溃、失明。脸部及肉髯皮下水肿。气管和支气管可见渗出物，严重时可见气管黏膜炎症，因干酪状物质阻塞呼吸道而造成肺炎及气囊炎。

（五）诊断

本病和慢性呼吸道病、慢性禽霍乱、禽痘以及鸡曲霉菌病等的症状相类似，故仅从临诊上来诊断本病有一定困难。此外，在诊断时必须考虑到其它细菌或病毒并发感染的可能性。如鸡群内死亡率高，病期延长时，则更须考虑有混合感染的因素。

要进一步确诊须进行病原的分离鉴定、动物接种试验及血清学试验。

1. 直接镜检

取病鸡眶下窦或鼻窦渗出物涂片、染色、镜检，可见大量革兰阴性菌。

2. 病原的分离和鉴定

剖杀2～3只急性病鸡，用灼热的刀片烫烙窦部皮肤，切开皮肤，将消毒棉拭子插入窦腔内部，取出棉拭子在血琼脂平板上划直线，然后再用葡萄球菌在平板上划横线，置烛缸或含5% CO_2 的二氧化碳培养箱中，37 ℃培养24～48 h后，在葡萄球菌菌落边缘长出一种细小的“卫星菌落”，而其它部位不见或很少见有细菌生长，这些小的“卫星菌落”有可能是副鸡嗜血杆菌。然后挑取单个菌落进行扩增，将纯培养物分别接种在含5%鸡血的鲜血琼脂平板和马丁肉汤琼脂平板上，若在鲜血琼脂平板上形成针尖大小、透明、露滴状、不溶血的菌落，涂片镜检可见大量两极着色的球杆菌，而在马丁肉汤琼脂平板上无菌落生长，基本上即可确诊。必要时可进行生化试验。

副鸡嗜血杆菌对外界环境抵抗力很弱，离开鸡体后最多存活5 h。如果在短时间内不能培养，可将病料冰冻保存，以备日后分离病原菌。

3. 动物接种试验

取病鸡的窦分泌物或培养物，窦内接种于2～3只健康鸡，可在24～48 h出现传染性鼻炎的症状。如接种材料含菌量少，则其潜伏期可延长至7 d。

4. 血清学诊断

诊断鸡传染性鼻炎的血清学方法有很多，常用鉴定培养物和检测抗体的方法有玻片凝集试验和琼脂扩散试验，前者可用于血清学分型，后者可用于本病的定性试验。

此外，PCR也可用于诊断此病，这种方法比常规的细菌分离鉴定快速，只需6 h就能得到结果，可以检出A，B，C 3个血清型的菌株。

5. 鉴别诊断

本病应与有类似症状的疾病如慢性呼吸道病、慢性禽霍乱、禽痘以及鸡曲霉菌病等进行鉴别诊断。

（六）防制

1. 搞好综合防制措施，消除发病诱因

（1）不能从有本病的或疾病情况不明的种鸡场购进鸡只。新购进的鸡只要进行隔离观察。鸡场与外界、鸡舍与鸡舍之间要保持适当的距离。康复带菌鸡是主要的传染源，应该与健康鸡隔离饲养或淘汰。

（2）保持鸡舍鸡群适宜的密度和良好的通风条件，防止寒冷和潮湿。饲料营养成分要全面，饲料中适量添加维生素A制剂。鸡场内每栋鸡舍应做到“全进全出”，禁止不同日龄的鸡混养。清舍之后要彻底进行消毒，空舍一定时间后方可让新鸡群进入。

（3）注意鸡舍的卫生和消毒。寒冷季节气候干燥，舍内空气污浊，尘土飞扬，应通过带鸡喷雾消毒，降低舍内空气中的粉尘浓度，净化鸡舍的空气。定期清洗消毒饮水用具，定期饮水消毒。

（4）尽量避免可能发生的机械性传播。

（5）加强病毒性呼吸道疾病的防制工作，提高鸡只抵抗力。

2. 免疫接种

目前我国已研制出鸡传染性鼻炎油佐剂灭活苗，经试验和现场应用对本病流行严重地区的鸡群有较好的保护作用。预防传染性鼻炎所用的疫苗主要是多价油乳剂灭活苗，免疫期一般3～4个月。健康鸡群在3～5周龄接种1次，开产前再接种 1 次，每只鸡接种 0.5 mL，可有效地预防本病。发病群也可做紧急接种，并配合药物治疗，同时对饮水和鸡舍带鸡消毒，可以较快地控制本病。

3. 治疗

鸡群一旦发病，要及时治疗。虽然本病不易根治，但药物的使用可以迅速控制病情的蔓延。本菌对多种抗生素及化学药物敏感，临床上常选用氟苯尼考、强力霉素、环丙沙星、磺胺类药物等。副鸡嗜血杆菌对磺胺类药物非常敏感，是治疗本病的首选药物。

二、禽支原体病

支原体又称霉形体，是一类没有细胞壁、仅由胞浆膜包裹的原核微生物，是目前所知的能在无生命培养基中繁殖的最小微生物。广泛存在于人类、动物、植物、昆虫体内，其中部分支原体对人或动物具有一定的致病性，在兽医学上是一类重要的病原微生物。

支原体对禽类具有广泛的致病性，主要侵害呼吸道和生殖系统，还能引起关节炎和眼部感染。从禽类分离的支原体已发现的有 10 多种，目前已知的支原体有 80 余种，其中对禽致病的主要为鸡败血支原体、滑液囊支原体和火鸡支原体。最近国内学者又证明鸭支原体是鸭传染性窦炎的病原。

支原体是原核细胞生物中最小的，大小一般在 0.3～0.8 μm，很少超过 1.0 μm。无细胞壁，最外层是细胞膜，由蛋白质（占 2/3）与脂质层组成的 3 层结构，支原体无细胞壁，具有可塑性，在加压过滤下可以通过孔径 0.22 μm 的滤膜。基本形状为球形和丝形，无鞭毛，不能运动，但有些菌株呈现滑动或旋转运动。支原体用普通染色法不易着色，用姬姆萨法染色着色很浅，呈淡紫色。革兰染色呈阴性。支原体因无细胞壁，对理化因素的影响比细菌敏感，容易被清洁剂和消毒剂灭活。

（一）鸡毒支原体感染

鸡毒支原体感染（*Mycoplasma gallisepticum*，MG）是由鸡毒支原体引起鸡和火鸡等禽类的一种慢性接触性呼吸道传染病，又称鸡败血支原体病、鸡败血霉形体病、慢性呼吸道病（CRD），在火鸡则称为传染性窦炎。临床上以上呼吸道症状为主，其特征为咳嗽、流鼻涕、呼吸困难、呼吸道有啰音及颜面部肿胀。火鸡发生窦炎时主要表现眶下窦肿胀。剖检可见鼻窦、气管卡他性炎和严重的气囊炎。

本病世界范围流行，目前已遍及全国各地各种鸡群。鸡群感染后引起的直接死亡较少见，其主要危害在于以下几个方面：

（1）感染率高，影响生产性能；

（2）垂直传播，终生带菌，很难清除；

（3）严重污染胚源疫苗，造成疫苗传播疾病；

（4）细胞内寄生，很难根治，极易诱发多种疾病。

1. 病原

鸡败血支原体（MG）是支原体属内的致病种。到目前为止，这个种只发现1个血清型，但各个分离株之间的致病性和抗原性存在差异。某些菌株可以凝集鸡和火鸡的红细胞。一般分离株主要侵犯呼吸道。

鸡败血支原体具有一般支原体的形态特征，呈球形，大小为0.25～0.50 μm。革兰染色弱阴性，姬姆萨染色效果较好，培养要求比较复杂，培养基中须含有10%～15%的鸡、猪或马血清。菌落微小（0.2～0.3 mm）、光滑、圆形、透明，具有点状致密的突起。鸡败血支原体致病力因株系不同而不一致。

鸡败血支原体对环境抵抗力低弱，一般消毒药物均能将它迅速杀死。本菌对泰乐菌素、泰妙菌素、红霉素、链霉素等敏感，但对新霉素、多黏菌素、青霉素和磺胺类药物有抵抗力。

2. 流行病学

本病主要感染鸡和火鸡，各种年龄的鸡和火鸡都能感染本病，珍珠鸡、鸽、鸭、鹌鹑、松鸡、野鸡和孔雀也有感染，某些哺乳动物可呈混合型感染。鸡以4～8周龄最易感，火鸡多见于5～16周龄。纯种鸡较杂交鸡严重，成年鸡常为隐性感染。

本病的传播有水平传播和垂直传播2种方式。病禽和带菌禽是主要的传染源，其分泌物、排泄物带有大量病原，此外，疫苗本身带菌也是一个非常重要的传染来源。

本病一年四季均可发生，但在寒冷的冬、春季节及气候突变时多发而且严重，并表现长期存在、反复发生、流行缓慢、很难根除的特点，有人总结出"三轻三重"（用药时、天气好时、饲养管理好时轻；停药时、天气坏时、饲养管理差时重）。发病率和死亡率的高低取决于管理条件和有否继发感染，易受环境因素影响，如雏禽的气雾免疫、卫生状况差、饲养管理不良、应激、其它病继发等，一般达20%～30%，甚至高达60%。

3. 临床症状

人工感染潜伏期在4～21 d，自然感染潜伏期的长短与鸡的日龄、品种、菌株独立及有无并发感染有关。病初表现与新城疫、传染性支气管炎、传染性法氏囊病或球虫病相似，精神沉郁、食欲减退、缩颈、垂翅、羽松、体弱，随后出现典型症状。病鸡先是流稀薄或黏稠鼻液，打喷嚏，甩头，鼻孔冒气泡，眼结膜发炎、红、肿、流泪，鼻孔周围和颈部羽毛常被沾污；其后炎症蔓延到下呼吸道即出现咳嗽、呼吸困难、呼吸有气管啰音等症状，病鸡食欲不振，体重减轻消瘦；到了后期，因鼻腔和眶下窦中蓄积渗出物而引起眶下窦肿胀、发硬，故表现颜面部肿胀，眼睑肿胀，眼部突出如肿瘤状，突出眼外，似金鱼眼。眼球受到压迫，发生萎缩和造成失明，可以侵害一侧眼睛，也可能两侧同时发生。

母鸡常产出软壳蛋，同时产蛋率和孵化率下降，并维持在低水平上。后期常蹲伏一隅，不愿走动。公鸡的症状常较明显。种蛋的受精率和孵化率下降，死胚和弱胚增多，孵出的弱雏多，易发病死亡，且弱雏的气囊炎发生率高。在肉用仔鸡和火鸡可见严重的气囊炎、咳嗽、啰音和生长不良。

本病在成年鸡多呈散发，幼鸡群则往往大批流行，特别是冬季最严重。

火鸡的症状基本上与鸡相似，常见的症状是窦炎、鼻炎和呼吸困难。

4. 病理变化

一般病死鸡消瘦、发育不良。肉眼可见的病变主要是鼻腔、气管、支气管和气囊中有渗出物，喉头、气管黏膜常增厚、充血、出血。黏膜表面有灰白色黏液，严重者喉头部见有干酪样物。胸部和腹部气囊的变化明显，早期为气囊膜轻度混浊、水肿，表面有增生的结节病灶，外观呈念珠状。随着病情的发展，气囊膜增厚，囊腔中含有大量干酪样渗出物，有时能见到一定程度的肺炎病变。

严重的慢性病例，眶下窦黏膜发炎，窦腔中积有浑浊黏液或干酪样渗出物，炎症蔓延到眼睛，往往可见一侧或两侧眼部肿大，眼球破坏，剥开眼结膜可以挤出灰黄色的干酪样物质。病鸡严重者常发生纤维素性或纤维素性化脓性心包炎、肝周炎和气囊炎。气囊的变化具有特征性，早期气囊壁浑浊、增厚、灰白色不透明，常有黄色的泡沫，后期在气囊壁及腹腔内有灰白色奶油样的渗出物，此时经常可以分离到大肠杆菌。出现关节症状时，尤其是跗关节，关节周围组织水肿、关节液增多，初期清亮而后混浊，最后呈奶油状。

5. 诊断

根据本病的流行情况、临诊症状和病理变化，可做出初步诊断。本病在临诊上应注意与鸡的传染性支气管炎、传染性喉气管炎、新城疫、雏鸡曲霉菌病、滑液囊支原体、禽霍乱等相鉴别。火鸡出现窦炎时，要注意与衣原体感染的鉴别诊断。禽支原体病的确诊或对隐性感染的种禽进行检疫，必须进行病原的分离培养和血清学试验。病原分离比较麻烦，常用快速平板凝集试验。

（1）平板凝集试验　是最常用的一种快速简便的检测方法。在 20 ℃以上室温中将被检血清 0.025 ~0.030 mL 滴于白色瓷板或下面垫有白色底物的玻璃板上，滴加等量着色的抗原，以细棒或牙签快速搅拌，上下倾斜转动使二者充分混合，在2 min内如出现背景清亮明显的凝集颗粒，则为阳性反应，否则为阴性反应。

（2）血凝抑制试验　是一种可靠的鸡毒支原体感染诊断方法，常常用来确定其它方法判断的结果。进行检测时首先测定抗原血凝价，以 4 个血凝单位进行血凝抑制反应。当被检血清在 1∶80 稀释仍能抑制红细胞凝集时，则为阳性反应；1∶40 稀释能抑制红细胞凝集时，为可疑反应；更低时为阴性反应。

对血凝抑制反应可疑的病例，在 21 d 后采血再进行 1 次。

6. 防制

（1）综合措施　健康鸡场要做好预防工作，严格杜绝本病的传染来源。引进种鸡、鸡苗和种蛋，都必须从确实无病的鸡场购买。平时要加强饲养管理，尽量避免引起鸡体抵抗力降低的一切应激因素，如鸡群饲养密度不能太高、鸡舍通风良好、空气清新、阳光充足、防止受冷、饲料配合适宜、定期驱除寄生虫等。这些措施对于防止感染鸡败血支原体病都是很重要的。

幼鸡到 2～4 月龄时，应定期进行血清凝集试验，淘汰阳性反应鸡，要求与鸡白痢检疫相同。

（2）清除种蛋内鸡败血支原体　本病可以通过鸡蛋传染，因此对于孵化用的种蛋必须严格控制，尽量减少种蛋带菌。有两种方法可以用来降低或消除种蛋内的支原体。

①在种蛋入孵之前将温热的 37.8 ℃孵化蛋浸于冷的 0.04%～0.10% 的红霉素溶液中（1.67～4.44 ℃）浸泡 15～20 min；但这种方法对支原体消除不彻底，对孵化率也略有影响。

②种蛋加热处理，即在入孵之前，先将室温下的种蛋加温使蛋内部温度刚好达到 45～46 ℃，处理 14 h，后转入正常孵化；但是可以降低孵化率 8%～12%。

在已经感染本病的种鸡，在产蛋前和产蛋期间，肌肉注射链霉素 20 万 IU，每隔 1 个月注射 1 次，同时在种鸡的饲料中添加土霉素，也能够减少种蛋的带菌。

在雏鸡出壳时，再用链霉素溶液（100 IU/mL）喷雾或用链霉素滴鼻（2 000 IU/只），以控制发病。

（3）培养无支原体感染鸡群　鸡群一经感染鸡败血支原体后，很不容易消灭，最根本的防制方法是建立无病鸡群，这对种鸡场来说尤为重要。主要措施有：

①选用对支原体有抑制作用的药物处理种鸡，降低鸡群支原体带菌率和带菌强度，从而降低蛋的污染率；

②在 45～46 ℃的温度下经 14 h 处理种蛋，消灭蛋中的支原体；

③种蛋小批量孵化，每批 100～200 只，减少孵出的雏鸡相互之间可能的传染机会；

④小群分群饲养，定时进行血清学检查，一旦出现阳性反应鸡，立即将小群淘汰；

⑤在进行全部程序时，要做好孵化箱、孵化室、用具、房舍等的消毒和兽医生物安全工作，防止外来感染。

通过上述程序育成的鸡群，在产蛋前全部进行一次血清学检查，必须是无阳性反应群才能用做种鸡。当完全阴性反应的亲代鸡群所产种蛋不经过药物或热力处理孵出的子代鸡群，经过几次检测都未出现阳性反应鸡后，可以认为已建立成无支原体感染群。

(4) 疫苗接种 是一种减少支原体感染的有效方法。国内外使用的疫苗有弱毒活疫苗和灭活疫苗。

①弱毒活疫苗 目前国际上和国内使用的活疫苗是F株疫苗。F株致病力极为轻微，给1、3和20日龄雏鸡滴眼接种不引起任何可见症状或气囊上变化，不影响增重。

②灭活疫苗 以油佐剂灭活疫苗效果良好，能防止本病的发生并减少诱发其它疾病。

对其它传染性疾病进行预防接种活疫苗时，应严格选择无支原体污染的疫苗。许多病毒性活疫苗中常常有致病性支原体的污染，鸡由于接种这种疫苗而受到感染，所以选择无污染活疫苗也是一种极为重要的预防措施。

(5) 治疗 一些抗生素（如链霉素、土霉素、泰乐菌素、壮观霉素、林可霉素、四环素、红霉素等）对本病都有一定疗效。

（二）滑液囊支原体感染

滑液囊支原体感染（*Mycoplasma synoviae*，MS）是滑液囊支原体引起的鸡和火鸡的一种急性到慢性的传染病，主要侵害关节的滑液囊膜和腱鞘，引起渗出性滑膜炎、腱鞘滑膜炎及滑液囊炎。

滑液囊支原体感染病程长，笼养鸡不易被发现，经常给养鸡生产造成难于弥补的损失。对商品肉鸡来说，造成人力和用药成本增加、生长速度和饲料转化率降低、较高的淘汰率和屠体质量下降；对育成鸡来说，表现为鸡群个体和生殖器官发育不整齐、没有产蛋高峰或产蛋高峰延迟；对种鸡来说，造成较多的死胚、弱雏，孵化率较低。

该病分布于全世界。以前我国发现报道的并不多，近几年有增多的趋势，有的地区相当严重。

1. 病原

本病的病原为滑液囊支原体（MS），呈多形性球状体或球杆状，比鸡毒支原体稍小。革兰染色呈阴性，只有1个血清型，不同菌株间几乎没有差异。病原体具有一般支原体特征。

2. 流行病学

滑液囊支原体病主要感染鸡、火鸡和珍珠鸡，人工接种时野鸡、鸭和鹅也可感染。主要发生于4～16周龄的鸡和10～24周龄的火鸡，偶见于成年鸡。雏鸡也有在1周龄时发生本病的，急性感染期之后出现的慢性感染可持续数年。

传播方式以空气从呼吸道感染和传播为主，通常感染可达100%。污染的用具、衣服及车辆等均能机械传播病原，也能够通过种蛋垂直传染。

3. 临床症状

滑液囊支原体病实际上是一种呼吸道疾病，但呼吸道症状并不明显，偶见病鸡呼吸困难，屠宰后发现气囊感染。病毒主要侵害鸡的胫跖关节和足垫的滑膜，严重时可蔓延到其它关节滑膜，引起渗出性滑膜炎、滑液囊炎及腱鞘炎。病鸡表现行走困难、跛行，步态呈八字或踩高跷状。食欲减少，生长不良，鸡冠苍白，肉垂水肿，有时发生腹泻，排出绿色稀粪。成年鸡产蛋量可下降20%～30%。本病的发病率为5%～15%，死亡率不高，一般在10%以内；但有些病鸡可以变成慢性，滑膜炎长期不愈。火鸡的症状与鸡基本相同，主要表现跛行，呼吸道的症状不常见。

4. 病理变化

病鸡的关节肿胀，胫跖关节、翅关节及胫部最常见。病变关节的滑膜、滑液囊和腱鞘可见到大量炎性渗出物，早期为清亮而后逐渐混浊，病程长者变成干酪样渗出物。有时关节软骨出现糜烂。慢性病例病变关节的表面常呈橘黄色。病鸡的肝和脾脏肿大，肝脏偶呈斑驳状的淡绿色或深红色。肾脏肿大，色泽苍白。有的可见胸部出现囊肿。有些病鸡虽然症状严重，但内脏器官不见明显变化。上呼吸道一般没有病变，偶尔可见气囊炎的变化。

组织病理学上表现软组织水肿、腱鞘和滑液腔有异嗜性细胞浸润，随后因单核细胞和浆细胞浸润而变厚，有时异嗜性细胞炎症变化扩展到下层骨，形成纤维素性变性，关节软骨糜烂。

5. 诊断

根据病鸡的发病年龄和胫跖关节及足垫的病理变化，可以初步诊断，但确诊必须进行支原体的分离培养和鉴定、动物接种试验及血清学鉴定。血清学检测常用平板凝集试验和血凝抑制试验等方法，也有关于应用酶联免疫吸附检测的报道。

本病在临诊上应注意同病毒性关节炎、葡萄球菌性关节炎等鉴别。

6. 防制

目前有多种抗生素（如氟哌酸、四环素、红霉素、壮观霉素、林可霉素、泰乐菌素及土霉素等）对本病都有疗效，可以添加在饲料中喂用；但抗生素治疗不能从鸡群中排除滑膜支原体感染。

本病的防制措施与鸡败血支原体病相同，必须采取有效的综合防疫措施，防止感染的传入。目前，尚缺乏疫苗用于免疫接种。

（三）火鸡支原体感染

火鸡支原体感染是由火鸡支原体（*N* 株）引起的一种不显性生殖道感染且能通过卵传染给胚或雏火鸡、并能引起气囊炎和颈椎变形的传染病。主要发生于雏火鸡，表现为气囊炎、孵化率降低、骨骼异常、生长发育不良，是一种世界性分布疾病，国内尚未见报道。

1. 病原

本病病原为火鸡支原体（*N* 株），它在抗原性上与其它禽类支原体无关。有些分离株具有血凝活性，能产生一种耐热的类脂质或多糖毒素。

2. 流行病学

火鸡支原体感染既可经垂直传播，也可经水平传播。感染主要经过卵传播，初生幼雏之间也可以经过飞沫传播。

火鸡支原体只寄生于火鸡，迄今为止还没有从其它禽类中分离的报道。

3. 临床症状

急性症状只见于幼年火鸡，显然是经卵传播而造成的。主要表现为生长迟缓、身躯明显矮小、骨骼短粗。严重的火鸡群中可达 10% 的火鸡出现这种症状。少数火鸡出现屈颈、翅上主要羽毛张开突出，有时偶尔出现窦炎和轻度呼吸症状。慢性感染导致生长缓慢、孵化率下降、淘汰率增长。

4. 病理变化

通常局限于胸气囊。病变特征是气囊壁增厚，有干酪样渗出物，通常见于 1 日龄幼雏的气囊病变。随着患禽年龄增大，可延伸到腹气囊。骨骼特别是跗跖骨变形、变短。

病理组织学表现为渗出性的气囊炎和肺炎，气囊病变中以中性粒白细胞为主，也有一些单核细胞、淋巴细胞及少量纤维蛋白和细胞残片。严重感染的气囊中见有上皮坏死。

5. 诊断

血清学方法有平板凝集反应、试管凝集反应和血凝抑制反应等。在分离病原时，固体培养基比液体培养基更易生长。

6. 防制

治疗可使用各种对支原体有抑制作用的抗生素，如泰乐菌素、泰妙菌素等。

（四）鸭传染性窦炎

鸭传染性窦炎又名鸭慢性呼吸道病，是由鸭支原体引起的一种雏鸭急性或慢性传染病，临床上以眶下窦炎和眶下窦肿胀为特征，耐过鸭生长缓慢。

1. 病原

20 世纪 50 年代起就有人曾从病鸭体内分离出 A 型流感病毒和鸭支原体，但并未能证明分离物的病原性作用。我国在 20 世纪 80 年代后期也先后分离出鸭支原体和 A 型流感病毒，经过人工感染研究，确定鸭支原体是鸭传染性窦炎的病原。

2. 流行病学

鸭传染性窦炎支原体仅感染鸭，各种日龄的鸭均可发生，但尤以 5～15 日龄雏鸭易感性最高，30 日龄以上鸭少见发病；但在流行最高峰期，种鸭也可能发生。雏鸭发病率一般为 40%～60%，死亡率为 1%～2%；严重发病鸭群发病率可达100%，死亡率可达10%以上。

本病主要通过空气经呼吸道传播，也可通过带菌的种蛋发生垂直传播。

本病一年四季均可发生，但以冬、春季多发。饲养管理不善、营养缺乏、气温突变、环境潮湿、通风不良及密度过大等应激因素都是导致本病发生和死亡率增加的诱因。

3. 临床症状

病鸭表现不安，易惊，呼吸增数，食欲减退。病鸭初期打喷嚏，鼻孔流出浆液分泌物，随病情加重变为黏性或脓性，在鼻孔周围结痂。眶下窦一侧或双侧肿大，呈球形或卵圆形。初期触摸柔软，后期变硬，蓄积干酪样物。病鸭用爪踢抓鼻窦部，暴露出红色皮肤。严重病例出现结膜潮红、流泪、分泌物增多将眼睛周围羽毛沾湿，少数病鸭失明。病程20~30 d，多数自愈。耐过鸭生长缓慢，成年产蛋鸭的产蛋率下降。

4. 病理变化

病理变化以呼吸道尤其是上呼吸道的炎性反应为特征。眶下窦中充满大量灰白色混浊的浆液-黏液性分泌物或干酪样物，鼻窦黏膜肥厚、充血、水肿。有的病鸭的鼻腔黏膜表面可见小点出血。气管黏膜充血、出血，有浆液-黏液性分泌物附着。气囊混浊、增厚。内脏器官一般变化不大。

5. 诊断

根据临床症状及剖检变化等可做出初步诊断，确诊须进行病原的分离鉴定。病原分离培养时须选用专用培养基，经过培养见有可形成“煎蛋状”菌落，中心有脐状突起时，可以判断为支原体感染。怀疑有流感病毒或其它病菌时，应选用鸡胚和其它培养基进行分离培养。

6. 防制

（1）加强舍饲期鸭群的饲养管理，实行“全进全出”的饲养制度。做好舍内清洁卫生，及时通风换气，做好冬季防寒保温工作，防止地面过度潮湿，饲养密度不宜过大。

（2）发生本病的鸭场，要及时隔离、淘汰病鸭，病死鸭要深埋或焚烧。严重污染的鸭舍，常是本病延续发生的重要传播途径，在有条件的鸭场可以把新生雏鸭放在另一饲养场饲养，待原污染鸭舍彻底消毒后，再移入新鸭。

（3）发病鸭场的新生雏鸭可采用药物防制，可用泰乐菌素加入饮水中自由饮用，预防用量为0.05%，治疗量为0.1%~0.2%，连续用3~5 d。

三、禽曲霉菌病

禽曲霉菌病主要是由烟曲霉菌和黄曲霉菌等曲霉菌引起的多种禽类的一种真菌性呼吸道传染病，该病特征为患禽喘气、咳嗽，肺、气囊、胸腹腔浆膜表面形成曲霉菌性结节或霉斑。在禽类以肺及气囊发生炎症和肉芽肿小结节为主，故又称曲霉菌性肺炎。幼禽多发且呈急性群发，发病率和死亡率都很高，成年禽多为散发。

（一）病原

本病主要病原体为半知菌纲曲霉菌属中的烟曲霉，其次为黄曲霉。另外，构巢曲霉、黑曲霉和土曲霉等也有不同程度的致病性。偶尔也可从病灶中分离到青霉菌、白霉菌等。这些霉菌和它产生的孢子，在自然界中分布很广，如稻草、谷物、木屑、发霉的饲料以及墙壁、地面、用具和空气中都可能存在。曲霉菌的形态特征是分生孢子呈串珠状，孢子柄一端膨大形成烧瓶形的顶囊，囊上有放射状排列小梗。烟曲霉的菌丝呈圆柱状，色泽由绿色、暗绿色至熏烟色，在沙堡弱氏葡萄糖琼脂培养基上，菌落直径 3 ~ 4 cm，扁平，最初为白色绒毛状结构，经 24 ~ 30 h 后开始形成孢子，逐渐扩延，迅速变成浅灰色、灰绿色、熏烟色以及黑色。

本菌为需氧菌，在室温和 37 ~ 45 ℃下均能生长。孢子对外界环境理化因素的抵抗力很强，在干热 120 ℃1 h、煮沸 5 min 才能杀死。对化学药品也有较强的抵抗力，在一般消毒药物中，如 2.5% 甲醛溶液、3% 的烧碱、水杨酸、碘酊等，须经1 ~ 3 h才能灭活。

（二）流行病学

曲霉菌的孢子广泛分布于自然界，可引起多种禽类发病，鸡、鸭、鹅、火鸡、鹌鹑、鸽及多种鸟类（水禽、野鸟、动物园的观赏禽等）均有易感性，以幼禽易感性最高，特别是 20 日龄以内的雏禽常表现为急性和群发性，而成年家禽以慢性和散发性为主。出壳后的幼雏在进入曲霉菌严重污染的育雏室或装入被污染的装雏器内而感染，48 h 后即开始发病和死亡，4 ~ 12 日龄是本病流行的最高峰，以后逐渐减少，至 1 月龄时基本停止。如果饲养管理条件不好，流行和死亡可一直延续到 2 月龄。

本病的主要传播媒介是被曲霉菌污染的垫料和发霉的饲料，病菌主要通过呼吸道和消化道传染。育雏阶段的饲养管理、卫生条件不良是引起本病暴发的主要诱因，育雏室内日温差大、通风换气不好、过分拥挤、阴暗潮湿以及营养不良等因素都能促使本病发生和流行。另外，孵化环境受到严重污染时，霉菌孢子容易透过蛋壳侵入而引起胚胎感染。

（三）临床症状

自然感染潜伏期为 2 ~ 7 d，人工感染潜伏期为 24 h。根据发病的病程可将本病分为急性型和慢性型。急性型多见于幼禽，病禽可见呼吸困难、喘气、咳嗽、张口呼吸、冠和肉髯因缺氧而发绀、精神委顿、常缩头闭眼、流鼻液、食欲减退、口渴增加、消瘦、体温升高，后期表现腹泻。在食管黏膜有病变的病例，表现吞咽困难。病程一般在 1 周左右。禽群发病后如不及时采取措施，死亡率可达 50% 以上。放养在户外的家禽对曲霉菌的抵抗力很强，几乎能避免传染。

有些雏鸡可发生曲霉菌性眼炎，结膜充血、眼肿、眼睑封闭，通常是一侧眼的瞬膜下形成一黄色干酪样小球，致使眼睑鼓起。有些鸡还可见角膜中央形成溃疡，严重者失明。病原侵害脑组织，引起共济失调、角弓反张、麻痹等神经症状。一般在发病后 2 ~3 d 急性死亡。

慢性型多见于中成禽，症状较为温和，主要表现为生长缓慢、发育不良、渐进性消瘦、呼吸困难，且常有腹泻。产蛋禽则产蛋减少甚至停产，零星死亡，病程 2 周以上。

（四）病理变化

病变一般以肺部损伤为主，肺充血，切面上流出灰红色泡沫液。胸腹膜、气囊和肺上可见从针头至小米般大小的灰黄色至灰白色粟粒样或珍珠状霉菌性坏死肉芽肿结节，有时气囊壁上可见大小不等的干酪样结节或斑块，质地较硬。最大的直径 3 ~4 mm，结节呈灰白或淡黄色，柔软有弹性，切开后有层状结构，中心为干酪样坏死组织，内含大量菌丝体，外层为类似肉芽组织的炎性反应层，含有巨细胞。随着病程的发展，气囊壁明显增厚，干酪样斑块增多、增大，有的融合在一起。后期病例可见在干酪样斑块上以及气囊壁上形成灰绿色霉菌斑。腺胃胃壁增厚，乳头肿胀。

（五）诊断

临床上有诊断意义的是由呼吸困难所引起的各种症状，但应注意和其它呼吸道疾病相区别。单凭临诊诊断还有困难，所以在鸡场中诊断本病还要依靠流行病学调查，根据发病特点（饲料、垫草的严重污染发霉，幼禽多发且呈急性经过）、临床特征（呼吸困难）、剖检病理变化（在肺、气囊等部位可见灰白色结节或霉菌斑块）等可做出初步诊断。本病的确诊可以采取病禽肺或气囊上的结节病灶，作为压片镜检或分离培养鉴定。

（六）防制

不使用发霉的垫料和饲料是预防本病的关键。垫料要经常翻晒，妥善保存，特别是阴雨季节，防止霉菌生长繁殖。育雏室每日温差不要过大，按雏禽日龄逐步降温。合理通风换气，减少育雏室空气中的霉菌孢子。保持室内环境及用物的干燥、清洁，饲槽和饮水器具经常清洗，控制孵化室的卫生，防止雏鸡的霉菌感染。育雏室清扫干净，用甲醛溶液熏蒸消毒或用 0.3% 过氧乙酸消毒，经通风后再进雏饲养。

本病目前尚无特效的治疗方法。用制霉菌素防制本病有一定效果，剂量为每 100 只雏鸡 1 次用 50 万 IU，每天 2 次，连用 2 d。此外，也可用克霉唑（人工合成的广谱抗霉菌药），剂量为每 100 只雏鸡用 1 g，混合在饲料内喂给。饮水中添加硫酸铜 [1:(2 000 ~3 000) 倍稀释]，连喂 3 ~5 d，也有一定效果。中药治疗：取鱼腥草、蒲公英各 60 g，筋骨草 15 g，山海螺 30 g，橘梗 15 g，加水煎汁，供作饮水，连服 7 d，有一定防制效果（此方为 100 只 5 ~10 日龄雏禽 1 d 用量）。

单元三 | 以败血症为主症的细菌性疾病

一、禽大肠杆菌病

禽大肠杆菌病（*Avian colibacillosis*）是由大肠杆菌的某些致病性血清型菌株或条件致病性大肠杆菌引起的禽类不同疾病的总称，包括大肠杆菌性败血症、肠炎、脐炎、全眼球炎、气囊炎、卵黄性腹膜炎、输卵管炎、滑膜炎、大肠杆菌性肉芽肿、关节炎、肿头、脑炎等一系列疾病，并能导致胚胎和幼雏死亡。

本病从鸡的胚胎期至产蛋期均可发生。随着我国养禽业的发展，该病在各地广为流行，造成巨大的经济损失。近年来，已上升为对养禽业危害最大、防制最棘手的疾病之一。

（一）病原

大肠杆菌（*E. coli*）属于肠杆菌科、埃希氏菌属，革兰阴性菌，是不形成芽孢的杆菌，大小为（0.5～0.7）μm×（1～3）μm，本菌在病料和培养物中均无特殊排列，具有周身鞭毛，可活泼运动，有的菌株可形成荚膜，需氧或兼性厌氧。

根据抗原结构不同，可将本菌分成许多血清型。目前，已知大肠杆菌有菌体（O）抗原170种、表面（K）抗原近103种、鞭毛（H）抗原60种，最近菌毛（F）抗原被用于血清学鉴定，最常见的血清型K88，K99分别命名为F4和F5型。

本菌对抗生素及磺胺类药等极易产生耐药性，其为一种条件性致病菌，广泛存在于饲料、垫料、粪便、圈舍的灰尘中，也作为常在菌存在于正常动物的肠道中。在寒冷、干燥的环境中存活很久。当机体抵抗力下降时，特别是在应激情况下，可使感染的鸡发病。在温暖、潮湿的环境中存活期不超过1个月。对一般消毒剂敏感，甲醛溶液和氢氧化钠的灭菌效力较强。

世界上许多国家和地区的有关血清型的调查结果表明，与禽病相关的大肠杆菌血清型有70余个，我国已发现50余种，其中最常见的血清型为O1、O2、O35及O78。

（二）流行病学

带菌禽以水平方式传染给健康禽。最主要的传染途径是消化道、呼吸道，但也可通过蛋壳穿入交配造成传染。啮齿动物的粪便常含有致病性大肠杆菌，可污染饲料、饮水而造成传染。

各种禽类对本病都有易感性，过去以鸡、火鸡和鸭最为常见，但近年来鹅群感染率也大为提高，其它（如鸽、鹌鹑、鹧鸪等）也有发生。各种年龄的家禽都能感染，但幼禽更易感，肉鸡比其它品种鸡易感。在鹅群中主要侵害种鹅。

本病一年四季都可发生，但主要发生于多雨、闷热、潮湿的夏秋季节。

（三）症状与病理变化

1. 急性败血型

这是目前危害最严重的一个病型，通常所说的大肠杆菌病即指本型。各种家禽都能感染，但主要发生于5周龄以内的幼禽，发病率和死亡率也较高。病禽表现羽毛松乱、食欲减退或废绝、排黄白色稀粪、肛门周围羽毛污染。病死鸡消瘦，脱水，鸡冠、肉髯发紫。

剖检时的病变特征是纤维素性气囊炎、纤维素性心包炎、纤维素性肝周炎，有时可见纤维素性腹膜炎。

纤维素性气囊炎多侵害胸气囊，也能侵害腹气囊。表现为气囊混浊，气囊壁增厚，气囊不透明，囊腔内有黄白色的干酪样渗出物。通常只要发生气囊病，很快继发心包炎和肝周炎等。纤维素性心包炎表现为心包积液，心包膜混浊，增厚，心外膜及心包膜上有纤维素蛋白附着，严重者心外膜与心包膜粘连。纤维素性肝周炎表现为肝淤血肿大，表面有不同程度的纤维素性渗出物，甚至整个肝脏为一层黄白色的纤维蛋白附着。纤维素性腹膜炎表现为腹腔内混有纤维素性渗出物，或者纤维素渗出物充斥于腹腔肠道和脏器间，但通常不见腹水明显增多，这一点可与肉仔鸡腹水综合征进行鉴别。

2. 输卵管炎型

多见于产蛋期母鸡。患病鸡产畸形蛋和内含大肠杆菌的带菌蛋，严重者减蛋或停止产蛋。其剖检特征是输卵管扩张变薄，内积异形蛋样渗出物，表面不光滑，切面呈轮层状，输卵管黏膜充血、增厚。

3. 卵黄性腹膜炎

此型成年母鸡和鹅多见。由于卵巢、卵泡和输卵管感染发炎，进一步发展成为广泛的卵黄性腹膜炎，所以大多数病禽往往突然死亡。剖检可见腹腔中充满淡黄色腥臭的液体和破损的卵黄，腹腔脏器的表面覆盖一层淡黄色、凝固的纤维素性渗出物；卵巢中的卵泡变形，呈灰色、褐色或酱油色等不正常色泽，有的卵泡皱缩；滞留在腹腔中的卵泡，如果时间较长则凝固成硬块，切面呈层状；破裂的卵泡则卵黄凝结成大小不等的碎块；输卵管黏膜发炎，管腔内有黄白色的纤维素性渗出物沉着。

4. 关节炎型

此型多见于幼、中雏鹅及肉仔鸡，感染后慢性经过的多见于跗关节和趾关节肿大，关节腔内有纤维蛋白渗出或有混浊的关节液，滑膜肿胀、增厚。

5. 全眼球炎

单侧或双侧眼肿胀，眼内有纤维素性渗出物，眼结膜潮红、肿胀，重者失明。

6. 大肠杆菌性肉芽肿

大肠杆菌性肉芽肿是一种慢性大肠杆菌病。部分鸡只感染本菌后，常在十二指肠、盲肠、肠黏膜、肝脏、心脏等处形成大小不一的肉芽肿。

7. 脐炎型

多见于出生后1周内的雏鸡，死亡率高，表现为脐孔周围红肿、腹部膨大、脐孔闭合不全、卵黄吸收不良。

8. 鸡胚和幼雏早期死亡型

由于蛋壳被粪便污染或产蛋母鸡患有大肠杆菌性卵巢炎或输卵管炎，致使鸡胚卵黄囊被感染，所以鸡胚在孵出前，尤其是临出壳之前即告死亡。受感染的卵黄囊内容物，从黄绿色黏稠物变为干酪样物或变为黄棕色水样物。被感染的鸡胚若不死亡，则孵出带菌的雏鸡，这部分雏鸡通常在出生后1~2周内发病，成为很重要传染源。

9. 脑炎型

有些大肠杆菌能突破鸡的血脑屏障进入脑部，引起鸡昏睡和神经症状，可从脑组织分离到大肠杆菌。

10. 肿头综合征型

主要发生于3~5周龄的肉鸡，以头部肿胀为特征。

11. 鸭大肠杆菌性败血症

特征病变是浆膜渗出性炎症，心包膜、肝被膜和气囊壁表面附有黄白色纤维素性渗出物呈松软湿润的颗粒状和大小不同的凝乳状。肝脏肿大，呈青铜色或胆汁状的铜绿色。脾脏肿大，呈紫黑色斑纹状。剖开腹腔时常有腐败气味。

12. 鹅大肠杆菌性生殖器官病

俗称“蛋子瘟”，发生在产蛋期，主要侵害鹅的生殖器官，导致产蛋率下降30%~40%，种蛋在孵化期间出现大量臭蛋。患病母鹅粪便常常含有蛋清、蛋白或蛋黄，使排出的粪便呈蛋花汤样。主要病变为母鹅输卵管炎、卵巢炎和卵黄性腹膜炎，公鹅的阴茎肿大数倍，表面有化脓或干酪样小结节。

（四）诊断

根据本病的流行特点、症状及剖检变化可做出初步诊断，但确诊须进行细菌的分离与鉴定。对于急性败血型，则取肝、脾、血液；对于局限性病灶，直接采取病变组织。采取病料应尽可能在病禽濒死期或死亡不久。

1. 涂片镜检

用采取的病料直接涂片，进行革兰染色，可见单在的革兰阴性的中等大小的杆菌。

2. 分离培养

如病料没有被污染，可直接在营养琼脂平板或伊红－美蓝琼脂平板上划线分离。若细菌数量很少，可用普通肉汤增菌后，再进行划线培养。对于污染严重的病料样本，可用鉴别培养基划线分离后，挑取可疑菌落涂片镜检；同时，还应该做纯培养进一步鉴定。

对于已经确定的大肠杆菌，可通过动物试验和血清型鉴定确定其病原性，在排除其它病原感染（病毒、细菌、支原体等），经鉴定为致病性血清型大肠杆菌时或动物试验有效病性者方可认为是原发性大肠杆菌病；在其它原发性疾病中或不能排除其它疾病感染时，即便分离出大肠杆菌，也应视为继发性感染大肠杆菌病。

3. 鉴别诊断

（1）与白痢鉴别　雏鸡大肠杆菌病多以脐炎引起的败血症使鸡死亡；雏鸡白痢多见肝肿胀和表面有白色坏死点。

（2）与痛风鉴别　青年鸡大肠杆菌病在肝脏和心脏表面附着的是黄白色纤维素膜；内脏痛风在肝脏和心脏上附有一层石灰样的尿酸盐沉积。

（3）与霍乱鉴别　霍乱多发生于 2 月龄以上鸡，剧烈腹泻，多排出绿色或黄绿色稀粪，无呼吸道症状，肝脏表面出现灰白点，肝、脾、血涂片，染色镜检可见到两极浓染的巴氏杆菌。

（4）与副伤寒区别　副伤寒主要发生于 2 周龄以内的鸡，排出白色水样稀粪，无呼吸道症状，肝脾肿大、出血或坏死，心包积液增多，十二指肠出血明显。

（5）与伤寒鉴别　伤寒主要发生于中鸡和成鸡，排出黄绿色稀粪，无呼吸道症状，肝脏淤血、肿大，呈古铜色或黄绿色。

（五）防制

鸡大肠杆菌病是鸡的一种常见的由条件性致病菌引起的传染病，临床上虽然可以控制，但不能达到永久控制的效果。鸡群中一旦有致病性大肠杆菌存在，就意味着死亡率和淘汰率增高、药费支出增大、增重减慢、胴体级别降低、蛋鸡产蛋率下降，加大了饲养成本，给养鸡业带来了巨大的损失。因此，大肠杆菌病的防制必须采取严格的综合措施。

1. 优化环境

（1）选好场址和病禽隔离饲养　场址应建立在地势高燥、水源充足、水质良好、排水方便、远离居民区（最少 500 m）和其它禽场、屠宰或畜产加工厂。生产区与生活区及经营管理区分开，饲料加工、种鸡、育雏、育成鸡场及孵化厅分开（相隔 500 m）。

（2）科学饲养管理　禽舍温度、湿度、密度、光照、饲料和管理均应按规定要求进行。

（3）搞好禽舍环境卫生　禽舍空气畅通，降低鸡舍内氨气等有害气体的浓度和尘埃，并定期消毒。

2. 加强消毒工作

（1）加强种蛋、孵化厅及禽舍内外环境的卫生管理，并按消毒程序进行消毒，以减少种蛋、孵化和雏鸡感染大肠杆菌及其传播。

（2）防止水源和饲料污染，可使用颗粒饲料，饮水中应加酸化剂或消毒剂，如含氯或含碘等消毒剂。采用乳头饮水器饮水，水槽料槽每天应清洗消毒。

（3）定期进行灭鼠、驱虫。

（4）禽舍带鸡消毒有降尘、杀菌、降温及中和有害气体作用。

3. 加强种鸡管理

（1）及时淘汰处理病鸡。

（2）进行定期预防性投药和做好病毒病、细菌病的免疫工作。

（3）在采精、输精时，要严格消毒，每只鸡使用1个消毒的输精管。

4. 提高禽体免疫力和抗病力

（1）疫苗免疫，可采用自家（或优势菌株）多价灭活佐疫苗。一般免疫程序为7～15日龄、25～35日龄、120～140日龄各免疫1次。

（2）使用免疫促进剂，如维生素E，左旋咪唑，维生素C按0.2%～0.5%拌饲或饮水，维生素A1.6万～2万IU/kg饲料拌饲。电解多维按0.1%～0.2%饮水连用3～5 d。

（3）搞好其它常见病毒病的免疫，如ND、IB、IBD、MD及AI等的免疫。

（4）控制好支原体、传染性鼻炎等细菌病，可做好疫苗免疫和药物预防。

5. 药物防制

应选择敏感药物在发病日龄前1～2 d进行预防性投药，或发病后进行紧急治疗。

二、禽霍乱

禽霍乱（fowl cholera，FC）又称禽多杀性巴氏杆菌病、禽出血性败血症，是由多杀性巴氏杆菌引起的主要侵害家禽和野禽的接触性传染病，欧洲也称之为败血性巴氏杆菌病。本病常呈现败血性症状，发病率和死亡率很高；但也常出现慢性或良性经过，特征是发生肉髯水肿和关节炎。

禽霍乱是呈世界分布的常见疾病，危害各种禽类，是危害养禽业发展的重要疫病之一。

（一）病原

禽霍乱的病原体为多杀性巴氏杆菌，该菌为两端钝圆、中央微凸的短杆菌，长1～1.5 μm、宽0.3～0.6 μm。无鞭毛，不形成芽孢，不能运动。普通染料都可着色，革兰染色阴性。病料组织或体液涂片用瑞氏、姬姆萨法或美蓝染色镜检，见菌体多呈卵圆形，两端着色深，中央部分着色较浅，很像并列的2个球菌，所以又称为两极杆菌。

本菌为兼性需氧或厌氧菌，在普通培养基上可生长，但不繁茂，如添加少许血液或血清则生长良好。

本菌各种理化因素和消毒药的抵抗力不强。在浅层的土壤中可存活7～8 d，粪便中可存活14 d；1%石炭酸、1%漂白粉、5%石灰乳、0.02%升汞液等，在短时间内可杀死细菌。日光和热对本菌有强烈的杀灭作用。

（二）流行病学

各种家禽和野禽对本病都易感，家禽中如鸡、鸭、鹅、火鸡等都有易感性，但鹅易感性较差。禽霍乱造成鸡的死亡损失通常发生于育成鸡和产蛋鸡群，因这种年龄的鸡较幼龄鸡更为易感。2月龄以下的鸡一般具有较强的抵抗力，很少发生。发生的季节不明显，但以夏末或秋初较多发。

病鸡和带菌鸡是禽霍乱的传染源。多杀性巴氏杆菌在自然界中分布广泛，是一种条件性致病菌，在健康动物体内就存在，天气突变、营养缺乏、管理不当、机体抵抗力下降、感冒以及应激等都是该病的诱因，导致本病的发生或流行。

（三）临床症状

自然感染的潜伏期一般为2～9 d，根据病程长短临床上一般分为最急性、急性和慢性3种病型。

（1）最急性型　常发生于本病的流行初期，以产蛋率高、身体肥壮的鸡最容易发生。病鸡无前驱症状，晚间一切正常，吃得很饱，但次日早晨就发现其病死在鸡舍内。

（2）急性型　大多数病例为急性经过，主要表现为精神沉郁，羽毛松乱，缩颈闭眼，头缩在翅下，不愿走动，离群呆立；常有腹泻，排出黄色、灰白色或绿色的稀粪；体温升高到43～44 ℃，食欲减少或废绝，渴欲增加；呼吸困难，口、鼻分泌物增加；鸡冠和肉髯发绀呈青紫色，肉髯常发生肿胀，有热痛感；产蛋鸡产蛋量减小或停止。最后发生衰竭，昏迷而死亡，病程短的约半天，长的1～3 d。

（3）慢性型　由急性型转变而来，多发生于流行后期，以慢性肺炎、慢性呼吸道炎和慢性胃肠炎较多见。病鸡鼻孔有黏性分泌物流出，鼻窦肿大，喉头积有分泌物而影响呼吸；经常腹泻；病鸡消瘦，精神委顿，冠苍白；有些病鸡一侧或两侧肉髯显著肿大，其中可能有脓性干酪样物质，随后或干结、或坏死、或脱落；有的病鸡有关节炎，常局限于脚或翼关节和腱鞘处，表现为关节肿大、疼痛、脚趾麻痹，因而发生跛行。病程可拖至一个月以上，但生长发育和产蛋长期不能恢复。

鸭发生霍乱常以病程短促的急性型为主，症状与鸡基本相似。病鸭精神委顿，不愿下水游泳，即使下水，行动缓慢，常落于鸭群的后面或独蹲一隅，闭目打盹；羽毛松乱，两翅下垂，缩头弯颈，食欲减少或不食，渴欲增加，嗉囊内积食不化；口和鼻有黏液流出，呼吸困难，不断摇头，企图甩出积在喉头的黏液，故有“摇头瘟”之称；病鸭排出腥臭的白色或铜绿色稀粪，有时混有血液。有的病鸭发生气囊炎。病程稍长者可见局部关节肿胀，病鸭发生跛行或完全不能行走，还有见到掌部肿如核桃大，切开见有脓性和干酪样坏死。

成年鹅的症状与鸭相似，仔鹅发病和死亡较成年鹅严重，常以急性为主，精神委顿，食欲废绝，拉稀，喉头有黏稠的分泌物。喙和蹼发紫，翻开眼结膜有出血斑点，病程 1 ~2 d 即死亡。

（四）病理变化

最急性型死亡的病鸡无特殊病变，有时只能看见心外膜有少许出血点。

急性型大多可见明显病变。病鸡的腹膜、皮下组织及腹部脂肪常见小点出血。心包变厚，心包内积有大量不透明淡黄色液体，并混有纤维素，心外膜、心冠脂肪出血尤为明显。肺有充血或出血点。肝脏的病变具有特征性，表现为肝肿大、质脆，呈棕色或黄棕色，表面散布有许多灰白色、针头大的坏死点。脾脏一般不见明显变化，或稍微肿大，质地较柔软。肌胃出血显著，肠道尤其是十二指肠呈卡他性和出血性肠炎，肠内容物含有血液。

慢性型因感染器官不同，病变多局限于某些器官。当呼吸道症状为主时，可见鼻腔和鼻窦内有大量黏性分泌物，喉部有大量的分泌物。肺质地变硬，有黄白色干酪样的坏死灶，某些病例见肺硬变。局限于关节炎和腱鞘炎的病例，根据病程的长短主要见关节肿大变形，有炎性渗出物和干酪样坏死。

公鸡的肉髯肿大，内有干酪样的渗出物。母鸡的卵巢明显出血，有时卵泡变形，似半煮熟样。鸭的病理变化与鸡基本相似，死于禽霍乱的鸭在心包内充满透明橙黄色渗出物，心包膜、心冠脂肪充血和出血。肺呈多发性肺炎，间有气肿和出血。鼻腔黏膜充血或出血。肝略肿大，表现有针尖状出血点和灰白色坏死点。肠道有充血和出血，尤以小肠前段和大肠黏膜充血和出血最为严重，小肠后段和盲肠较轻。雏鸭为多发性关节炎，主要可见关节面粗糙，附着黄色的干酪样物质或红色的肉芽组织，关节囊增厚，内含有红色浆液或灰黄色混浊黏稠液体。肝脏发生脂肪变性和局部坏死。

（五）诊断

根据病鸡流行病学、剖检特征、临床症状可做出初步诊断，确诊须进行实验室检查。

急性型鸡霍乱与鸡新城疫极易混淆，诊断时应注意区分，鉴别要点见表4 -2。

鸭霍乱与鸭瘟的鉴别：鸭瘟只感染鸭，患鸭流泪，头颈肿大，剖检可见头颈部皮下胶样液体浸润，口、咽、食管、泄殖腔有黄色假膜，肝脏坏死灶不规则，肠道有 1 ~4 处环形出血带，抗生素及磺胺类药物治疗无效。

表 4-2　　急性禽霍乱与鸡新城疫鉴别要点

项目	禽霍乱	鸡新城疫
病原	禽多杀性巴氏杆菌	新城疫病毒
易感动物	鸡、鸭、鹅均易感，鸭最易感	鸡最易感，鹅偶见
流行特点	传播慢，且有间隔，散发或地方流行	传播迅速，呈流行性
病程	短（半天或 1~3 d）	较长（多数 3~5 d）
咯咯声	无	有
神经症状	无	流行后期常有
腺胃乳头出血	无	常见
肝脏坏死点	常见	无
盲肠扁桃体出血	无	常见
肠道局灶性溃疡	无	常见
抗菌药物治疗	有效	无效

（六）防制

1. 预防

加强鸡群的饲养管理，平时严格执行鸡场兽医卫生防疫措施，以栋舍为单位采取“全进全出”的饲养制度。不从有疫情的地区引进种禽，如引进则必须隔离观察饲养 2 周以上，确认健康后方可转入场内。一般从未发生本病的鸡场不进行疫苗接种。

常发地区或鸡场，药物治疗效果日渐降低，本病很难得到有效地控制，可考虑应用疫苗进行预防（由于疫苗免疫期短，防制效果不十分理想），在有条件的地区或养禽场可在本场分离细菌，经鉴定合格后，制作自家灭活苗，定期对鸡群进行注射。实践证明，通过 1~2 年的免疫，本病可得到有效控制。现国内有较好的禽霍乱蜂胶灭活疫苗，安全可靠，可在 0 ℃下保存 2 年，易于注射，不影响产蛋，无毒副作用，可有效防制该病。1 月龄以上的禽，每只皮下注射 1 mL，注射后 5~7 d 产生免疫力，免疫期为 6 个月。

2. 治疗

鸡群发病应立即采取治疗措施，有条件的地区或养禽场应通过药敏试验选择有效药物全群给药。磺胺类药物、氟苯尼考、红霉素、庆大霉素、环丙沙星、恩诺沙星对本病均有较好的疗效。在治疗过程中，投药要及时，剂量要足，疗程合理，当鸡只死亡明显减少后，再继续投药 2~3 d 以巩固疗效防止复发。对病禽接触过的禽舍、场地、用具进行严格的消毒，并严格处理病死禽的尸体、羽毛等以防致病菌扩散。

三、鸡葡萄球菌病

鸡葡萄球菌病（*Avian staphylococcosis*）主要是由金黄色葡萄球菌引起的鸡的急性败血性或慢性传染病。在临床上主要表现为急性败血症、关节炎、雏鸡脐炎等。雏鸡感染后多为急性败血症，中雏为急性或慢性，而成年鸡多为慢性经过。雏鸡和中雏死亡率较高，是集约化养鸡场的重要传染病之一。

（一）病原

在葡萄球菌中，金黄色葡萄球菌是唯一对家禽有致病力的种。典型的致病性金黄色葡萄球菌是革兰阳性菌。

本菌对热、消毒剂等理化因素的抵抗力较强，在干燥环境中可存活 6 个月，80 ℃条件下 30 min 可被杀死，对常用的消毒剂敏感。理论上对青霉素、红霉素、庆大霉素、林可霉素、氟喹诺酮类等药物敏感，但由于抗生素的滥用，耐药菌株不断增多，往往出现抗药现象。因此，在临床用药前最好经过药敏试验，选择临床上最敏感的药物。

（二）流行病学

葡萄球菌在自然环境中分布极为广泛，空气、尘埃、污水以及土壤中都有存在，也是鸡体表及上呼吸道的常在菌。

鸡金黄色葡萄球菌病一年四季均可以发生，以雨季、潮湿和气候多变的夏秋季节多发。

该病发生与鸡的品种有较大关系，肉种鸡及白羽产白壳蛋的轻型鸡种易发、高发，而褐羽产褐壳蛋的中型鸡种则很少发生，即使条件相同后者较前者发病要少的多。肉用仔鸡对本病也较易感。本病在鸡龄 40 ~ 80 d 之间多发，成年鸡发生较少。地面平养，网上平养都有发生，但以笼养发病较多，国外曾称为“笼养病”。

本病发生与饲养管理水平、环境污染程度、饲养密度等因素有直接关系。鸡群密度过大、鸡舍通风不良（有害气体浓度过高）、饲料营养缺乏等应激因素及种蛋及孵化器消毒不严，可促进造成葡萄球菌病的发生。

本病的传播途径有外伤、消化道、呼吸道以及雏鸡的脐带传播。凡是能够造成鸡只皮肤、黏膜完整性遭到破坏的因素，如鸡痘、啄伤、刺种、带翅号或断喙、网刺、刮伤和扭伤等，药物使用不当造成的肠道菌群失调，蚊虫叮咬等均可成为发病的诱因。本病有明显的死亡高峰，死亡率一般为 5% ~50%。

（三）临床症状

由于病原菌侵害部位不同，在临床上表现为多种类型。

1. 脐炎型

新生雏鸡脐炎可由多种细菌感染所致，其中有部分鸡因感染金黄色葡萄球菌，可在 1 ~2 d 内死亡。在临床上主要表现脐孔发炎肿大，腹部膨胀（大肚脐）等，局部呈黄色或黑紫色，触摸发硬；腹部皮下水肿时有波动感，穿刺有黄褐色液体流出。其它与大肠杆菌所致脐炎相似。

2. 败血型（浮肿性皮炎型）

该型以30～70日龄的幼鸡多发，肉鸡比蛋鸡发病率高。病鸡生前没有特征性临床表现，一般可见病鸡精神沉郁，少食或不食，低头缩颈呆立，病后1～2 d即死亡。典型症状是当病鸡在濒死期或死后可见到在鸡胸腹部、翅膀内侧皮肤，有的在大腿内侧、头部、下颌部和趾部皮肤可见皮肤湿润、肿胀，相应部位羽毛潮湿，用手一摸就能脱掉。皮肤呈青紫色或深紫红色，触摸有波动感。有时皮肤破溃，流出褐色或紫色有臭味的液体；有时仅见翅膀内侧、翅尖或尾部皮肤形成大小不等的出血斑或局部形成糜烂或坏死，局部干燥呈红色或暗紫红色，无毛。死亡率为5%～10%，严重的达100%。

3. 关节炎型

成年鸡和肉种鸡的育成阶段多发。多发生于跗关节，可见关节肿胀，紫红色，有热痛感。病鸡站立困难，以胸骨着地，行走不便，跛行，喜卧。有的出现趾底肿胀，溃疡结痂。肉垂肿大出血，冠肿胀有溃疡结痂。

4. 眼炎型

发生鸡痘时可继发葡萄球菌性眼炎，导致头部肿大，眼睑肿胀，有炎性分泌物，结膜充血、出血等，眼球塌陷、失明。

5. 脑脊髓炎型

多见10日龄以内的鸡。表现为扭颈、歪头、两翅下垂、腿轻度麻痹等神经症状，以喙支地，侧向劈叉，趾严重弯曲等，3～5 d死亡。

6. 肺炎型

多见于中雏。主要表现呼吸困难，死亡率10%。

7. 卵巢囊肿型

无明显症状，只在剖检时可见到。

（四）病理变化

败血型葡萄球菌病的病死鸡胸部、前肢部羽毛稀少，脱落，皮肤呈黑紫色水肿，局部皮肤增厚、水肿。切开皮肤见皮下有数量不等的胶冻状紫红色液体。胸腹肌出血、溶血色如红布。有的病死鸡皮肤无明显变化，但局部皮下（胸、腹或大腿内侧）有灰黄色胶冻样水肿液。水肿可自胸、前腹延至两腿内侧、后腹部，向前可达嗉囊周围；同时，胸、腹、腿内侧见有散在的出血斑点或带状出血，特别是龙骨柄处肌肉弥漫性出血更为明显，病程长的，还可见轻度坏死。经呼吸道感染发病的死鸡，一侧或两侧肺脏呈黑紫色，质度软如稀泥。病鸡可出现肝脏肿大，淡紫红色，有花纹或斑驳样变化，小叶明显。病程较长的病例，肝脏表面可见数量不等的白色坏死点。脾脏偶见肿大，紫红色，病程稍长者也有白色坏死点。心包扩张，积蓄有黄白色心包液，心冠脂肪和心外膜偶见出血点。腺胃黏膜有弥漫性出血和坏死。

关节炎型葡萄球菌病多见关节肿胀处皮下水肿，关节液增多，关节腔内有白色或黄色絮状物。病程较长的病例，渗出物变为干酪样物，关节周围结缔组织增生及关节变形。

脐炎型葡萄球菌病的病鸡脐部肿大，呈紫红色或紫黑色，有暗红色或黄红色液体，时间稍久，则为脓样干涸坏死物。卵黄吸收不良，呈黄红或黑灰色，并混有絮状物。

眼炎型病例病变与生前相似。其它剖检变化与大肠杆菌病相似。

（五）诊断

根据流行病学、临床症状和剖检变化可做出初步诊断，确诊须进行细菌的分离培养。

应注意与病毒性关节炎、滑液囊支原体感染、硒缺乏症等进行鉴别诊断。病毒性关节炎多发生于肉用仔鸡，关节肿大，腿外翻，跛行，死亡率较低；葡萄球菌病的发生没有明显的肉鸡和蛋鸡的区别，且蛋鸡的发病率稍高，关节肿大，发热，触摸时有疼痛感，卧地不起，常因不能采食、被踩踏而死，经细菌学检查可确诊。滑液囊支原体感染多发生于9~12周龄的鸡，跛行，死亡率很低，经血清学检查可确诊。硒缺乏症多发生于15~30日龄的雏鸡，渗出液呈蓝绿色，且局部羽毛不易脱落，有明显的神经症状出现。葡萄球菌病多发生于40~60日龄的中雏，渗出液呈紫黑色，局部羽毛易脱落，无明显的神经症状。

（六）防制

1. 预防

要从加强饲养管理、搞好鸡场兽医卫生防疫措施入手，尽可能做到消除发病诱因，认真检修笼具，切实做好鸡痘的预防接种是预防本病发生的重要手段。

注意种蛋、孵化器及孵化过程中的卫生消毒，避免雏鸡感染而发病。

在常发地区频繁使用抗菌药物，使疗效日渐降低，应考虑用疫苗接种来控制本病。国内研制的鸡葡萄球菌病多价氢氧化铝灭活苗，可有效地预防本病发生。

2. 治疗

一旦鸡群发病，要立即全群给药治疗。金黄色葡萄球菌易产生耐药性，应通过药敏试验，选择敏感药物进行治疗。

四、绿脓杆菌病

鸡绿脓杆菌病是由绿脓假单胞杆菌引起的新生雏鸡的一种急性、败血性传染病，其特征是发病急，发病率和死亡率高，临诊上表现为败血症、关节炎和眼炎。

20世纪80年代后，随集约化养鸡业的发展，本病的发病率明显上升，对养鸡业造成一定的损失，应引起人们的重视。

（一）病原

绿脓假单胞杆菌属于假单胞菌科、假单胞菌属。菌体两端钝圆，为革兰阳性菌，大小为（1.5～3.0）μm×（0.5～0.8）μm杆菌，菌体有一根鞭毛，能运动，单个或成双排列，偶见短链排列。本菌为需氧菌。

绿脓杆菌呈世界性分布，广泛存在于土壤、水、空气中以及人和动物的皮肤和肠道上。对外界环境抵抗力较强，在污染的环境及土壤中可存活一定时间，耐许多化学消毒剂和抗生素，如过氧乙酸、百毒杀、甲醛溶液、高锰酸钾等。

（二）流行病学

鸡、火鸡是最常见禽类宿主。种蛋在孵化过程中受污染，浸蛋溶液中可能也会污染此菌。被污染的鸡蛋在孵化器内破裂，可能是雏鸡暴发绿脓杆菌感染的一个来源。另外还有外伤和创伤感染。近年来，我国发现的雏鸡绿脓杆菌病主要由于注射马立克疫苗而感染绿脓杆菌所致。在各种应激因素的刺激下，如气温较高、通风不良或再经长途运输，会降低雏鸡机体的抵抗力，从而使在肠道等处的绿脓杆菌大量繁殖引起禽类发病。

本病一年四季均可发生，但以春季出雏季节多发。可发生于各种年龄的鸡，尤以2月龄以下的鸡最常见，7日龄的雏鸡多呈暴发性发生，死亡率一般为30%～50%，严重的达85%。雏鸡对绿脓杆菌的易感性最高，随着日龄的增加，易感性越来越低。

（三）临床症状

本病发病突然，病程短。病雏精神沉郁，食欲降低或废绝，体温升高（42℃以上），腹部膨胀，两翅下垂，羽毛逆立，排黄白色或白色水样粪便。有的病例几乎看不到临床症状而突然死亡，死亡率可达70%～90%。有的病例出现眼球炎，表现为上下眼睑肿胀，一侧或双侧眼睁不开，角膜白色混浊、膨隆，眼中常带有微绿色的脓性分泌物。病程长者，眼球下陷后失明，影响采食，最后衰竭而死亡。也有的雏鸡表现神经症状，奔跑、动作不协调、站立不稳、头颈后仰，最后倒地而死。关节肿胀，跛行。

若孵化器被绿脓杆菌污染，在孵化过程中会出现爆破蛋，同时孵化率降低，死胚增多。

（四）病理变化

脑膜有针尖大的出血点。脾脏淤血，肝脏表面有大小不一的出血斑点。头、颈部皮下有大量黄色胶冻样渗出物，有的可蔓延到胸部、腹部和两腿内侧的皮下。颅骨骨膜充血和出血，头颈部肌肉和胸肌不规则出血，后期有黄色纤维素样渗出物。腹腔有淡黄色清亮的腹水，后期腹水呈红色。肝脏、法氏囊浆膜和腺胃浆膜有大小不一的出血点，气囊混浊增厚。绿脓杆菌静脉接种，引起心包炎与化脓性肺炎。卵黄吸收不良，呈黄绿色，内容物呈豆腐渣样，严重者卵黄破裂形成卵黄性腹膜炎。侵害关节者，关节肿大，关节液混浊增多。死胚表现为颈后部皮下肌肉出血，尿囊液呈灰绿色，腹腔中残留较大的尚未吸收的卵黄囊。

（五）诊断

雏鸡患绿脓杆菌病，往往发生在注射马立克病疫苗后的当天深夜或第二天。发病急，且死亡率高，可根据疾病的流行病学特点和病雏的临床症状及病理变化做出初步诊断，确诊须进行病原菌的分离培养和鉴定。

（六）防制

搞好孵化的消毒卫生工作。孵化用的种蛋在孵化之前可用甲醛熏蒸（蛋壳消毒）后再入孵。熏蒸消毒时，每 2.83 m^3 空间用甲醛溶液 120 mL 及高锰酸钾 60 g，密闭熏蒸 20 min，可以杀死蛋壳表面的病原体，防止孵化器内出现腐败蛋。对孵出的雏鸡进行马立克病疫苗免疫注射时，要注意注射针头的消毒卫生，勤换注射针头，避免通过此途径将病原菌带入鸡体内。

一旦暴发本病，应选用高敏药物治疗。首选药物为庆大霉素，其它也可用妥布霉素、新霉素、多黏菌素、丁胺卡那霉素（阿米卡星）进行紧急注射或饮水治疗。庆大霉素可采用肌注，4 000 ~ 5 000 IU/（只・d）；饮水 5 000 ~ 6 000 IU/（只・d），连用 3 d，可很快控制疫情。另外，也可用庆大霉素、氟哌酸、恩诺沙星等给雏鸡饮水做预防。

五、禽链球菌病

禽类链球菌病在世界各地均有发生，有的表现为急性败血症，有的呈慢性感染，死亡率 0.5% ~50%。由于链球菌是禽类和野生禽类肠道正常菌群的组成部分，因此一般认为链球菌感染是继发性的。

（一）病原

与禽类有关的链球菌包括革兰抗原血清群 C 群的兽疫链球菌和 D 群的粪链球菌、粪便链球菌、坚忍链球菌以及鸟链球菌。链球菌是革兰阳性菌，无鞭毛不能运动，不形成芽孢，兼性厌氧，单个、成对或呈短链存在。

链球菌的抵抗力差，一般消毒剂对其都有杀灭作用。

（二）流行病学

本病主要通过口腔和空气经消化道和呼吸道传播，也可通过损伤的皮肤和黏膜传播。粪便链球菌和变异链球菌分别是小鸭和雏鹅发病死亡的病因，而兽疫链球菌一般不引起成年鸡发病。实验条件下，火鸡、鸽、鸭、鹅、家兔、小鼠均对其敏感，气雾感染兽疫链球菌和粪链球菌时，可引起鸡发生急性败血症和肝脏肉芽肿，死亡率很高。粪链球菌对各种年龄的禽均有致病性，但发病最多的是鸡胚和雏鸡。

本病的发生往往同一定的应激因素有关，如气候变化、温度偏低、潮湿拥挤、饲养管理不当、不洁的饮水及劣质的垫料均可成为本病的发生诱因。

（三）临床症状

兽疫链球菌感染主要引起雏鸡发病，病雏表现精神倦怠，组织充血，羽毛蓬松，排出黄色稀粪，病禽消瘦，冠和肉髯苍白。

D 群链球菌感染表现为急性和亚急性（或慢性）两种病型。急性型呈败血症经过，鸡群突然发病，病鸡委顿、嗜眠、食欲下降或废绝，羽毛粗乱，鸡冠和肉髯苍白或发紫，有时见肉髯肿大，腹泻，头部轻微震颤，成年鸡产蛋下降或停止。亚急性型（或慢性型）主要表现精神沉郁，体重下降，跛行和头部震颤，严重者还能加重鸡的纤维素性化脓性眼睑炎和角膜炎。

鸡感染粪链球菌后，一定时间内（2～3 d后）白细胞增多，其中增多幅度大的鸡发生心内膜炎，在增多的白细胞中，异嗜性白细胞占优势，而单核细胞只轻度增多。经种蛋传播或入孵种蛋被粪便污染时，可造成晚期胚胎死亡以及仔鸡或幼禽不能破壳的数量增多。

（四）病理变化

（1）急性型　兽疫链球菌与 D 群链球菌所引起的急性型的大体病变相似。特征性的病变是脾肿大呈圆球形，肝肿大，淤血，呈暗紫色，有时见表面有1 cm大小红色或黄褐色或白色的坏死点。肾肿大，皮下组织、心包有时见有积液，呈血红色，有的还见有腹膜炎。若孵化过程中发生感染，常见到脐炎。

（2）慢性型（或亚急性型）　主要变化主要是纤维素性关节炎、腱鞘炎、输卵管炎、纤维素性心包炎和肝周炎、坏死性心肌炎、心瓣膜炎。瓣膜的疣状赘生物常呈黄色、白色或黄褐色，表面粗糙并附着于瓣膜表面。瓣膜病变常见于二尖瓣，其次是主动脉或右侧房室瓣，并伴有心脏增大、苍白、心肌迟缓。发生心肌炎的病例在瓣膜基部或心尖部有出血区。肝、脾或心肌发生梗死，肺、肾及脑有时也发生，肝脏梗死多发生于肝脏的腹后缘，并扩展到肝实质，界限分明，随着病程的延长，梗死区色泽变浅，呈条带状。

（五）诊断

根据其流行情况、发病症状、病理变化，结合涂（触）片检查可以做出初步诊断。涂（触）片检查是采用血涂片或病变的心瓣膜或其它病变组织做触片，进行镜检，可见到典型的链球菌。进一步确诊须通过细菌分离鉴定。

鉴别诊断：自然病例尤其是育成和成年鸡发病时，从季节上、发病特点及临床表现来看与其它细菌性疾病如大肠杆菌病、禽霍乱易相混淆，因此鸡群发病时，必须进行细菌的分离鉴定加以区分。

（六）防制

目前尚无特异性预防办法。主要的防制措施应从环境卫生和增强机体抵抗力 2 个方面着手，精心饲养，加强管理，做好其它疫病的预防接种和防制工作。认真贯彻鸡场兽医卫生措施，提高鸡群抗病能力。鸡和其它禽类一旦发病，及时确诊，立即给药。

链球菌对青霉素、氨苄青霉素、红霉素、新霉素、庆大霉素、卡那霉素均很敏感，通过口服或注射途径连续给药 4 ~5 d 可控制该病的流行。在治疗期间，加强饲养管理、消除应激因素、搞好综合兽医卫生措施可迅速控制疫情。

单元四 | 其它细菌性疾病

一、鸭传染性浆膜炎

鸭传染性浆膜炎（infectious serositis of duck）又称鸭瘟里默菌病，原名鸭瘟巴氏杆菌病，是鸭、鹅、火鸡和其它多种禽类的一种急性或慢性传染病。本病的临床特点为倦怠，眼与鼻孔有分泌物，绿色下痢，共济失调和抽搐。病变特征为纤维素性心包炎、肝周炎、气囊炎、干酪性输卵管炎和脑膜炎、关节炎及麻痹。急性型的死亡率达75%。本病常引起小鸭大批死亡和生长发育迟缓，造成很大的经济损失，是危害养鸭业的主要传染病之一。

（一）病原

病原为鸭瘟里默菌（*Riemerella anatipestifer*，RA），属巴氏杆菌科，以前称为鸭瘟巴氏杆菌（*Pasteurella anatipestifer*），本菌为革兰阴性菌，无芽孢，不能运动，有荚膜。

本菌对理化因素的抵抗力不强。在室温下，大多数鸭瘟立默菌菌株在固体培养基上存活不超过3～4 d，肉汤培养物贮存于4 ℃可存活2～3周，55 ℃作用12～16 h，细菌全部失活。长期保存菌种，须冻干保存。

（二）流行病学

1. 易感动物

主要自然感染1～8周龄的鸭，尤以2～3周龄雏鸭最易感，在污染鸭场的感染率可达90%以上。病死率高低不一，一般为5%～75%，与感染鸭的日龄、环境条件、病毒毒力、应激因素等有关。曾有鸡、黑天鹅、火鸡感染本病的报道。

2. 传染途径

主要通过污染的饲料、饮水、飞沫、尘土等经呼吸道和损伤的皮肤等途径传播，用上述途径人工感染可复制本病。有人认为，该病也可经蛋垂直传播，但未从死胚和1日龄雏鸭卵黄囊中分离到鸭瘟里默菌。

3. 流行形式

本病一年四季都可发生，尤以气温低、湿度大的季节发病和死亡率最高，常表现明显的“疫点”特征，即在本病流行较为严重的鸭场，其周围鸭场也常有此病流行。

4. 应激因素对本病流行的影响

被本病感染而无应激的鸭通常不表现临床症状；但如受应激因素的影响，如育雏室密度过大、通风不良、卫生条件差、饲料中营养物质缺乏、转舍时受寒冷或雨淋的刺激、其它传染病（鸭大肠杆菌病、禽霍乱、沙门菌病、葡萄球菌病、鸭病毒性肝炎等），缺少维生素、微量元素和低蛋白等均可引起本病暴发流行，加剧本病的发生和病鸭死亡。地面育雏也可因垫料粗硬、潮湿使雏鸭脚掌损伤而引起感染。

（三）临床症状

1. 最急性型

常见不到任何明显症状而突然死亡。

2. 急性型

多见于2～4周龄的小鸭，病初表现眼流出浆液性或黏性的分泌物，常使眼周围羽毛粘连或脱落，眼周围羽毛被粘湿形成“眼圈”。鼻孔流出浆液或黏液性分泌物，有时分泌物干涸，堵塞鼻孔。轻度咳嗽和打喷嚏。腹泻，粪便稀薄呈绿色或黄绿色。嗜睡，缩颈或嘴抵地面，腿软，不愿走动或行动跟不上群、步态蹒跚。濒死前出现神经系统症状，如不停地点头或左右摇摆，痉挛、背脖、前仰后翻，两腿伸直呈角弓反张状，尾部摇摆等，不久抽搐而死，病程一般2～3 d。幸存者生长缓慢。

3. 慢性型

多见于日龄较大的小鸭，病程1周以上。病鸭表现精神沉郁，少食，共济失调，痉挛性点头运动，双脚软弱，站立像犬坐一样，前仰后翻，翻转后仰卧，不易翻起。皮肤干瘪，有关节炎、呼吸困难等症状。少数鸭出现头颈歪斜，遇惊扰时不断鸣叫和转圈、倒退等，而安静时头颈稍弯曲，尤如正常，因采食困难，逐渐消瘦而死亡。

（四）病理变化

主要病变是全身浆膜表面均附有渗出物，尤以心包腔内和肝脏的表面最明显，呈明显的纤维素性心包炎、肝周炎、气囊炎、脑膜炎等。

1. 纤维素性心包炎

心包液增多，心包膜外面覆盖纤维素性渗出物，使心外膜与心包膜形成粘连。

2. 纤维素性肝周炎

肝表面覆盖一层灰白色或灰黄色纤维素膜，易剥离。肝肿大呈土黄色或棕红色。病程较长者，纤维素性渗出物被肝被膜生长出的肉芽组织机化，呈淡黄色干酪样团块。

3. 纤维素性气囊炎

气囊混浊增厚，被覆纤维素性膜。慢性病例可见到纤维素性化脓性肝炎和脑膜炎，脾肿大，表面有灰白色斑点，呈斑驳状，另外还有干酪性输卵管炎和关节炎等。

（五）诊断

根据流行病学资料、临床症状和病理变化，可做出初步诊断，确诊有赖于实验室诊断。

1. 涂片镜检

取脑、心包渗出物或肝脏做涂片，瑞氏染色镜检，可见两端浓染的小杆菌。

2. 细菌的分离与鉴定

无菌取脑、心包渗出物或肝脏等病料，分别接种于鲜血琼脂平板、麦康凯琼脂平板和巧克力琼脂平板上，置烛缸 37 ℃培养 24 ~48 h。鲜血琼脂平板上长出凸起、边缘整齐、透明、有光泽、奶油状菌落，不溶血；在巧克力琼脂平板上形成圆形、凸起、半透明、微闪光、直径 1 ~1. 5 mm 的菌落；在麦康凯琼脂上不生长。

取 24 h 巧克力琼脂纯培养物进行生化试验。多数菌株不发酵糖类，但少数菌株对葡萄糖、果糖、麦芽糖、肌醇发酵，产酸不产气，不产生吲哚和硫化氢，不还原硝酸盐，不能利用柠檬酸盐，M. R 和 V－P 试验呈阴性，氧化酶和过氧化氢酶呈阳性。

由于本菌不同分离株的生化特性差异很大，因此，在鉴定时，不仅要做生化试验，还要进一步做血清型的鉴定，可采用玻片凝集或琼扩反应进行。

3. 荧光抗体法检查

取肝或脑组织做触片，火焰固定，用鸭瘟立默菌特异的荧光抗体染色，在荧光显微镜下检查，鸭瘟里默菌呈黄绿色环状结构，多为单个散在，其它细菌不着染。

4. 鉴别诊断

要与鸭霍乱和鸭瘟进行鉴别。鸭霍乱是由禽多杀性巴氏杆菌引起，主要易感动物为鸡、鸭、鹅等禽类。易感日龄以青年和成年鸭为主。临床症状主要表现摇头，绿色下痢，急性死亡。病理变化是心冠脂肪、心外膜点状出血，肝脏表面有针尖大小灰白色坏死灶。抗菌药物治疗有效。

鸭瘟的病原是鸭瘟病毒，主要易感动物是鸭、鹅。感染日龄是 30 日龄以上鸭。临床表现为头颈肿胀、流泪、绿色下痢，后期两腿麻痹。病理变化表现为食管和泄殖腔有假膜；肝脏有坏死灶和出血点；肠道环状出血。抗菌药物治疗无效。

鸭传染性浆膜炎的病原为鸭瘟里默菌，易感动物为鸭和鹅，主要感染 2 ~4 周龄雏鸭，临床表现为绿色下痢、两腿无力、共济失调、点头等神经症状。病理表现为纤维素性心包炎、肝周炎、气囊炎。抗生素治疗有效。

（六）防制

加强饲养管理、注意育雏室的通风换气、干燥防寒、适宜饲养密度、使用柔软干燥的垫料、并勤换垫料、清洁卫生等是控制和预防本病的有效措施。转群时全进全出，并经常消毒。出栏后应彻底消毒，并空舍 2 ~4 周。

1. 疫苗预防

鸭瘟里默菌血清型较复杂。美国国立动物疾病研究中心将其分成6个血清型，即1，2，3，5，7和8型，并对1975—1979年在鸭场分离的菌株进行鉴定，95%以上属于1，2，5三种血清型。

美国成功研制了包括1，2，5三种血清型的多价弱毒活疫苗，经气雾或饮水免疫1日龄雏鸭，可产生明显的保护作用。

我国学者郭玉璞、高福等人分离出鸭瘟里默菌菌株，经鉴定属血清2型，并制出鸭瘟里默菌灭活苗，给1周龄雏鸭两次免疫接种，保护率达86%以上。

2. 药物防制

对于经常发生本病的鸭场，可在本病易感日龄使用敏感药物进行预防。

多种抗生素及磺胺类药物对本病均有一定的防治效果；但由于鸭瘟里默菌易产生抗药性，用药前最好能做药敏实验，筛选高敏药物，并注意药物的交替使用。

二、禽弯曲杆菌性肝炎

禽弯曲杆菌性肝炎（*Avian campylobacter* hepatitis）又称弧菌性肝炎、禽弯曲杆菌病、传染性肝炎，是由弯曲杆菌属的嗜热弯曲杆菌，主要是空肠弯曲杆菌引起的鸡的一种急性或慢性传染病。本病以肝脏出血、坏死性肝炎伴有脂肪浸润、发病率高、死亡率低、产蛋量下降、日渐消瘦、腹泻和慢性经过为特征。

1955年，美国首次报道鸡弯曲杆菌感染，以后加拿大、荷兰、德国、日本等国相继报道发现本病。1982年，我国从发病鸡群中分离出该菌，并有逐渐上升的趋势。

目前，空肠弯曲杆菌已成为世界范围内最常见的食源性细菌胃肠炎诱因，在一定范围上由其引起的食源性细菌感染已超过沙门菌，空肠弯曲杆菌已对禽产品安全构成严重威胁。

（一）病原

弯曲杆菌属的嗜热弯曲杆菌从临床意义上可分为3种：空肠弯曲杆菌、结肠弯曲杆菌和鸥弯曲杆菌，该菌是一种人、禽、兽均可感染的病原菌。空肠弯曲杆菌是从禽类分离出来的最常见的一种杆菌，该菌呈逗点状，当2个菌体连成短链时呈S形、螺旋形弯曲状(似海鸥的翅膀)，其大小为(0.2~0.5) μm×(0.5~5) μm，革兰染色呈阴性，能运动，有鞭毛。本菌为微嗜氧菌，在含有5%氧气、10%二氧化碳和85%氮气的环境下生长良好。最适生长温度为43 ℃、37~42 ℃也可生长，故称本菌为嗜热弯曲杆菌。

弯曲杆菌对干燥极其敏感，干燥、日光可迅速将其杀死。对氧敏感，在外界环境中很快就会死亡。在37 ℃环境中能存活2周。对酸和热敏感，pH 2~3

经5 min或58 ℃条件下5 min可杀死本菌。冻干可长期保存本菌。

禽弯曲杆菌对各种常用的消毒剂较敏感，0.25%甲醛溶液15 min内可杀死本菌；0.15%有机酚、1∶50 000稀释的季铵盐类、0.125%戊二醛均可在1 min内杀死本菌。多数菌株对红霉素、土霉素、强力霉素、卡那霉素、庆大霉素、氟喹诺酮类药物有不同程度敏感性。

（二）流行病学

本病可感染鸡和火鸡，自然发病的仅见于鸡群，以开产前后和产蛋数月的成年鸡最易感。现已知除鸡、火鸡、鸭等家禽外，包括鸽子、鹧鸪、鹌鹑、雉鸡和部分狩猎鸟能感染本病，鸵鸟弯曲杆菌病也见有资料报道。试验动物中以家兔最为敏感。

病鸡和带菌鸡是主要传染源，通过其染菌粪便、污染的饲料、饮水、用具及周围环境经消化道感染，多为散发或地方性流行。野生鸟类粪便中也能分离到本菌，提示野生鸟类可通过粪便污染饲养场而传播本病。饲养管理不良、应激（转群、注射疫苗、气候突变等）、球虫病以及滥用抗生素药物致肠道菌群失调等，都可促使本病的发生。从与污染的环境有接触的家蝇、蟑螂等昆虫体内分离出空肠弯曲杆菌，这些昆虫可能会起到传播作用。

本病世界各地普遍存在，发病率高、死亡率低，死亡率为7%～26.7%。本病常与鸡马立克病、新城疫、支原体病以及大肠杆菌病、沙门菌病等混合感染，大大增加了鸡群的死亡率。

（三）临床症状

本病潜伏期约为2 d，临床上以缓慢发作、持续期长、没精神、消瘦和腹泻为特征。病鸡精神沉郁，呆立不动，食欲减退，喜饮水；腹泻，排出黄褐色糊状继而水样粪便；羽毛松乱，鸡冠苍白，呈鳞片状皱缩，逐渐消瘦；产蛋量下降25%～35%；雏鸡常呈急性经过，表现精神沉郁和腹泻；病雏呆立、缩颈、闭目，羽毛杂乱无光，肛门周围污染粪便，多数病鸡先呈黄褐色腹泻，而后呈浆糊状，继而呈水样，部分病鸡此时即急性死亡；青年鸡体重减轻，开产期推迟，常呈慢性经过；产蛋初期软皮蛋、沙皮蛋增多，不易达到预期产蛋高峰；鸡冠苍白、干燥、皱缩并有鳞片状皮屑，常有腹泻；成年鸡畸形蛋增多，整个鸡群长期腹泻；肉鸡全群发育缓慢，增重受阻。个别急性病例感染后2～3 d死亡，病死率一般2%～15%。

（四）病理变化

急性死亡的雏鸡死后病变主要是从十二指肠末端到盲肠分叉之间的肠管扩张，积有黏液和水样液体。最明显的病变在肝脏。急性病例可见肝实质变性、肿大、色泽变淡、呈土黄色、质地脆弱，肝表面有散在的黄色星状坏死灶和菜花状坏死区，坏死灶中心部出血。肝脏有时覆盖一层淡黄褐色被膜，被膜下有出血点、出血斑或形成血肿。偶有肝破裂而大出血，此时可见肝脏表面附有大的血凝块，腹腔内积有血水和血凝块。慢性病例肝变硬并萎缩，且伴有腹水或心包液。肺淤血，有局灶实变区。心脏扩张，心肌变性，心包积液。脾肿大，个别有出血点。肌胃和腺胃浆膜下条纹状淤血。卡他性肠炎，空肠黏膜出血。肾肿大，苍白。产蛋鸡卵巢变性，皱缩，变形并出现出血性卵泡。有的卵泡破裂，卵黄掉入腹腔，引起卵黄性腹膜炎。急性死亡的蛋鸡，往往肝脏破裂，腹腔积满血水，子宫内常有完整的鸡蛋。值得注意的是，表现临床症状的病鸡不到10%的在肝脏出现肉眼病变，所以，应多剖检几只病死鸡，才能见到典型的病变。

（五）诊断

根据流行病学、临床症状、剖检变化以及实验室检查进行确诊。

1. 病料采集

分离弯曲杆菌最好的病料是胆汁，可用灭菌注射器抽取胆汁，也可以采取肝、脾、肾、盲肠内容物等分离病原。由于弯曲杆菌对干燥敏感，在送检时要特别小心。此外，可将送检病料用1 000 IU/mL 杆菌肽或1 000 IU/mL 多黏菌素B处理，以防污染。

2. 病原分离及鉴定

将病料接种10%马血琼脂平板上，把接种好的平板，放在密闭容器中，充入含有5%氧气、10%二氧化碳和85%氮气的混合气体，在43 ℃下培养24 h，然后挑取单个菌落，染色镜检，见有弯曲杆菌即可确诊。也可将病料接种于5～8 日龄鸡胚卵黄囊，鸡胚于接种后3～5 d 死亡，收集死亡鸡胚的尿囊液、卵黄，涂片、染色、镜检。

3. 鉴别诊断

应注意与鸡沙门菌病、鸡淋巴白血病进行鉴别诊断。

鸡沙门菌病、鸡淋巴白血病虽都可引起肝脏肿大，但鸡沙门菌病病原为革兰阴性菌。鸡淋巴白血病为病毒病，病鸡的肝脏、脾脏和法氏囊有肿瘤样结节。

（六）防制

1. 加强饲养管理和卫生消毒

保持鸡舍的通风和清洁卫生，供给鸡只营养丰富的饲料，精心饲养。保持鸡舍内合适的温度、湿度、密度和光照。严格对鸡舍内外、饮水、饲料及用具等的消毒。青年鸡和成年产蛋鸡应加强粪便的清除，防止细菌滋生。

2. 发病后治疗

本菌对青霉素、杆菌肽等药物有耐药性。病重的患鸡可采用2种或多种药物联合治疗。有条件做药敏试验的养鸡场，可选择高敏药物进行治疗。无条件的，应根据平时用药习惯，尽量避免重复用药。在治疗的同时，可在饮水中适当添加复合维生素，以减轻各种应激反应。

（七）公共卫生

空肠弯曲杆菌是人的一种重要的食物中毒菌。多种禽类为空肠弯曲杆菌的贮存宿主，有人从患鸡的肝、心、脾、肾等脏器中分离出空肠弯曲杆菌，屠宰禽在加工过程中被污染、冷藏不足和烹调不当，致使弯曲杆菌病成为一种重要的食源性疾病，患弯曲杆菌性肝炎鸡的肌肉和肝脏是引起人弯曲杆菌性食物中毒的重要原因。因此，该病在公共卫生上具有重要的意义。

三、禽衣原体病

禽衣原体病又称鸟疫、鹦鹉热，是由鹦鹉衣原体引起的禽类的一种急性或慢性接触性人畜共患传染病。

禽衣原体病已遍及世界各地，且其流行呈上升趋势。许多野禽和家禽尤其是鸽的血清阳性率和病原分离率均较高，成为禽类和人鹦鹉热的重要传染源。

禽衣原体病不仅给养禽业带来重大经济损失，而且对人类健康也是一个严重威胁。

（一）病原

衣原体是一类具有滤过性、严格在真核细胞内寄生、并有独特发育周期以二等分裂繁殖和形成包涵体的革兰阴性原核细胞型微生物。衣原体是一类介于立克次体与病毒之间的微生物。

衣原体归于衣原体目衣原体科衣原体属，属下现有 4 个种：沙眼衣原体、肺炎衣原体、牛羊衣原体和鹦鹉衣原体，其中鹦鹉衣原体包括许多不同的生物变种和血清型。

包涵体是衣原体在细胞空泡内繁殖过程中所形成的集团形态，它内含无数子代原体和正在分裂增殖的网状体。鹦鹉衣原体在细胞内可出现多个包涵体，成熟的包涵体经姬姆萨染色呈深紫色，革兰染色呈阴性。在 4 种衣原体中，只有沙眼衣原体的包涵体内含糖原，碘液染色时呈阴性，即显深褐色。

衣原体对理化因素的抵抗力不强，对热较敏感，56 ℃5 min、37 ℃48 h 和 22 ℃12 d 均可使其失去活性，一般消毒剂（如 70% 酒精、碘酊溶液，3% 过氧化氢等）、脂溶剂和去污剂可在几分钟内破坏其活性，但对煤酚类 50 d 才能灭活。鸡胚卵黄囊或小白鼠体内具有感染性的原生小体，在 -20 ℃ 下可保存若干年。用频率超过 100 千兆的超声波或去氧胆酸钠处理能将其破坏。

（二）流行病学

鹦鹉衣原体的宿主范围十分广泛，鸽是衣原体最经常的宿主。家禽中常受感染发病的是火鸡、鸭和鸽。鸡一般对鹦鹉衣原体具有较强的抵抗力。鸟类、多种野禽和人均易感，且可互相传染。

患病或感染畜禽可通过血液、鼻腔分泌物、粪便、尿、乳汁及流产胎儿、胎衣和羊水大量排出病原体，污染水源和饲料等。健康畜禽可经消化道、呼吸道、眼结膜、伤口和交配等途径感染衣原体。吸入有感染性的尘埃是衣原体感染的主要途径。吸血昆虫（如蝇、蜱、虱等）可促进衣原体在动物之间的迅速传播。

由于吸入的衣原体的数量和感染菌株的毒力不同，自然感染潜伏期也不同。用强毒株实验感染火鸡，5～10 d 出现临床症状。一般来说，幼龄家禽比成年易感，易出现临床症状，死亡率也高。

（三）临床症状

禽类感染后多呈隐性，尤其是鸡、鹅、野鸡等，仅发现有抗体存在。鹦鹉、鸽、鸭、火鸡等可呈显性感染。

患病鹦鹉精神委顿，不食，眼和鼻有黏性脓性分泌物，拉稀，后期脱水，消瘦。幼龄鹦鹉常常死亡，成年者则症状轻微，康复后长期带菌。

病鸽精神沉郁，厌食，拉稀，结膜炎，眼睑肿胀和鼻炎。呼吸困难，发出咯咯声。成鸽多数可康复成为带菌者，雏鸽大多死亡。

雏鸭眼和鼻流出浆液性或脓性分泌物，不食，拉稀，排淡绿色水样稀粪。病初震颤，步态不稳，后期明显消瘦，常发生惊厥而死亡，雏鸭病死率一般较高，以5～7周龄鸭最为严重，成年鸭多为隐性经过。

火鸡患病后，精神委顿，厌食，拉稀，排出黄绿色胶冻状粪便，消瘦，病死率可达30%，严重感染的母火鸡产蛋率迅速下降。感染弱毒株的火鸡群症状表现为厌食，绿色稀粪，对产蛋量影响不大。

病雏鸡主要症状为白痢样腹泻，厌食，有报告衣原体引起的蛋鸡输卵管浆液性囊肿病，30～50日龄鸡死亡较多。

人类的感染大多来自患病鹦鹉类禽鸟，主要经吸入病禽鸟的含菌分泌物而感染，人感染后可引起肺炎和毒血症，人与人之间的传播尚无报道。

（四）病理变化

病鸭剖检时可发现气囊增厚、结膜炎、鼻炎、胸肌萎缩和全身性多浆膜炎，常见浆液性或浆液纤维素性心包炎，肝脾肿大，肝周炎，有时肝脾上可见灰黄色坏死灶。

病鸽肝、脾肿大，变软，色变深，气囊增厚。胸腹腔浆膜面、心外膜和肠系膜上有纤维蛋白渗出物。如发生肠炎，可见泄殖腔内容物内含有较多尿酸盐。

火鸡病变与上述类似，但肺和心的损害常更严重，肺可呈弥漫性充血，心可能增大，常有浆液纤维素性心包炎。鹦鹉的病变与上类似。

（五）诊断

注意沙门菌病、巴氏杆菌病、支原体病、大肠杆菌病及禽流感等疫病在临床症状和病理变化上与衣原体病容易混淆。本病的诊断必须进行病原体的分离和鉴定，必要时进行动物接种和血清学试验。

1. 脏器压片检查衣原体

可使用肝、脾、心包、心肌、气囊和肾等压片染色检查。用姬姆萨染料染色衣原体呈紫色，用 Gimecez 氏染色，衣原体原生小体红色，网状体蓝色。找到包涵体对确诊意义重大。

2. 血清学反应

国内目前用于禽衣原体病诊断的血清学反应为补体结合反应和间接红细胞凝集试验。

3. 病原分离培养

分离培养衣原体病原时可使用鸡胚、小鼠和细胞单层。接种用的材料为肝、脾、肾、心肌、气管、粪便等。材料必须新鲜。将病禽材料混合制成20%混悬液，加入适当的抗生素，如链霉素（500 μg/mL）、庆大霉素（50 μg/mL）等皆可，但不能应用青霉素。将混悬液以低速离心 10～15 min，除去组织渣。

（1）鸡胚接种　接种用的鸡胚应来自不饲喂抗生素尤其是四环素族的无衣原体感染的鸡群，胚龄6～7 d为宜，经卵黄囊途径接种0.1～0.3 mL，接种后继续培养，将前3 d的死亡胚弃去，对以后死胚逐个以卵黄囊压片染色检查有无衣原体，如果第一代胚未发现可继续再传1～2代检查。

（2）小鼠接种　腹腔或脑内接种，将出现症状或死亡鼠的脾脏压片和腹腔液涂片染色检查衣原体。如用脑内接种则检查脑压片；如果未检到衣原体，或者接种后9 d小鼠仍健活的，可以采取脾（脑）再接种小鼠、鸡胚或单层细胞检查1次。

（3）细胞单层接种　许多传代细胞如 Vero、BHK21、Hela229、McCoy 等细胞都适用于衣原体的分离培养，接种后培养2～3 d即可用于染色检查衣原体，比接种鸡胚或小鼠可以早日得到结果。

（六）防制

1. 综合措施

为有效防制衣原体病，应采取综合措施，特别是杜绝引入传染源，控制感染动物，阻断传播途径。

加强禽畜的检疫，防止新传染源引入。保持禽舍及周围环境的卫生，发现病禽要及时隔离和治疗。

对于敏感性较强的禽类（如鸽、鸭）的饲养应该警惕，一旦发现可疑征象，应该快速采取方法予以确诊，必要时对全部病禽扑杀以消灭传染源。带菌禽类排出的粪便中含有大量衣原体，故禽舍要勤于清扫。清扫时要注意个人防护，如戴口罩、禽舍消毒等。

2. 免疫接种

采用有效的人工免疫是重要的预防措施。鹦鹉衣原体可诱导机体产生细胞免疫和体液免疫。衣原体刺激机体产生特异性中和抗体能抑制衣原体的感染性。衣原体的型特异抗原也能诱导机体产生型特异抗体，对小鼠具有保护作用。有证据表明，机体消除鹦鹉热衣原体和抵抗衣原体再感染中，细胞免疫起到重要作用。人和动物自然感染衣原体后，可产生一定的病愈免疫力。用感染衣原体的卵黄囊制成灭活苗，免疫动物可产生较好预防效果。

3. 治疗

鹦鹉衣原体对青霉素和四环素类抗生素都较敏感，其中以四环素类的治疗效果最好。大群治疗时用 0.4% 的浓度在饲料中添加四环素（金霉素或土霉素），充分混合，连续喂给 1 ~ 3 周，可以减轻临诊症状和消除病禽身体组织内的病原。

一、禽细菌性传染病的药物治疗及注意事项

禽细菌性传染病除各类肠道菌属和霉形体传染病之外，尚有 20 余种常见疾病，如禽霍乱、葡萄球菌病、链球菌病、传染性鼻炎、弯曲杆菌性肝炎、麦氏弧菌感染、肉毒中毒、梭菌感染、结核病等。

随着集约化养禽场的增多和规模的不断扩大，环境污染越来越严重，细菌性传染病明显增多，不少病的病原菌已成为养禽场的常在菌和常发病，由于滥用抗菌药物，使一些常见的细菌极易产生强的耐药性，一旦发病，诸多药物都难以奏效。因此，科学的饲养管理、搞好环境卫生和合理用药对于有效控制细菌性传染病是十分重要的。

禽细菌性传染病可以用抗菌药物进行预防和治疗。在使用药物进行治疗时，要考虑如下几个方面的问题：一是敏感用药。有些病原菌易产生耐药性，用药前最好先做药敏试验，以便选用敏感药物；二是要考虑药物的体内过程。内服给药治疗全身性感染的疾病时，要选择内服能够吸收的药物，如果使用内服不能吸收的药物，则必须通过注射或气雾给药；三是要考虑禽群的采食量。当鸡群采食量明显下降、内服给药不能达到有效的血药浓度时，则必须通过注射给药途径。这一点在生产实践中尤其要注意，以免延误病情和造成药物的浪费。

禽细菌性传染病大多可选择适当的抗生素类药物进行治疗，治疗中要注意结合禽类的生理特点，按照食品安全要求，选择和使用适当的药物和方法。

1. 根据鸡的生理特点正确选择治疗药物和方法

（1）鸡的消化道呈酸性，而呋喃类药物在酸性条件下，效力和毒力同时增强，易发生中毒，故对鸡使用呋喃类药物时要严格控制用量。我国已宣布食用性动物禁用呋喃类药物。

（2）鸡的蛋白质代谢产物为尿酸，尿液的 pH 与家畜有明显区别，一般为 5.3 左右，在使用磺胺类药物时应予以注意，易造成肾脏的损伤。

（3）鸡一般无逆呕动作，所以不宜使用催吐药物，当鸡服药过多或发生中毒时，应采用嗉囊切开术加以排除。

（4）鸡的味觉功能较差，所以苦味健胃药对鸡不适用。鸡对咸味没有鉴别能力，所以饲料中如食盐过多易中毒。

（5）鸡有气囊，气体经过肺运行，并循着肺内管道进出气囊，所以气雾法是适用于鸡的给药途径。

2. 常见禽细菌性传染病的用药特点

（1）大肠杆菌病和鸡白痢 大肠杆菌病多发生于10日龄和30日龄左右的雏鸡，发病主要与饲养环境、气候、管理、孵化等因素有关。鸡白痢是由沙门菌引起的传染病，主要经蛋传播，发病死亡集中于2～3周龄。由于近年来对药物残留的严格控制，防制用药的范围越来越小，疾病控制也越来越难。实践验证，对这些肠道性细菌病，当前较好（较敏感）的治疗药物主要有头孢类、氟苯尼考、丁胺卡那霉素（阿米卡星）、左旋氧氟沙星、新霉素、安普霉素、乳酸环丙沙星和磷霉素钙等，其中在大部分地区都敏感的有头孢类、氟苯尼考、磷霉素钙、安普霉素。某些药物在部分地区敏感，但是，只要采用配伍用药也能取得明显效果。例如，阿米卡星用得太多，许多规模养殖场的鸡只已产生耐药性，对此，可选择配伍阿米卡星＋青霉素类（阿莫西林）、阿米卡星＋喹诺酮类（氧氟沙星、乳酸环丙沙星、恩诺沙星等）；但阿米卡星＋庆大霉素、阿米卡星＋安普霉素或阿米卡星＋新霉素，这3种配伍对肾脏损伤严重，使用时须慎重。其次，阿莫西林＋β－内酰胺类、黏杆菌素＋氨基糖苷类，可用于治疗细菌性肠道疾病，效果均比较理想。预防用药除了上述药物以外，林可霉素、强力霉素以及中药均可以选用，但用量一定要充足。

（2）慢性呼吸道疾病 由支原体引起的呼吸道疾病，临床主要以气喘、呼吸困难为主，发病率高，死亡率低，也易于控制。临床治疗效果较好的药物有泰乐菌素（现主要用于肉鸡）、泰妙菌素（支原净）、替米考星、阿奇霉素、红霉素、强力霉素、林可霉素、沙拉沙星等。有时联合用药效果很好，如强力霉素＋大环内酯类、喹诺酮类＋大环内酯类、林可霉素＋强力霉素。西药加中药也是目前比较普遍的配伍用药方式。如在西药中加氨茶碱、麻黄等扩张气管药物，能起到明显的解表作用。对于30日龄以上肉鸡的慢性呼吸道疾病，再配合使用抗病毒药物均能见效。

（3）肠炎 近年来在肉鸡和蛋鸡中都很常见。原因复杂，治疗较困难，又称肠毒综合征。

①轻微肠炎：一般抗大肠杆菌药或抗大肠杆菌药配合消炎药（青霉素类）、肠黏膜修复剂（如鱼肝油、电解多维、中药等）都能见效。

②肠毒综合征（低血糖症）：5%的葡萄糖液饮1～2次，新霉素类＋球虫药＋青霉素类、阿莫西林＋β－内酰胺类＋球虫药或阿米卡星＋阿莫西林，5 d后再配合使用抗病毒药物。上述方案一般都能起到一定治疗作用，目前有许多治疗肠炎的成品药物都是上述的复方制剂。

③水样拉稀：许多时候越用抗生素鸡越拉稀，认为是慢性法氏囊病，用法氏囊方案治疗取得了明显效果。有人认为是抗生素破坏了肠道的正常菌群，而采用营养疗法，口服补液盐＋益生素＋酵母，同时应用刺激性较小的抗菌药（如阿莫西林、环丙沙星等），结果也有较好的疗效。因此，该病原因复杂，用药应看情况而定。有时水样拉稀可能是饲料引起的，如霉菌或盐过高等，只有

更换饲料才能见效。

3. 注意事项

（1）剂量与疗程要得当　剂量小时，不能在体内形成有效的血药浓度，也不易控制感染，而且容易产生耐药菌株；而剂量大时不仅会造成浪费，而且容易引起中毒。疗程不足时易产生耐药菌株或者使疾病复治疗时，疗程过长时会浪费药物，加大成本，产生药物残留，甚至发生中毒。

（2）防止重复使用同种药物　市场上有些药物商品名虽然不同，但其成分却一致。如克球王、灭球净、杀球王等，有效成分都是马杜霉素；恩康、诺康、汇康主要成分是恩诺沙星；饲料添加的灭败灵、灭霍灵的主要成分都是喹乙醇。若同时使用，极易因剂量过大而引起中毒。

（3）谨防配伍不当　常见有配伍禁忌的兽药有：庆大霉素与碳酸氢钠联用，后者碱化尿液，使庆大霉素的毒性增大；硫酸链霉素与其它氨基糖苷类抗菌药联合使用会增加毒性；卡那霉素与庆大霉素联合使用可增加毒性；敌百虫与碱类（如碳酸氢钠注射液等）合用或混合内服时，生成敌敌畏；青霉素与庆大霉素混合后能使后者失效；青霉素或四环素和氢化可的松合用可使青霉素失效；磺胺嘧啶钠与维生素 B_1、碳酸氢钠注射液混合后会发生沉淀；林可霉素和红霉素有拮抗作用；四环素、卡那霉素、先锋霉素等不宜联合使用。另外，许多饲料的主要成分与某些药物有拮抗作用，使用药物防治禽病时，需要避免与饲料产生拮抗作用。如硫可加重磺胺类药物在血中的毒性，故使用磺胺类药物时，要少用或不用含硫的饲料，棉籽饼影响维生素 A 的吸收利用，在防制维生素缺乏症时应停喂棉籽饼，麸皮为高磷低钙饲料，在治疗因缺钙引起的软骨病或佝偻病时应停喂麸皮；磷过多会影响铁的吸收，在治疗缺铁性贫血时也要停喂麸皮。

（4）严格遵守休药期规定　严格遵守药物使用对象、使用期限和休药期的规定，在产蛋期和上市期禁止用药，未满休药期的家禽禁止上市。

（5）要选择恰当的给药途径　因病不食但尚能饮水的鸡只，宜饮水给药。为了保证鸡只的药物摄取量，必须注意药物的溶解度、稀释药物的水质、给药时间和季节等。对于微溶于水的药物必须使用助溶剂，使其溶解后再稀释到需要量。

二、禽细菌性传染病的实验室诊断

1. 细菌的形态鉴定

细菌微小，必须借助于光学显微镜才能看到。细菌从形态上可分为球状、杆状和螺旋状 3 种基本类型。细菌细胞的基本构造是由细胞壁、细胞膜、细胞质及细胞核等部分构成。有的细菌除具有基本构造外还能形成荚膜、芽孢、鞭毛和菌毛等特殊构造。细菌的形态、大小及染色特性是鉴定细菌的重要标志。

（1）不染色标本的制备和检查　不染色标本主要用于观察活体微生物的

状态和运动性。例如，压滴标本是取洁净载玻片一张，在其上加一滴生理盐水（如是液体材料可以不加水），再用接种环在火焰上灼烧灭菌后蘸取适量的待检材料；然后在水滴上加盖一张洁净的盖玻片，注意不可有气泡。检查时将标本置于显微镜载物台上，先用低倍镜测定位置，然后用高倍镜或油镜观察。光线应暗一些，最后用暗视野显微镜观察。

（2）染色标本的制备

①涂片：对于固体培养物，取一滴蒸馏水或生理盐水于清洁无尘玻片一端。左手持菌种管，右手持接种环于火焰上灭菌，右手小与无名指夹住菌种管棉塞取下，管口迅速通过火焰灭菌，以灭菌的接种环自菌种管内挑少许培养物，与蒸馏水混合，涂布成直径约为 1 cm 的涂片，涂片应薄而均匀。对于液体培养物不必加蒸馏水或生理盐水，直接以无菌操作采用液体培养物 1 ~2 环做涂片即可。对于组织脏器，右手持无菌镊子夹住一块组织（如肝脾），左手用无菌剪刀剪取所夹组织，右手随即以新鲜切面在玻片的一端触及压印涂片。

②干燥：涂片最后在室温中令其自然干燥。冬天气温较低或急用时，可将标本面向上，小心在酒精灯火焰近处略烘，加速水分蒸发，但勿紧靠火焰以免标本烤枯。

③固定：手执玻片的一端，即涂有标本的远端，标本面向上，在火焰包层快速地来回通过 3 次，时间 3 ~4 s，每次通过火焰后以手背不烫为宜。待冷后进行染色。固定的目的是杀死细菌，使菌体蛋白凝固于玻片上，不至于染色时被水冲去，便于着色。组织触片不宜用火固定，用化学法（如甲醇）固定。

（3）染色方法

①单染法：如美蓝染色法，取经干燥、固定的涂片滴加美蓝染色液 2 ~3 滴，使染色液盖满涂片面，1 ~2 min 后吸去染色液，用细小水流冲去多余染色液，晾干或用滤纸轻轻吸干。结果是菌体呈蓝色，荚膜呈粉红色。

②复染色法：如革兰染色法，其操作步骤为：取干燥并经火焰固定的涂片滴加草酸铵结晶紫 2 ~3 滴于涂面上，染色 1 min 后水洗，并将玻片上积水轻轻洒净。加革兰碘溶液 2 ~3 滴于涂片上媒染 1 min 后，倒去碘液轻轻洒净，再加 95% 酒精 3 ~5滴于涂面上，频频摇晃水溶液（或石炭酸 - 复红染色液）复染 30 s，水洗后用油镜观察。结果是革兰阳性菌呈紫色，革兰阴性菌为红色。

③姬姆萨染色法：触片经自然干燥后，不用火焰固定，直接滴加姬姆萨染色液数滴（染色液中有甲醇，能起固定作用），经 2 min 后再加等量蒸馏水，轻轻摇晃使之与染液混合均匀。5 min 后水洗干燥，或将玻片浸入盛有染色液的缸中，染色数小时或过夜，取出水洗、干燥、滴油镜检。

④芽孢染色法：取干燥火焰固定的涂片，滴加 5% 孔雀绿水溶液于涂片上，加热使其产生水蒸气，以不产生气泡为佳，时间 30 ~60 s，水洗 30 s，以石炭酸 - 复红染色液（或沙黄水染色液）复染 30 s，水洗、吹干镜检。菌体呈红色，芽孢呈绿色。

⑤鞭毛染色法：染色液有甲液——0. 5% 苦味酸 1 mL、乙液——20% 鞣酸液1 mL、丙液——5% 钾明矾液 0. 5 mL、丁液——11% 复红 - 酒精溶液 0. 15

mL，上述各液在使用前，按顺序混合好可使用。染色法是取 10～12 h 的幼龄培育菌，用1%甲醛溶液制成菌液，固定24 h后，于载玻片上涂成薄片。待自然干燥后，用上述染色液加温染色30 s～1 min，然后静置1～2 min，水洗，干燥，镜检。结果菌体呈深红色，鞭毛为淡红色。

⑥抗酸染色法：在固定后的涂片上，滴石炭酸－品红染色液，在玻片下用火焰加热至产生蒸气但不能产生气泡，3～5 min后，用3%盐酸酒精脱色，至无红色脱落为止（1～3 min），再水洗后，以碱性美蓝染色液复染1 min。水洗，吸干，镜检。结核杆菌和副结核杆菌均为抗酸性细菌，故可以用此染色法和其它细菌相区别。结果是抗酸性菌染成红色，其它菌为蓝色。

⑦负染色法（墨汁衬色法）：于干净的载玻片上加一滴苯胺黑（或优质绘图墨汁），用灭菌的接种环取待检材料（以纯培养或病料）少许，均匀混合于苯胺黑（或墨汁）中，并立即将其涂散，使成薄的涂片，待其干后不用水洗即直接镜检，可见在黑色的背景上，出不着色透明菌体，所以称为负染色法。结果是螺旋体无色发亮，背景呈黑色。

⑧雷别格尔荚膜染色法：涂片、干燥，滴加2%～3%甲醛－龙胆紫染色液，染色20～30 min，立即水洗，干燥，镜检。结果荚膜呈淡紫色，菌体为深紫色。

⑨螺旋体染色法（刚果红法）：染色液是2%刚果红水溶液及1%～2%盐酸－酒精溶液，染色是在载玻片上滴加螺旋体的标本和2%刚果红水溶液各1滴，混匀，涂成薄片。干燥后滴加1%～2%盐酸－酒精溶液，刚果红则由红变蓝，干燥后不必再用水冲洗，镜检。在蓝色背景下见有透亮未染色的螺旋体。

2. 细菌的生化特性鉴定

各种细菌具有各自独立的酶系统，所以在相应的培养基上生长时，产生不同的代谢产物，据此可鉴定各种细菌，细菌的生化反应在种、型的鉴别上具有重要意义。进行生化性状检查，必须用纯培养菌进行。生化性状检查的项目很多，应按诊断需要适当选择。现将常用的生化检测方法简介如下。

（1）糖（醇、糖苷）类发酵试验　将待检菌的纯培养物接种入各种糖发酵培养基中，置37 ℃培养，培养时间多数为1～2 d，也可长至1周～1个月不等，应视该菌的分解速度和试验要求而定。期间要定时观察，如产酸时，则指示剂呈酸性反应，则培养液由紫色变为黄色；如不分解糖，则仍呈紫色；如分解后产气，则小管内积有气泡。

（2）V－P试验　所用培养基为含0.1%葡萄糖的蛋白胨水，pH 7.6。接种菌后于37 ℃培养2～3 d。取出，按2 mL培养液加V－P试剂0.2 mL，置48～50 ℃水浴2 h或37 ℃4 h，充分震荡，呈红色者为阳性。

（3）甲基红（M R）试验　其培养基和培养方法与V－P试验相同，向培养基内加入数滴甲基红试剂，混匀后判定。培养物中pH低时呈红色，即为甲基红试验阳性；pH较高的培养物呈黄色，即为甲基红试验阴性。

（4）靛基质形成试验　将细菌接种于蛋白胨水中，37 ℃培养2～3 d，沿试管壁滴加试剂（对二氨苯甲醛）约1 mL于培养液表面，如该菌能产生靛基质，则两液接触处变成红色为阳性，黄色为阴性。

（5）硫化氢产生试验 将细菌穿刺接种于醋酸铅琼脂培养基中，37 ℃培养24 h，穿刺线出现黑色者为阳性，无黑色为阴性。

（6）硝酸盐还原试验 将细菌穿刺接种到硝酸盐培养基内，并同时接种已知阳性菌做对照，于37 ℃培养4～5 d，加入试剂甲液和乙液各5滴，轻摇培养基，混合均匀。在1～2 min内若硝酸盐还原变为红色者为阳性，无颜色变化为阴性（甲液为氨基苯磺酸，乙液为α－萘胺）。

（7）美蓝还原试验（细菌脱氢酶的测定） 于5 mL肉汤培养基中加入1%美蓝液1滴，将被检菌接种于培养基中，在37 ℃下培养18～24 h观察结果，完全脱色为阳性，绿色为弱阳性，不变色者为阴性。

（8）尿素酶试验 将被检菌接种于含有酚红指示剂的尿素培养基中，放37 ℃温箱中培养24～48 h后观察结果，如细菌能分解尿素则培养基因产碱而由黄变为红色。

（9）明胶液化试验 取蛋白胨水2 mL，加温至37 ℃，用白金耳蘸取菌液，并在上述蛋白胨水中制成厚悬液。然后加入一块木炭明胶圆片，放37 ℃水浴中，通常在1 h内看到液化现象。

3. 细菌的药敏试验

对分离出的病菌进行药物敏感试验，筛选出高度敏感的药物用于防治该菌引起的感染。方法是将分离的纯培养物涂布普通琼脂或鲜血琼脂平板培养基表面（磺胺类药物的药敏试验要用无蛋白肉汤琼脂平板），尽可能涂布致密均匀，然后用无菌镊子将已制好的干燥药物纸片（或商品纸片）分别贴于平板培养基表面，一般9 cm直径的平皿可同时贴6～9片。最后将平皿底部向上置于37 ℃温箱内培养18～24 h，取出观察结果。经培养后，凡对该菌有抑制能力的抗菌药物，在纸片四周出现一个无细菌生长的圆圈，称为抑菌圈，按照抑菌圈大小来判定敏感度的高低。抑菌圈直径大于20 mm为极敏感，15～20 mm为高敏，10～15 mm为中敏，小于10 mm为低敏，无抑菌圈为不敏感。

4. 禽细菌性传染病的微生物学诊断程序

（1）检验标本的采集 一是采心血或实质器官涂片、触片；二是实质器官如肝、脾、肾、有病变的肺、管状骨。如脏器表面已污染，可略烫表面，或浸入95%酒精中立即取出，并引火燃烧，然后用无菌刀片切开，取深层组织接种培养基。除心血可焊封于毛细管内，其它病料可保存于30%灭菌甘油盐水中。

（2）直接涂片、染色、镜检 常同时用2种染色法进行：一是瑞氏染色、姬姆萨染色或美蓝染色其中的一种；二是革兰染色。如发现典型的两极染色的革兰阴性菌，即可初步诊断为禽巴氏杆菌。

（3）分离培养 通常将病料接种于血琼脂平皿，37 ℃培养18～24 h，有巴氏杆菌生长时，出现不溶血、灰白色、露滴状细小菌落，有荧光性，这时可选择典型菌落涂片镜检。必要时先以普通肉汤做增菌培养，然后接种于血平板。本菌在麦康凯琼脂上不能生长，可以与沙门菌、鼠疫杆菌和伪结核杆菌相区别。必要时还可以做生化试验与其它类似菌相区别。

（4）动物试验　巴氏杆菌的动物试验效果较好，故一般在分离培养的同时，做动物试验。动物试验可以检查细菌的毒力，从而判定所分离的巴氏杆菌是否为主要的病原菌。

可用待检病料（1:10 生理盐水悬液），也可用心血或培养物（接种在含4% 血清的普通肉汤中培养 24 h）。病料中巴氏杆菌毒力较强，而经过培养毒力较弱。实验动物常用小鼠、家兔、鸽子，注射后在 10～24 h 内死亡。选用的实验动物必须是没有带菌的。实验动物死后，取心血及实质器官做涂片和进一步分离培养。采取病料后再进行尸体解剖，接种部位可见皮下组织、肌肉炎症、水肿，胸腔和心包积有浆液性纤维素性渗出物，心外膜有出血点、淋巴结水肿，肝脏不肿大。皮下接种 20 h 后，实验动物不死亡，也可以从局部抽取渗出液做细菌学检查。

1. 有公共卫生意义禽的细菌性传染病有哪些？
2. 鸡大肠杆菌病有哪几种类型？主要特征是什么？用药治疗应注意哪些问题？
3. 禽沙门菌病包括哪几种类型？简述每一种类型的特点。
4. 叙述鸡霍乱的诊断要点。
5. 如何从临诊症状与病理变化区分鸡新城疫与鸡霍乱？
6. 鸡葡萄球菌病的主要传播途径是什么？在临床上有哪几种常见类型？
7. 传染性鼻炎的病原是什么？如何分离培养该病原菌？
8. 鸡坏死性肠炎的主要症状和剖检变化是什么？与鸡球虫病有什么不同？在发病上二者有何关系？
9. 鸡毒支原体感染对禽群的危害有哪些？
10. 鸡毒支原体感染典型症状与病理变化有哪些？怎样防制鸡毒支原体感染？
11. 实验室诊断鸡毒支原体感染的方法有哪些？如何进行诊断？
12. 如何诊断滑液囊支原体感染？
13. 禽曲霉菌病典型病理变化有哪些？
14. 禽念珠菌病典型病理变化有哪些？
15. 如何预防禽曲霉菌病和禽念珠菌病？
16. 说出禽弯曲杆菌性肝炎的主要症状和病理变化。
17. 简述鸭传染性浆膜炎的流行病学、症状和病变的特征。
18. 近年来，雏鸡绿脓杆菌病暴发流行的主要原因是什么？如何防制？

实训十 鸡白痢抗体监测技术

鸡白痢全血平板凝集试验

◇实训条件

鸡白痢禽伤寒多价平板抗原、标准阳性血清、弱阳性血清、阴性血清、玻璃板、移液器、采血针头、75%酒精棉、酒精灯、接种环（金属环直径约为4.5 mm）等。

◇方法步骤

（1）洁净玻璃板打好格，在检测开始前，先将抗原瓶充分摇匀，做阳性血清和抗原对照试验，用移液器吸取鸡白痢禽伤寒多价抗原液50 μL，加入玻璃板3个方格里，每格50 μL，分别加入标准强、弱阳性血清及阴性血清50 μL，混合均匀，在2~3 min内，强阳性血清出现100%凝集（+ + + +）；弱阳性血清出现50%凝集（+ +）；阴性血清不凝集（-），方可进行检测工作。

（2）在玻璃板上滴加抗原50 μL，用采血针头刺破鸡的翅静脉或冠尖，待血流出后，用移液器取出50 μL，把血液放入抗原液中，以该取血移液器吸头混合均匀，并摊开直径约2 cm宽度，轻轻摇动反应板，观察结果。

◇结果与分析

1. 结果判定

（1）抗原与全血混合后2~3 min，发现明显颗粒状或块状凝集者为阳性；

（2）2 min内不出现凝集，或出现均匀一致的极微小颗粒，或在边缘处由于临干前出现絮状者判为阴性反应；

（3）在上述情况之外而不易判断为阳性或阴性者，判为可疑反应。

2. 全血平板凝集反应判定标准

（1）出现大块凝集、液体清亮为100%（+ + + +）凝集；

（2）出现明显凝集块、液体稍有混浊为75%（+ + +）凝集；

（3）出现凝集颗粒，液体混浊为50%（++）凝集；

（4）出现液体均匀一致混浊无凝集现象为阴性。

3. 注意事项

（1）抗原应在2～15 ℃冷暗处保存，从杀菌之日算起有效期6个月，在使用前必须充分摇均匀，有沉淀的不能用，过期失效的不能用；

（2）做本试验前必须做阴、阳血清对照；

（3）做本试验室温要求在20 ℃左右进行；室温达不到20 ℃时用酒精灯加温；

（4）采血针头只能使用一次，移液器吸头每次一换，不能重复使用。

（5）本抗原适用于产蛋鸡及1年以上的公鸡，幼龄鸡敏感度较差。

实训十一　分离培养与药物敏感试验技术

一、鸡大肠杆菌病诊断

◇实训条件

可疑大肠杆菌患病动物病料、大肠杆菌幼稚龄培养物、显微镜、37 ℃温箱、灭菌试管及平皿、酒精灯、载玻片、脱色缸、接种环、吸水纸、擦镜纸、革兰染色液、MR指示剂、V－P指示剂、吲哚试剂、香柏油、二甲苯、普通琼脂平板、麦康凯琼脂平板、三糖铁琼脂斜面、伊红－美蓝琼脂平板、SS琼脂平板、柠檬酸盐培养基、葡萄糖发酵管、乳糖发酵管、麦芽糖发酵管、甘露醇发酵管、蔗糖发酵管等。

◇方法步骤

1. 形态观察

（1）钩取大肠杆菌培养物涂片，革兰染色后镜检，仔细观察其形态、大小、排列及染色特性。

（2）取病料，制成涂片或触片，革兰染色后镜检。观察时注意2个标本片细菌之间的比较。大肠杆菌为菌端钝圆、散在、中等大小的革兰阴性菌。

2. 培养

（1）分离培养　对败血症病例可无菌采取其病变的内脏组织，直接在血液琼脂平板或麦康凯琼脂平板上划线分离培养；37 ℃温箱培养18～24 h，观察其在各种培养基上的菌落特征。实际工作中，在直接分离培养的同时进行增菌培养，如分离培养没有成功，则钩取24 h及48 h的增菌培养物做划线分离培养。

大肠杆菌在麦康凯琼脂平板上形成直径1~3 mm、呈玫瑰红色的露珠状菌落，部分致病性菌株在血液琼脂平板上呈β溶血。

（2）纯培养　钩取麦康凯琼脂平板上的可疑菌落接种三糖铁琼脂斜面和普通斜面进行初步生化鉴定和纯培养。接种三糖铁琼脂斜面时，先涂布斜面，后穿刺接种至管底。

大肠杆菌在三糖铁琼脂斜面上生长，产酸，使斜面部分变黄，穿刺培养，于管底产酸产气，使底层变黄且混浊；不产生硫化氢。对符合条件的进行生化试验及因子血清凝集试验等进一步鉴定，检查内容如下。

3. 生化试验

（1）糖发酵试验　取纯培养物分别接种葡萄糖、乳糖、麦芽糖、甘露醇和蔗糖发酵管，37 ℃培养2~3 d，观察结果。

（2）吲哚试验　取纯培养物接种蛋白胨水，37 ℃培养2~3 d，加入吲哚指示剂，观察结果。

（3）MR试验和V-P试验　取纯培养物接种葡萄糖蛋白胨水，37 ℃培养2~3 d，分别加入MR和V-P指示剂，观察结果。

（4）柠檬酸盐试验　取纯培养物接种柠檬酸盐培养基上，37 ℃温箱培养18~24 h，观察结果。

见表4-3。

4. 运动性检查及在鉴别培养基上的培养特性

（1）运动性　因大肠杆菌有周身鞭毛，镜检可见呈圆周运动、不规则滚动；半固体培养基穿刺培养使培养基呈云雾状。

（2）培养特性　钩取纯培养物分别接种于麦康凯琼脂伊红美蓝琼脂平板、SS琼脂平板、三糖铁琼脂斜面，置于37 ℃温箱培养18~24 h，观察菌落特征，见表4-4。

◇结果与分析

表4-3　大肠杆菌与沙门菌生化试验鉴别表

细菌名称	葡萄糖	乳糖	麦芽糖	甘露醇	蔗糖	吲哚试验	MR试验	V-P试验	柠檬酸盐	动力
大肠杆菌	⊕	⊕/-	⊕	⊕	v	+	+	-	-	+
沙门菌	⊕	-	⊕	⊕	-	-	+	-	+	+/-

注：⊕产酸产气；+阳性；-阴性；+/-大多数菌株阳性/少数阴性；v种间有不同反应。

表 4－4　大肠杆菌与沙门菌在鉴别培养基上的菌落特征

细　菌	鉴别培养基			
	麦康凯琼脂	伊红美蓝琼脂	SS 琼脂平板	三糖铁琼脂斜面
大肠杆菌	红色	紫黑色带金属光泽	红色	斜面黄色，底层变黄有气泡，不产 H_2S
沙门菌	淡橘红色	较小无色透明	淡红色，半透明，产 H_2S 菌株菌落中心有黑点	斜面红色，底层变黄有气泡，部分菌株产 H_2S

根据实验室检查结果及剖检病理变化可以确诊禽感染了致病性大肠杆菌，可以针对该病制定合理的防制措施。

注意事项

（1）自粪便中分离大肠杆菌时，常需要连续多次分离培养才能成功。

（2）在利用病料完成本实训时，须用大肠杆菌菌种进行同步实验，以保证实验结果的准确性。

二、鸡大肠杆菌药敏试验

◇实训条件

温箱、天平、打孔机、滤纸、无菌试管及吸管、无菌镊子、接种环、酒精灯、蒸馏水、营养琼脂平板、金黄色葡萄球菌及用被检病料培养的大肠杆菌的固体培养物、链霉素、金霉素、新霉素、红霉素等抗菌药物。

◇方法步骤

将抗菌药物置于接种待检菌的固体培养基上，抗菌药物通过向培养基内的扩散，抑制敏感细菌的生长，从而出现抑菌环。由于药物扩散的距离越远，达到该距离的药物浓度越低，由此可根据抑菌环的大小，判定细菌对药物的敏感度。

1. 含药纸片的制备

（1）制备滤纸片　最好用新华 1 号定性滤纸，用打孔机打成直径 6 mm 的滤纸片，挑选完整、边缘整齐的滤纸片放于小平皿内，应用高压蒸汽灭菌器 121.3 ℃，作用 15 min，取出后再置 100 ℃干燥箱内烘干备用。

（2）配制药液　用无菌蒸馏水将各药稀释成以下浓度：磺胺 100 mg/mL，青霉素 100 IU/mL，链霉素、金霉素、新霉素、红霉素、多黏菌素 1 000 μg/mL。

对于目前生产实践中常用的复方药物，多含2种或2种以上的抗菌成分，稀释时可根据其治疗浓度或按一定的比例缩小后用蒸馏水进行稀释。

（3）制备含药纸片　将灭菌的滤纸片用无菌的镊子摊布于灭菌平皿中，按每张滤纸片饱和吸水量为0.01 mL计算，50张滤纸片加入药液0.5 mL。要不时翻动，使纸片充分吸收药液，浸泡1~2 h后于37 ℃温箱中烘干备用。对青霉素、金霉素纸片的干燥宜采用低温真空干燥法，干燥后立即放入瓶中加塞，放干燥器内或置于-20 ℃冰箱中保存。纸片的有效期一般为4~6个月。

2. 测验方法

（1）钩取金黄色葡萄球菌和大肠杆菌菌落各4~5个，分别接种于肉汤培养基中，37 ℃培养4~6 h。

（2）用无菌棉签蘸取上述肉汤培养液，在试管壁上挤压除去多余的液体，在琼脂培养基表面均匀涂抹。每种细菌分别接种1~2个琼脂平板。

（3）用玻璃铅笔在平皿底部标记药物名称。一个直径9 cm的平皿最多只能贴7张纸片，6张均匀的贴在距平皿边缘15 mm处，一张位于中心。

（4）用灭菌镊子夹取干燥含药纸片，按标记位置轻贴在已接种细菌的琼脂培养基表面，一次放好，不得移动。

（5）37 ℃温箱中培养16~18 h，观察、记录并分析结果。

◇结果与分析

根据抑菌环直径的大小按表4-5标准判定各种药物的敏感度。

对于复方药物可通过比较各药物抑菌环直径的大小，在试验用药中选出最敏感的药物。

表4-5　细菌对不同抗菌药物敏感度标准

抗菌药物	每片含药量/ug	抑菌环直径/mm		
		不敏感	中度敏感	高度敏感
青霉素				
葡萄球菌	10	≤20	21~28	≥29
其它细菌	10	≤11	12~21	≥22
链霉素	10	≤11	12~14	≥15
金霉素	10	≤10	10	≥10
新霉素	30	≤12	13~16	≥17
红霉素	15	≤13	14~22	≥23
卡那霉素	30	≤13	14~17	≥18
庆大霉素	10	≤12	13~14	≥15
多黏菌素	300	≤8	9~11	≥12
万古霉素	30	≤9	10~11	≥12

续表

抗菌药物	每片含药量/μ	抑菌环直径/mm		
		不敏感	中度敏感	高度敏感
磺胺嘧啶	250	≤12	13~16	≥17
环丙沙星	5	≤15	16~20	≥21
诺氟沙星	10	≤12	13~16	≥17
利福平	5	≤16	17~19	≥20

注意事项

（1）接种菌液的浓度必须标准化，一般以细菌在琼脂平板上生长一定时间后呈融合状态为标准。如菌液浓度过大，会使抑菌环减小；浓度过小，会使抑菌环增大。

（2）接种后应及时贴上含药纸片并放入37 ℃温箱中培养。

（3）培养时间一般为16~18 h，结果判定不宜过早，但培养过久，细菌可能恢复生长，使抑菌环缩小。

（4）实验过程中要防止污染抗生素，否则可发生抑菌环缩小或无抑菌环现象。

三、禽巴氏杆菌病诊断

◇实训条件

可疑病禽的心血、肝、脾、淋巴结等、显微镜、酒精灯、接种环、载玻片、擦镜纸、吸水纸；革兰染色液、美蓝染色液、香柏油、二甲苯、血琼脂平板、麦康凯琼脂、葡萄糖发酵管、甘露醇发酵管、蔗糖发酵管、麦芽糖发酵管、乳糖发酵管、蛋白胨水；小白鼠或家兔。

◇方法步骤

1. 形态观察

剖检感染死亡实验动物，用心血、肝脏等涂片，经甲醇固定后用美蓝染色，镜检。用同样的方法镜检病料。

2. 培养

（1）分离培养　取心血、肝脏、脾等同时划线接种于血液琼脂平板和麦康凯琼脂平板，37 ℃温箱培养24 h，观察其生长特性。

（2）纯培养　钩取可疑菌落接种于血琼脂平板，置于37 ℃温箱进行纯培养，对纯培养物进行菌落荧光性观察、运动性及生化特性鉴定。

3. 菌落荧光性观察

巴氏杆菌在血清琼脂平板上，37 ℃温箱培养24 h，生长的菌落有荧光。

将生长的菌落置于解剖显微镜载物台上，使光源45°角折射于菌落表面，用低倍镜观察，可见菌落发出不同颜色的荧光。Fg型菌落较小，中央呈蓝绿色荧光，边缘有红黄光带；Fo型菌落较大，中央呈橘红色荧光，边缘有乳白色光带；Nf型无荧光。

4. 生化试验

（1）糖发酵试验　取纯培养物分别接种葡萄糖、甘露醇、蔗糖、麦芽糖、乳糖发酵管，37 ℃培养2～3 d，观察结果。

（2）吲哚试验　取纯培养物接种蛋白胨水，37 ℃培养2～3 d，加入吲哚试剂，观察结果。

5. 动物试验

取病料制成1∶10乳剂，或用细菌的培养液，取0.2～0.5 mL皮下注射家兔，经24～48 h动物死亡。置解剖盘内剖检观察其败血症变化，同时取心血、肝、脾组织涂片，分别进行美蓝染色、革兰染色，镜检可见大量两极浓染球杆状的巴氏杆菌，革兰染色阴性。

◇结果与分析

1. 形态观察

巴氏杆菌为两极浓染的形态较小的球杆菌，在新鲜的病料中常带有荚膜。

2. 培养

巴氏杆菌在血液琼脂平板上形成淡灰色、圆形、湿润、露珠样小菌落，不溶血；在麦康凯琼脂平板上不生长。钩取典型菌落涂片，革兰染色后镜检，表现为革兰阴性两极浓染的球杆菌。

3. 生化试验　结果见表4－6。

表4－6　巴氏杆菌生化试验

细菌名称	葡萄糖	乳糖	麦芽糖	甘露醇	蔗糖	吲哚试验	H_2S试验	动力
巴氏杆菌	+	－	－	+	+	+	+	－

注：+糖发酵试验中表示产酸不产气、其它试验中表示阳性；－阴性。

4. 动物试验

置解剖盘内剖检观察其败血症变化，同时取心血、肝、脾组织涂片，分别进行美蓝染色、革兰染色，镜检可见大量两极浓染球杆状的巴氏杆菌，革兰染色阴性。

根据实验室检查结果、动物接种及剖检病理变化可以确诊禽感染了巴氏杆菌，可以针对该病制定合理的防制措施。

注意事项

（1）新鲜病料中巴氏杆菌常带有荚膜。慢性病例及腐败的病例镜检常见不到典型的菌体。

（2）巴氏杆菌对营养要求较高，糖发酵试验时，可向糖培养基中加入3%无菌马血清促进其生长繁殖。

（3）在利用病料完成本实训时，需用感染巴氏杆菌死亡实验动物进行同步实验，以保证实验结果的准确性。

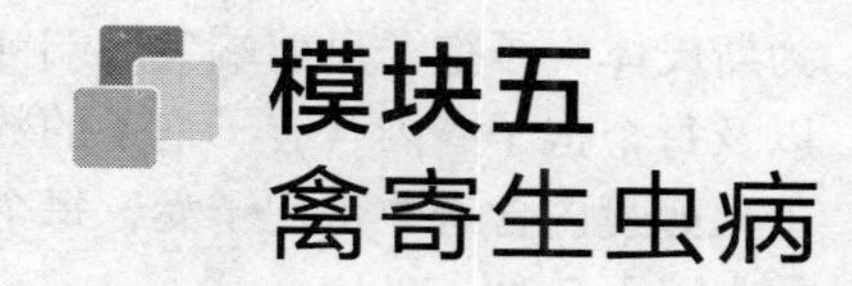

模块五 禽寄生虫病

单元一 | 禽原虫病

原虫病是由原生动物（原虫）引起的寄生虫病。原虫是单细胞动物，主要寄生于鸡的体液、组织和细胞内，个体很小，在显微镜下才能看到。对家禽危害严重的原虫病有禽球虫病、禽组织滴虫病和禽住白细胞虫病。原虫病的防制主要依赖于使用化学药物。

一、禽球虫病

禽球虫病是危害严重、发病广泛的一类原虫病。球虫为细胞内寄生虫，通常寄生于肠管上皮细胞，有的寄生于胆管或肾脏的上皮细胞。球虫对宿主和寄生部位有严格的选择性。

（一）鸡球虫病

鸡球虫病是由孢子虫纲艾美耳科艾美耳属的球虫寄生于鸡的肠道引起的疾病。主要特征为雏鸡多发，出血性肠炎，发病率和死亡率均高。

1. 病原

球虫卵囊呈椭圆形、圆形或卵圆形，囊壁 1 ~ 2 层，内有 1 层膜。有些种类在一端有微孔，或在微孔上有突出的帽称为极帽，有的微孔下有 1 ~ 3 个极粒。刚随粪便排出的卵囊内含有 1 团原生质。具有感染性的卵囊必须含有子孢子，即孢子化卵囊。孢子囊和子孢子形成后剩余的原生质称为残体，在孢子囊内称为孢子囊残体，孢子囊外的称为卵囊残体。孢子囊的一端有 1 个小突起称为斯氏体。子孢子呈前端尖后端钝的香蕉形。根据卵囊中孢子囊的有无、数目以及每个孢子囊内含有子孢子的数目，将球虫分为不同的属。艾美耳属球虫孢子化卵囊内含有 4 个孢子囊，每个孢子囊内含有 2 个子孢子（图5－1）。公认的有以下 7 种：

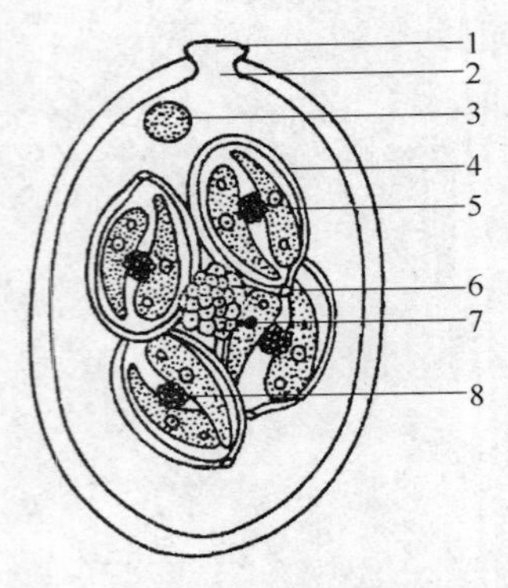

图 5－1　鸡球虫孢子化卵囊模式图

1—极帽　2—微孔　3—极粒　4—孢子囊

5—子孢子　6—斯氏体　7—卵囊残体　8—孢子囊残体

（1）柔嫩艾美耳球虫（*Eimeria tenella*）　主要寄生于盲肠及其附近区域，致病力最强。多为宽卵圆形，少数为椭圆形。大小为（19.5～26）μm×(16.5～22.8)μm，平均为 22μm×19μm。卵形指数为 1.16。原生质呈淡褐色，卵囊壁为淡黄绿色。最短孢子化时间为 18 h，最短潜隐期为 115 h。

（2）毒害艾美耳球虫（*E. necatrix*）　其裂殖生殖阶段主要寄生于小肠中 1/3 段，严重时可扩展到整个小肠，在小肠球虫中致病性最强，其致病性仅次于盲肠球虫。卵囊为卵圆形，大小为（13.2～22.7）μm×(11.3～18.3)μm，平均为 20.4μm×17.2μm。卵形指数为 1.19。卵囊壁光滑、无色。最短孢子化时间为18 h,最短潜隐期为 138 h。

（3）堆形艾美耳球虫（*E. acervulina*）　主要寄生于十二指肠和空肠，偶尔寄生于小肠后段，有较强的致病性。卵囊卵圆形，大小为（17.7～20.2）μm×（13.7～16.3)μm，平均为 18.3μm×14.6μm。卵囊壁淡黄绿色。最短孢子化时间为 17 h，最短潜隐期为 97 h。

（4）布氏艾美耳球虫（*E. brunetti*）　寄生于小肠后段、盲肠近端和直肠，具有较强的致病性。卵囊大小为（20.7～30.3)μm×（18.1～24.2)μm，平均为18.8μm×24.6μm。卵形指数为 1.31。最短孢子化时间为 18 h，最短潜隐期为 120 h。

（5）巨型艾美耳球虫（*E. maxima*）　寄生于小肠，以中段为主，具有中等程度的致病力。卵囊大，在所有鸡球虫中最大。卵圆形，一端圆钝，一端较窄，大小为（21.75～40.5）μm×（17.5～33.0）μm，平均为 30.76μm×23.9μm。卵形指数为 1.47。卵囊黄褐色，囊壁浅黄色。最短孢子化时间为

30 h，最短潜隐期为 121 h。

（6）和缓艾美耳球虫（*E. mitis*）　寄生于小肠前半段，有较轻的致病性。卵囊近球形，大小为（11.7 ~ 18.7）μm ×（11.0 ~ 18.0）μm，平均为 15.6μm × 14.2μm。卵形指数为 1.09。卵囊壁为淡黄绿色，初排出时的卵囊，原生质团呈球形，几乎充满卵囊。最短孢子化时间是 15 h，最短潜隐期是 93 h。

（7）早熟艾美耳球虫（*E. praecox*）　寄生于小肠前 1/3 部位，致病性不强。卵囊呈卵圆形或椭圆形，大小为（19.8 ~ 24.7）μm ×（15.7 ~ 19.8）μm，平均为 21.3μm × 17.1μm。卵囊指数为 1.24。原生质无色，囊壁呈淡绿色。最短孢子化时间为 12 h，最短潜隐期为 84 h。

2. 生活史

鸡球虫属于直接发育型，不需要中间宿主。整个发育过程分 2 个阶段、3 种繁殖方式，即在鸡体内进行裂殖生殖和配子生殖；在外界环境中进行孢子生殖。

卵囊随鸡粪便排到体外，在适宜的条件下，很快发育为孢子化卵囊，鸡吞食后感染。孢子化卵囊在鸡胃肠道内释放出子孢子，子孢子侵入肠上皮细胞进行裂殖生殖，产生第 1 代裂殖子，裂殖子再侵入上皮细胞进行裂殖生殖，产生第 2 代裂殖子。第 2 代裂殖子侵入上皮细胞后，其中一部分不再进行裂殖生殖，而进入配子生殖阶段，即形成大配子体和小配子体，继而分别发育为大、小配子，结合成为合子。合子周围形成厚壁即变为卵囊，卵囊一经产生即随粪便排出体外。完成 1 个发育周期约需 7 d（图 5 - 2）。

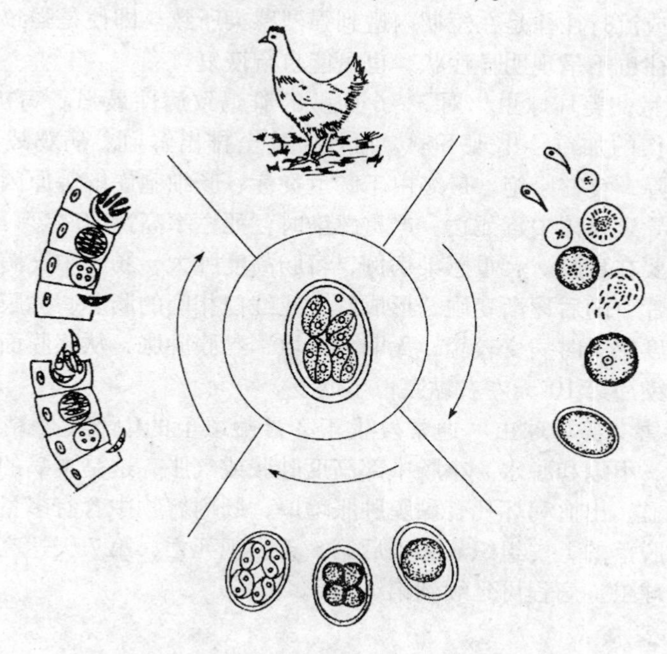

图 5 - 2　鸡球虫生活史

3. 流行病学

(1) 感染来源　患病或带虫鸡，卵囊存在于粪便中。

(2) 感染途径　经口感染。

(3) 传播媒介　其它畜禽、昆虫、野鸟和尘埃以及饲养管理人员都可成为鸡球虫病的机械性传播者。

(4) 年龄动态　球虫病一般暴发于3~6周龄雏鸡，很少见于2周龄以内的鸡群。柔嫩艾美耳球虫、堆型艾美耳球虫和巨型艾美耳球虫的感染常发生于21~50日龄的鸡，而毒害艾美耳球虫常见于8~18周龄的鸡。

(5) 卵囊抵抗力　卵囊对外界环境和消毒剂具有很强的抵抗力。在土壤中可以存活4~9个月，在有树荫的运动场上可存活15~18个月。温暖、潮湿的环境有利于卵囊的发育，当气温在22~30 ℃时，一般只需18~36 h就可发育为孢子化卵囊，但低温、高温和干燥均会延迟卵囊的孢子化过程，有时会杀死卵囊，55 ℃或冰冻能很快杀死卵囊。

(6) 季节动态　发病和流行与气候和雨量关系密切，故多发生于温暖潮湿的季节。在南方可全年流行。在北方4~9月为流行期，以7~8月最为严重。而集约化饲养的鸡场，一年四季均可发病。

(7) 发病诱因　饲养管理条件不良和营养缺乏均能促使本病的发生。拥挤、潮湿或卫生条件恶劣的鸡舍最易发病。

4. 症状与病理变化

鸡球虫病的发生，不仅取决于感染球虫的种类，而且与感染强度有很大关系，其暴发或流行往往是在短期内遭到强烈感染所致。即使是强致病虫种，轻度感染时往往也不呈现明显症状，也可能自行恢复。

(1) 柔嫩艾美耳球虫　对3~6周龄的雏鸡致病性最强。病初食欲不振，随着盲肠损伤的加重，出现下痢、血便，甚至排出鲜血。病鸡战栗，拥挤成堆，体温下降，食欲废绝。最终由于肠道炎症、肠细胞崩解等原因造成有毒物质被吸收，导致自体中毒死亡。严重感染时，死亡率高达80%。

病变主要在盲肠。严重感染病例，盲肠高度肿大，肠腔中充满血凝块和脱落的黏膜碎片，随后逐渐变硬，形成红色或红白相间的肠芯，黏膜损伤难以完全恢复。轻度感染时病变较轻，无明显出血，黏膜肿胀，从浆膜面可见脑回样结构，在感染后第10天左右黏膜再生恢复。

(2) 毒害艾美耳球虫　通常发生于2月龄以上的中雏鸡，精神不振，翅下垂，弓腰，下痢和脱水。小肠中部高度肿胀或气胀，这是本病的重要特征之一。肠壁充血、出血和坏死，黏膜肿胀增厚，肠内容物中含有多量的血液、血凝块和坏死脱落的上皮组织。感染后第5天出现死亡，第7天达高峰，死亡率仅次于盲肠球虫。病程可延续到第12天。

5. 诊断要点

由于鸡带虫现象非常普遍，所以不能将检出卵囊作为确诊的唯一依据。必须根据流行病学、临诊症状、病理变化、粪便检查等综合诊断。粪便检查可用漂浮法或直接涂片法，也可刮取肠黏膜做涂片检查。多数情况下为2种以上球虫混合感染。

6. 防制

(1) 预防　实践证明，依靠搞好环境卫生、消毒等措施尚不能有效地控制球虫病的发生，但网上或笼养方式，可以显著降低其发生。鸡场一旦流行本病则很难根除。集约化养鸡场必须对球虫病进行预防，其主要措施是药物预防，其次是免疫预防。

①药物预防：即从雏鸡出壳后第1天即开始使用抗球虫药，预防药物主要有：a. 氨丙啉：按0.012 5%混入饲料，鸡整个生长期均可用；b. 尼卡巴嗪：按0.012 5%混入饲料，休药5 d；c. 氯苯胍：按0.000 3%混入饲料，休药5 d；d. 马杜拉霉素：按0.005%～0.007%混入饲料，无休药期；e. 拉沙里菌素：按0.007 5%～0.012 5%混入饲料，休药3 d；f. 莫能菌素：按0.000 1%混入饲料，无休药期；g. 盐霉素：按0.005%～0.006%混入饲料，无休药期；h. 常山酮：按0.000 3%混入饲料，休药5 d；i. 氯氰苯乙嗪：按0.000 1%混入饲料，无休药期。

各种抗球虫药连续使用一定时间后，都会产生不同程度的耐药性。通过合理使用抗球虫药，可以减缓耐药性的产生、延长药物的使用寿命，并可以提高防制效果。对于有休药期规定的抗球虫药，必须严格按要求使用，以免产生药物残留而影响禽产品的质量。

为防止预防时产生耐药性，对肉鸡常采用下列2种用药方案：a. 穿梭用药：即开始使用一种药物至鸡生长期时，换用另一种药物，一般是将化学药品和离子载体类药物穿梭应用；b. 轮换用药：即合理地变换使用抗球虫药，可按季节或鸡的不同批次变换药物。

②免疫预防：使用球虫疫苗可避免药物残留对环境和食品的污染以及耐药虫株的产生。国内外均有多种疫苗可以应用，但最大的问题是免疫剂量不易控制均匀，不论是活毒苗、弱毒苗还是混合苗，使用超量都会致病。

(2) 治疗　抗球虫药对球虫生活史早期作用明显，而一旦出现症状和组织损伤，再用药往往收效甚微，因此，应注意平时监测。常用的治疗药如下：

①磺胺二甲基嘧啶（SM_2）：0.1%饮水，连用2 d；或按0.05%饮水，连用4 d。休药10 d。

②磺胺喹噁啉（SQ）：按0.1%混入饲料，用3 d，停3 d后用0.05%混入饲料，用2 d后停药3 d，再给药2 d。

③磺胺氯吡嗪（Esb_3）：0.03%混入饮水，连用3 d。

④氨丙啉：0.012%～0.024%混入饮水，连用3 d。

⑤百球清（Baycox）：2.5%溶液，按0.002 5%混入饮水，连用3d。

（二）鸭球虫病

鸭球虫病主要由艾美耳科泰泽属和温扬属的球虫寄生于鸭的小肠上皮细胞内引起的疾病。主要特征为出血性肠炎。

1. 病原体

主要有以下2种。

（1）毁灭泰泽球虫（*Tyzzeria pernicioca*） 致病性较强。卵囊呈椭圆形，浅绿色，无卵膜孔。孢子化卵囊内无孢子囊，8个裸露的子孢子游离于卵囊内。

（2）菲莱氏温扬球虫（*Wenyonella philiplevinei*） 致病性较轻。卵囊大，呈卵圆形，浅蓝绿色。孢子化卵囊内含4个孢子囊，每个孢子囊内含4个子孢子。

2. 生活史

发育过程与鸡球虫相似。

3. 症状

雏鸭精神委顿，缩脖，食欲下降，渴欲增加，拉稀，随后排暗红色血便，腥臭。在发病当日或第2~3天发生急性死亡，死亡率一般为20%~30%，严重感染时可达80%，耐过病鸭逐渐恢复食欲，死亡停止，但生长发育受阻。成年鸭很少发病，但常常成为球虫的携带者和传染源。

4. 病理变化

毁灭泰泽球虫常引起小肠泛发性出血性肠炎，尤以小肠中段最为严重。肠壁肿胀出血，黏膜上密布针尖大小的出血点，有的黏膜上覆盖着一层麸糠样或奶酪样黏液，或者是红色胶冻样黏液，但不形成肠芯。

菲莱氏温扬球虫可致回肠后部和直肠轻度出血，有散在出血点，重者直肠黏膜弥漫性出血。

5. 诊断要点

成年鸭和雏鸭的带虫现象极为普遍，所以不能只根据粪便中卵囊存在与否来做出诊断，应根据流行病学、临诊症状、病理变化和粪便检查综合判断。急性死亡病例可根据病理变化和镜检肠黏膜涂片或粪便涂片做出诊断。粪便检查采用漂浮法。

6. 防制

（1）预防 保持鸭舍干燥和清洁，定期清除鸭粪，防止饲料和饮水及其用具被鸭粪污染。在球虫病流行季节，当雏鸭由网上转为地面饲养时，或已在地面饲养至2周龄时，可选用下列药物进行预防：

①磺胺六甲氧嘧啶：按0.1%混入饲料，连喂5 d，停药3 d，再喂5 d。

②复方磺胺六甲氧嘧啶：按0.02%混入饲料，连喂5 d，停药3 d，再喂5 d。

③磺胺甲基异噁唑：按0.1%混入饲料，或用SMZ+甲氧苄氨嘧啶（TMP），比例为5:1，按0.02%混入饲料，连喂5 d，停药3 d，再喂5 d。

④杀球灵（Diclazuril） 按每千克饲料混入1 mg，连用4～5 d。

（2）治疗 可选用磺胺六甲氧嘧啶（SMM）、磺胺甲基异噁唑（SMZ）或其复方制剂，以预防量的2倍进行治疗，连用7 d，停药3 d，再用7 d。

（三）鹅球虫病

鹅球虫病主要是由艾美耳科艾美耳属球虫寄生于肾脏和肠道上皮细胞内引起的疾病。

1. 病原体

艾美耳属球虫孢子化卵囊含有4个孢子囊，每个孢子囊内含有2个子孢子。主要有以下3种。

（1）截形艾美耳球虫（*Eimeria truncata*） 寄生于肾小管上皮细胞。致病性最强。卵囊呈卵圆形，具有截锥形的一端有卵膜孔和极帽，通常具有卵囊残体和孢子囊残体。

（2）鹅艾美耳球虫（*E. anseris*） 寄生于小肠。卵囊近似圆形或梨形，卵囊壁光滑，无色，一端削平，卵膜孔有的明显。有外残体，内残体模糊不清。

（3）柯氏艾美耳球虫（*E. kotlani*） 寄生于小肠后段及直肠，严重时可寄生于盲肠及小肠中段。卵囊呈长椭圆形，淡黄色，顶端截平，内有一唇状结构，有卵膜孔，有1个极粒，无外残体，内残体呈散在颗粒状。

2. 生活史

与鸡球虫基本相似。

3. 症状与病理变化

幼鹅感染截形艾美耳球虫后常呈急性经过，表现为精神不振，食欲下降，腹泻，粪便白色，消瘦，衰弱，严重者死亡，死亡率高达87%。剖检可见肾体积肿大，呈灰黑色或红色，上有出血斑或灰白色条纹；病灶内含尿酸盐沉积物和大量卵囊。

鹅肠道球虫常混合感染，主要是消化紊乱，表现为食欲下降、腹泻。剖检可见小肠充满稀薄的红褐色液体，小肠中段和下段卡他性出血性炎症最严重，也可能出现白色结节或纤维素性类白喉坏死性肠炎。在干燥的假膜下有大量的卵囊、裂殖体和配子体。

4. 诊断要点

可根据流行病学、临诊症状、病理变化和粪便检查综合判断。粪便检查采用漂浮法。

5. 防制

（1）预防 幼鹅与成鹅分开饲养，放牧时避开高度污染地区。在流行地区的发病季节，可用药物预防。

（2）治疗 主要应用磺胺类药物，如磺胺间甲氧嘧啶、磺胺喹噁啉等，氨丙啉、克球粉、尼卡巴嗪、盐霉素等也有较好的效果。

二、禽组织滴虫病

禽组织滴虫病是由单毛滴虫科组织滴虫属的火鸡组织滴虫寄生于鸡等禽类盲肠和肝脏引起的疾病，又称“盲肠肝炎”或“黑头病”。主要特征为鸡冠、肉髯发绀，呈暗黑色；患盲肠炎和肝炎。

（一）病原体

火鸡组织滴虫（*Histomonas meleagridis*）是多形性虫体，随寄生部位和发育阶段的不同形态变化很大。非阿米巴阶段的虫体近似球形，直径为3～16μm，在组织细胞中单个或成堆存在，有动基体，但无鞭毛。阿米巴阶段虫体高度多样性，常伸出1个或数个伪足，有1根粗壮的鞭毛，细胞核呈球形、椭圆形。肠腔中的阿米巴形虫体细胞外质透明，内质呈颗粒状并含有吞噬细胞、淀粉颗粒等的空泡（图5－3）。

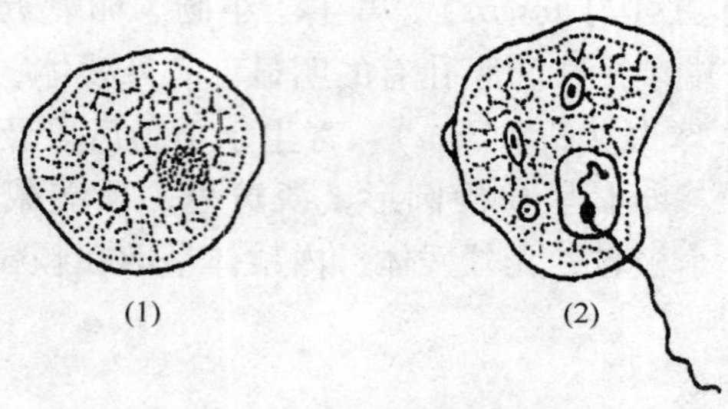

图5－3　火鸡组织滴虫
（1）肝脏病灶内虫体　（2）盲肠病灶内虫体

（二）生活史

以二分裂法繁殖。寄生于盲肠内的组织滴虫，在鸡异刺线虫的卵巢中繁殖，并进入其卵内，虫卵排到外界后，组织滴虫因有虫卵的保护，故能在外界环境中生存很长时间，从而成为重要的感染源。随火鸡和鸡粪便排出的组织滴虫则非常脆弱，数分钟即死亡，因此，这种方式感染一般不易发生。

（三）流行病学

（1）感染来源　患病或带虫鸡等禽类，病原体存在于粪便中的鸡异刺线虫卵内。

（2）感染途径　经口感染。

（3）年龄动态　鸡在4～6周龄易感性最强，火鸡3～12周龄的易感性最强，死亡率也最高。

（4）转运宿主　蚯蚓是本虫的转运宿主。火鸡组织滴虫可随同鸡异刺线虫卵被蚯蚓食入体内，当鸡吃入蚯蚓时，同时感染鸡异刺线虫和组织滴虫。

（四）症状

食欲差，呆立，翅下垂，步态蹒跚，眼半闭，头下垂，畏寒，下痢，排淡黄色或淡绿色粪便，严重者粪中带血，甚至排出大量血液。疾病末期，鸡冠、肉髯发绀，呈暗黑色，故称“黑头病”。病愈鸡的体内仍有组织滴虫，带虫者可持续向外排虫长达数周或数月。成年鸡多为隐性感染。

（五）病理变化

盲肠肿胀，肠壁肥厚，内腔充满浆液性或出血性渗出物，常形成干酪状的盲肠肠芯，间或盲肠穿孔，引起腹膜炎。肝脏肿大，呈紫褐色，表面出现圆形、黄绿色、边缘隆起中央下陷的坏死灶，直径可达1 cm，单独存在或融合成片。

（六）诊断要点

根据特异性病理变化和临诊症状可做出诊断。采集新鲜盲肠内容物，用加温至40 ℃的生理盐水稀释后，制成悬滴标本镜检，即可见到能活动的火鸡组织滴虫。

（七）防制

1. 预防

由于鸡异刺线虫在传播组织滴虫中起重要作用，因此杀灭异刺线虫卵是有效的预防措施；成鸡应定期驱除异刺线虫；成鸡和幼鸡单独饲养。卡巴胂预防用0.015%～0.02%，混于饲料，休药期为5 d。

2. 治疗

本病可选用新胂凡钠明或盐酸二氯苯胂，中药四季青煎剂治疗有一定效果。若混合感染，应查明病因，联合用药。在治疗中适当使用广谱抗菌素，如土霉素等，可防止继发感染。补充维生素K，可阻止盲肠出血。增加维生素A，有利于促进盲肠与肝脏损伤的恢复。在治疗中，可同时考虑用驱虫净和丙硫咪唑这2种药物中的一种来驱除异刺线虫。

三、禽住白细胞虫病

鸡住白细胞原虫病是由疟原虫科住白细胞虫属的原虫寄生于鸡所引起的疾病，又称“白冠病”。主要特征为贫血，全身广泛性出血并伴有坏死灶。

（一）病原体

不同发育阶段的住白细胞虫形态各异，在鸡体内发育的最终状态是成熟的配子体。主要有以下2种。

（1）沙氏住白细胞虫（*L. sabrazesi*） 配子体见于白细胞内。大配子体呈长圆形，大小为22μm×6.5μm，胞质深蓝色，核较小。小配子体为20μm×6μm，胞质浅蓝色，核较大。宿主细胞呈纺锤形，胞核被挤压呈狭长带状，围绕于虫体一侧。

（2）卡氏住白细胞虫（*Leucocytozoon caulleryi*） 配子体可见于白细胞和红细胞内。大配子体近于圆形，大小为12～13μm，胞质较多，呈深蓝色，核呈红色，居中较透明。小配子体呈不规则圆形，大小为 9～11μm，胞质少，呈浅蓝色，核呈浅红色，占有虫体大部分。被寄生的宿主细胞膨大为圆形，细胞核被挤压成狭带状围绕虫体，有时消失（图 5－4）。

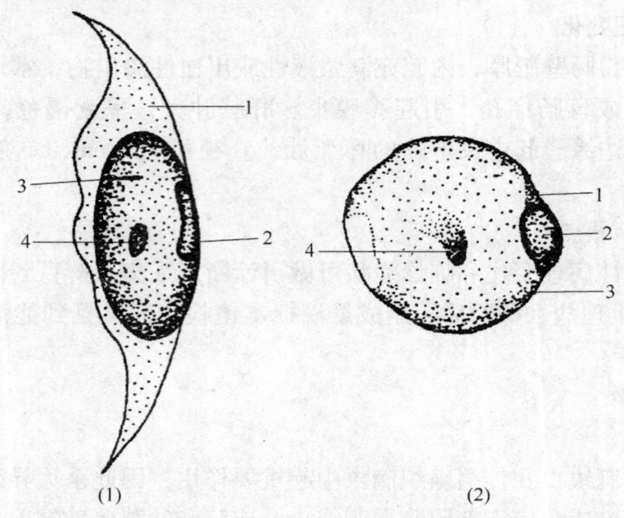

图 5－4　住白细胞虫配子体

（1）沙氏住白细胞虫　（2）卡氏住白细胞虫

1—宿主细胞质　2—宿主细胞核　3—配子体　4—核

（二）生活史

发育过程包括无性繁殖和有性繁殖。无性繁殖在鸡体内进行，有性繁殖在吸血昆虫体内进行。

当吸血昆虫在病鸡体上吸血时，将含有配子体的血细胞吸进胃内，虫体在其体内进行配子生殖和孢子生殖，产生许多子孢子并进入唾液腺。当吸血昆虫再次到鸡体上吸血时，将子孢子注入鸡体内，经血液循环到达肝脏，侵入肝实质细胞进行裂殖生殖，其裂殖子一部分重新侵入肝细胞，另一部分随血液循环到各种器官的组织细胞，再进行裂殖生殖，经数代裂殖增殖后，裂殖子侵入白细胞，尤其是单核细胞，发育为大配子体和小配子体。

卡氏住白细胞虫到达肝脏之前，可在血管内皮细胞内裂殖增殖，也可在红细胞内形成配子体。

（三）流行病学

（1）感染来源　患病或带虫鸡，病原体存在于血液中。

（2）传播媒介　沙氏住白细胞虫的传播媒介是蚋。卡氏住白细胞虫的传播媒介为库蠓。

（3）季节动态　本病发生的季节性与传播媒介的活动季节相一致。当气温在 20 ℃以上时，库蠓和蚋繁殖快，活力强。一般发生于 4～10 月。沙氏住白细胞虫多发生于南方；卡氏住白细胞虫多发生于中部地区。

（4）年龄动态　一般2~7月龄的鸡感染率和发病率都较高。随鸡年龄的增长而感染率增高，但发病率降低，8月龄以上的鸡感染后，大多数为带虫者。

（四）症状

自然感染的潜伏期为6~10 d。急性病例的雏鸡，在感染12~14 d后，突然咯血、呼吸困难，很快死亡。轻症病例，体温升高，卧地不动，下痢，1~2 d内死亡或康复。特征性症状是死前口流鲜血，呼吸高度困难，严重贫血。中鸡死亡率较低，发育受阻。成鸡病情较轻，产蛋率下降。

（五）病理变化

尸体消瘦，鸡冠、肉髯苍白。全身性出血，尤其是胸肌、腿肌、心肌有大小不等的出血点。肾、肺等各内脏器官肿大、出血。胸肌、腿肌、心肌及肝、脾等器官上有灰白色或稍带黄色的、针尖至粟粒大与周围组织有明显分界的小结节。

（六）诊断要点

根据流行病学、临诊症状和病理变化可以做出初步诊断。采取鸡外周血液或脏器涂片，姬姆萨染色镜检，发现虫体即可确诊。挑出内脏器官上的小结节制成压片，染色后可见有许多裂殖子。

（七）防制

1. 预防

（1）杀灭库蠓　防止库蠓进入鸡舍。鸡舍环境用0.1%敌杀死、0.05%辛硫磷或0.01%速灭杀丁定期喷雾，每隔3~5d喷1次。

（2）淘汰病鸡　住白细胞虫的裂殖体阶段可随鸡越冬，故在冬季对当年患病鸡群彻底淘汰，以免翌年再次发病及扩散病原体。

（3）药物预防　在流行季节到来之前进行药物预防。①泰灭净：按0.002 5%~0.007 5%混入饲料，连用5 d停2 d为1个疗程；②磺胺二甲氧嘧啶（SDM）：按0.002 5%~0.007 5%混入饲料或饮水；③乙胺嘧啶：按0.000 1%混入饲料。

（4）免疫学预防　国外有人取感染卡氏住白细胞虫7~13 d的鸡脾脏，匀浆后给鸡接种，可获得一定的抵抗力。

2. 治疗

（1）泰灭净　按0.01%拌料，连用2周；或按0.5%连用3 d，再按0.05%连用2周。

（2）磺胺二甲氧嘧啶（SDM）　又称制菌磺，用0.05%饮水2 d，然后再用0.03%饮水2 d。

（3）克球粉　用0.025%混入饲料，连续服用。

（4）乙胺嘧啶　按0.000 4%配合磺胺二甲氧嘧啶0.004%混入饲料，连用1周。

单元二 | 禽蠕虫病

蠕虫的个体较大，多寄生于肠腔中，一般肉眼可以看见，传播速度慢，病程长，多为慢性或亚临诊性。蠕虫病必须用驱虫药治疗，搞好环境卫生是控制蠕虫感染的重要措施。

一、禽线虫病

禽线虫病是由线形动物门线虫纲中的线虫所引起的。线虫一般呈线状，两端较细，头端偏钝，尾部偏尖，雌雄异体。主要寄生于肠道，使雏禽生长发育不良，甚至造成死亡。

（一）鸡蛔虫病

鸡蛔虫病是由禽蛔科禽蛔属的鸡蛔虫寄生于鸡小肠内引起的一种常见寄生虫病。主要特征为引起小肠黏膜发炎，下痢，生长缓慢和产蛋率下降。

1. 病原体

鸡蛔虫（*Ascaridia galli*）是寄生在鸡体内的一种大型线虫，呈黄白色，头端有 3 个唇片。雄虫长 2.7 ~ 7 cm，尾端向腹面弯曲，有明显的尾翼和尾乳突，有 1 个圆形或椭圆形的肛前吸盘，2 根交合刺近于等长。雌虫长 6.5 ~ 11 cm，阴门开口于虫体中部（图 5 – 5），虫卵椭圆形，壳厚而光滑，深灰色，内含单个胚细胞，虫卵大小为（70 ~ 90）μm ×（47 ~ 51）μm。

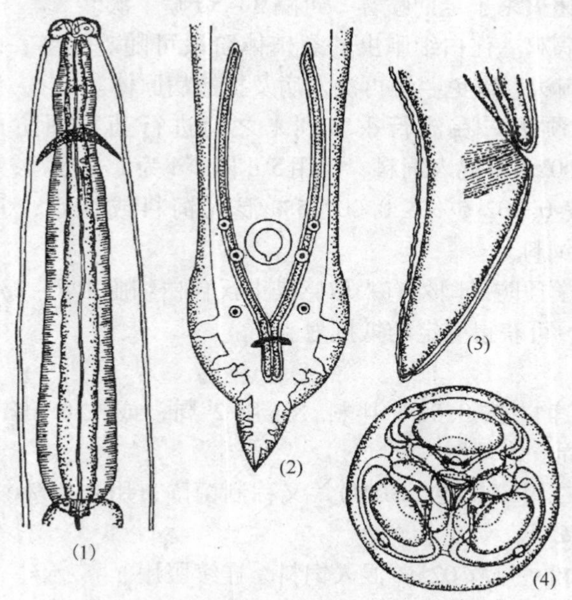

图 5 – 5 鸡蛔虫

（1）—成虫前部 （2）—雄虫后部 （3）—雌虫尾部 （4）—成虫头端顶面观

2. 生活史

（1）发育过程　鸡蛔虫卵随鸡粪便排至外界，在空气充足及适宜的温度和湿度条件下，发育为感染性虫卵。鸡吞食感染性虫卵而感染，幼虫在肌胃和腺胃逸出，钻进肠黏膜发育一段时期后，重返肠腔发育为成虫。

（2）发育时间　虫卵在外界发育为感染性虫卵需 17 ~ 18 d；进入鸡体内的感染性虫卵发育为成虫需 35 ~ 50 d。

3. 流行病学

（1）感染来源　患病或带虫鸡，虫卵存在于粪便中。

（2）感染途径　经口感染。

（3）感染原因　鸡的粪便污染饲料、饮水、场地，鸡食入感染性虫卵而感染。饲养管理条件与感染鸡蛔虫有极大关系，饲料中富含蛋白质、维生素 A 和 B 族维生素等时，可使鸡有较强的抵抗力。

（4）年龄动态　3 ~ 4 月龄的雏鸡易感性强，病情严重，1 岁以上多为带虫者。

（5）抵抗力　虫卵对外界的环境因素和消毒药有较强的抵抗力，在阴暗潮湿环境中可长期生存，但对于干燥和高温敏感，特别阳光直射、沸水处理和粪便堆沤时，虫卵可迅速死亡。

（6）贮藏宿主　蚯蚓可作为贮藏宿主，虫卵在蚯蚓体内可长期保持其生命力和感染力，并依靠蚯蚓可避免干燥和直射日光的不良影响。

4. 症状

鸡蛔虫对雏鸡危害严重，由于虫体机械性刺激和毒素作用并夺取大量营养物质，雏鸡表现为生长发育不良，精神沉郁，行动迟缓，常呆立不动，翅膀下垂，羽毛松乱，鸡冠苍白，黏膜贫血，消化功能障碍，逐渐衰弱而死亡。成虫寄生数量多时常引起肠阻塞，甚至肠破裂。成鸡症状不明显。

5. 病理变化

幼虫破坏肠黏膜、肠绒毛和肠腺，造成出血和发炎，并易导致病原菌继发感染，此时在肠壁上常见颗粒状化脓灶或结节。

6. 诊断要点

粪便检查发现大量虫卵及剖检发现虫体可确诊。粪便检查采用漂浮法。

7. 防制

（1）预防

在蛔虫病流行的鸡场，每年进行 2 ~ 3 次定期驱虫。雏鸡在 2 月龄左右进行第 1 次驱虫，第 2 次在冬季；成年鸡第 1 次在 10 ~ 11 月，第 2 次在春季产蛋前 1 个月进行。

成、雏鸡应分群饲养；鸡舍和运动场上的粪便逐日清除，集中发酵处理；饲槽和用具定期消毒；加强饲养管理，增强雏鸡抵抗力。

（2）治疗

①丙氧咪唑：每千克体重 40 mg；

②左咪唑：每千克体重 30 mg；

③哌哔嗪：每千克体重 200 ~ 300 mg；

④丙硫咪唑：每千克体重 10 ~ 20 mg；

⑤甲苯咪唑：每千克体重 30 mg。均混于饲料喂服。

（二）鸡异刺线虫病

鸡异刺线虫病是由异刺科异刺属的鸡异刺线虫寄生于鸡的盲肠内引起的疾病，又称“盲肠虫病”。主要特征为引起盲肠黏膜发炎、下痢、生长缓慢和产蛋率下降。

1. 病原体

鸡异刺线虫（*Heterakis gallinarum*），呈白色，细小丝状。头端略向背面弯曲，有侧翼，向后延伸的距离较长；食道球发达。雄虫长 7 ~ 13 mm，尾直，末端尖细，交合刺 2 根，不等长，有一个圆形的泄殖腔前吸盘。雌虫长 10 ~ 15 mm，尾细长，生殖孔位于虫体中央稍后方（图 5 - 6），卵呈灰褐色，椭圆形，壳厚，内含单个胚细胞，虫卵大小为（65 ~ 80）μm ×（35 ~ 46）μm。

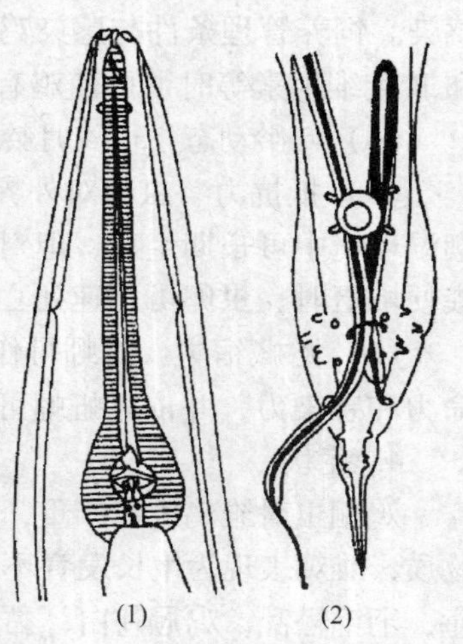

图 5 - 6　鸡异刺线虫
（1）头部　（2）雄虫尾部

2. 生活史

（1）发育过程　鸡异刺线虫卵随鸡粪便排至体外，在适宜的温度和湿度条件下，发育为感染性虫卵，鸡吞食后在小肠内孵化出幼虫。幼虫钻进肠黏膜发育一段时期后，重返肠腔发育为成虫。

（2）发育时间　虫卵在外界发育为感染性虫卵需 2 周；进入鸡体的感染性虫卵发育为成虫需 24 ~ 30 d。成虫寿命约 1 年。

3. 流行病学

（1）感染来源　患病或带虫鸡，虫卵存在于粪便中。

（2）贮藏宿主　蚯蚓可作为贮藏宿主。

（3）年龄动态　各种年龄均有易感性，但营养不良和饲料中缺乏矿物质（尤其是磷和钙）的幼鸡最易感。

（4）虫卵抵抗力　虫卵对外界因素抵抗力很强，如在低湿处可存活 9 个月之久，能耐干燥 16 ~ 18 d。

（5）传播疾病　鸡异刺线虫还是火鸡组织滴虫的传播者。火鸡组织滴虫寄生于鸡的盲肠和肝脏，可侵入异刺线虫卵内，使鸡同时感染。

4. 症状

感染初期幼虫侵入盲肠黏膜时，黏膜肿胀，引起盲肠炎和下痢。成虫期时患病鸡消化功能障碍，食欲不振。雏鸡发育停滞，消瘦，严重时造成死亡。成年鸡产蛋量下降。

鸡如果感染火鸡组织滴虫，可因血液循环障碍，使鸡冠、肉髯发绀，称为“黑头病”；对盲肠和肝脏造成炎症，故称“盲肠肝炎”。

5. 病理变化

病鸡尸体消瘦，盲肠肿大，肠壁发炎和增厚。

6. 诊断要点

通过粪便检查发现虫卵和剖检发现虫体确诊。粪便检查采用漂浮法。

7. 防制

参照鸡蛔虫病。

二、禽绦虫病

绦虫是一些白色、扁平、带状而分节的蠕虫。虫体由1个头节和多个体节构成。头节上绝大多数都有4个吸盘和顶突。有的在吸盘上有小钩。绦虫就利用这些特殊的结构把身体吸附和钩着在禽类肠壁上。绦虫没有消化器官，营养靠从体表吸收。危害家禽较严重的主要有鸡的绦虫病和水禽的剑带绦虫病。

（一）鸡绦虫病

鸡绦虫病主要由戴文科赖利属和戴文属的多种绦虫寄生于鸡小肠中引起疾病的总称。主要特征为小肠黏膜发炎、下痢、生长缓慢和产蛋率下降。

1. 病原体

主要有以下4种。

（1）四角赖利绦虫（*Raillietina tetragona*） 虫体长可达25 cm，宽3 mm，头节较小，顶突上有90～130个小钩，排成1～3圈。吸盘椭圆形，上有8～10圈小钩。成节内含1组生殖器官，生殖孔位于同侧。每个副子宫器内含6～12个虫卵，虫卵呈灰白色，壳厚，直径为25～50μm。

（2）棘沟赖利绦虫（*R. echinobothrida*） 虫体长可达34 cm，宽4 mm，大小和形状颇似四角赖利绦虫。顶突上有200～240个小钩，排成2圈。吸盘圆形，上有8～10圈小钩。生殖孔位于节片一侧的边缘上。每个副子宫器内含6～12个虫卵，虫卵直径为25～40μm。

（3）有轮赖利绦虫（*R. cesticillus*） 虫体较小，一般不超过4 cm。头节大，顶突宽而厚，形似轮状，突出于前端，有400～500个小钩排成2圈。吸盘上无小钩。生殖孔在体缘不规则交替开口。孕节中有许多副子宫器，每个只有1个虫卵（图5－7）。虫卵直径为75～88μm。

（4）节片戴文绦虫（*Davainea proglottina*） 虫体短小，仅有0.5～3 mm，由4～9个节片组成。头节小，顶突和吸盘均有小钩，但易脱落。成节内含1组生殖器官，生殖孔规则地交替开口于每个体节侧缘前部。每个副子宫器内含1个虫卵（图5－8）。虫卵直径为28～40μm。

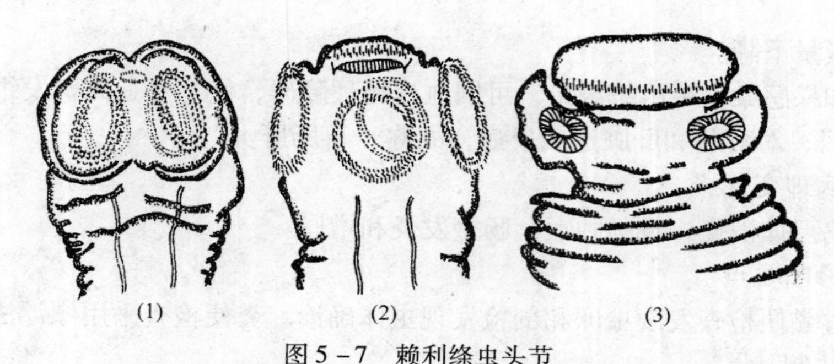

图 5－7　赖利绦虫头节

（1）四角赖利绦虫　（2）棘沟赖利绦虫　（3）有轮赖利绦虫

2. 生活史

（1）中间宿主　四角赖利绦虫的中间宿主是家蝇和蚂蚁；棘沟赖利绦虫为蚂蚁；有轮赖利绦虫为家蝇、金龟子、步行虫等昆虫；节片戴文绦虫为蛞蝓和陆地螺。

（2）终末宿主　主要是鸡，还有火鸡、孔雀、鸽子、鹌鹑、珍珠鸡、雉等。

（3）发育过程　成虫在鸡小肠内产卵，虫卵随粪便排至体外，被中间宿主吞食后发育为似囊尾蚴。含有似囊尾蚴的中间宿主被终末宿主吞食后，似囊尾蚴在小肠内发育为成虫（图 5－9）。

（4）发育时间　进入中间宿主体内的虫卵发育为似囊尾蚴需 14～21 d；进入终末宿主体内的似囊尾蚴发育

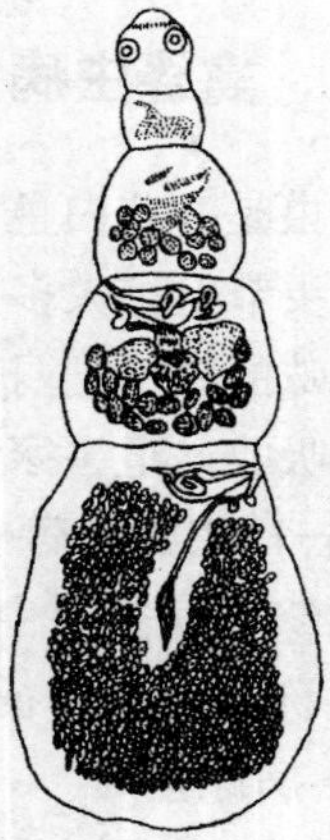

图 5－8　节片戴文绦虫

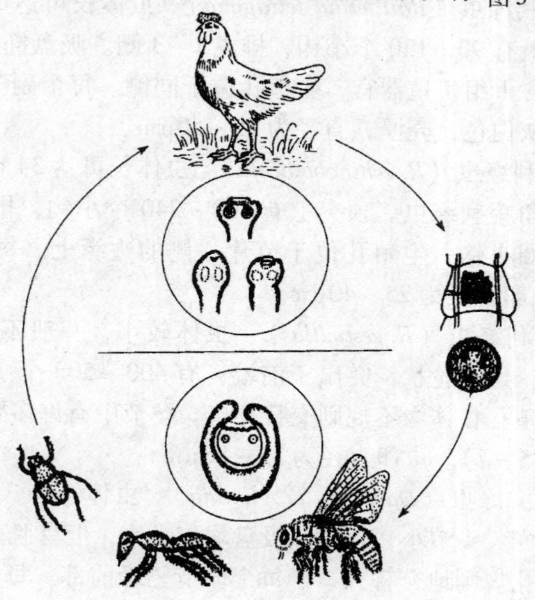

图 5－9　赖利绦虫生活史

为成虫需 12～20 d。

3. 流行病学

(1) 感染来源 患病或带虫鸡等，孕卵节片存在于粪便中。

(2) 感染途径 终末宿主经口感染。

(3) 年龄动态 不同年龄的禽类均可感染本病，但以幼禽为重，25～40d龄死亡率最高。常为几种绦虫混合感染。

(4) 地理分布 分布广泛，与中间宿主的分布面广有关。

4. 症状

病鸡食欲下降，渴欲增强，行动迟缓，羽毛蓬乱，粪便稀且有黏液，贫血，消瘦。有时出现神经中毒症状。产蛋鸡产蛋量下降或停止。雏鸡生长缓慢或停止，严重者可继发其它疾病而死亡。

5. 病理变化

肠黏膜增厚、出血，内容物中含有大量脱落的黏膜和虫体。赖利绦虫为大型虫体，大量感染时虫体积聚成团，导致肠阻塞，甚至肠破裂引起腹膜炎而死亡。

6. 诊断要点

根据流行病学、临诊症状、粪便检查见到虫卵或节片诊断，剖检发现虫体确诊。粪便检查采用漂浮法。

7. 防制

(1) 预防 搞好鸡场防蝇、灭蝇；雏鸡应在 2 个月龄左右进行第 1 次驱虫，以后每隔 1.5～2 个月驱 1 次，转舍或上笼之前必须进行驱虫；及时清除鸡粪便并做无害化处理；定期检查鸡群，治疗病鸡，以减少病原扩散。

(2) 治疗

①丙硫咪唑：每千克体重 10～20 mg；

②吡喹酮：每千克体重 10～20 mg；

③氯硝柳胺：每千克体重 80～100 mg。均 1 次口服。

(二) 水禽绦虫病

水禽绦虫病主要是由膜壳科剑带属和双盔属的多种绦虫寄生于鸭、鹅等水禽小肠内引起的疾病。主要特征为引起小肠黏膜发炎、下痢、生长缓慢和产蛋率下降。

1. 病原体

主要有以下 2 种。

(1) 矛形剑带绦虫 (*Drepanidotaenia lanceolata*) 寄生于鸭、鹅和一些野生水禽小肠。虫体呈乳白色，前窄后宽，形似矛头，长达 13 cm，由 20～40 个节片组成。头节小，上有 4 个吸盘，顶突上有 8 个小钩。颈短。睾丸 3 个，呈椭圆形，横列于节片中部偏生殖孔一侧。生殖孔位于节片上角的侧缘 (图 5－10)。虫卵呈椭圆形，无色，4 层膜，2 个外层分离，第

3层一端有突起，突起上有卵丝，卵内含六钩蚴。虫卵大小为（46～106）μm×（77～103）μm。

（2）冠状双盔带绦虫（*Dicyanotaenia coronula*） 寄生于鸭及野生水禽小肠后段和盲肠。虫体长12～19 cm，宽3 mm。顶突上有20～26个小钩，排成1圈呈冠状。吸盘上无钩。睾丸3个排成等腰三角形（图5－11）。虫卵呈圆形，无色，4层膜，内含六钩蚴。虫卵大小为30～70μm。

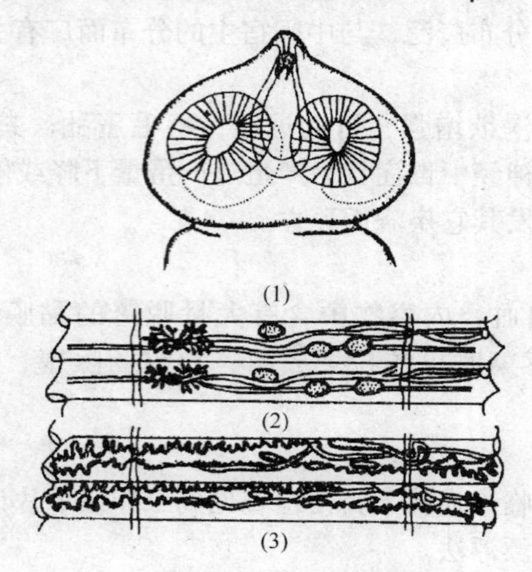

图5－10 矛形剑带绦虫

（1）头节 （2）成熟节片 （3）孕卵节片

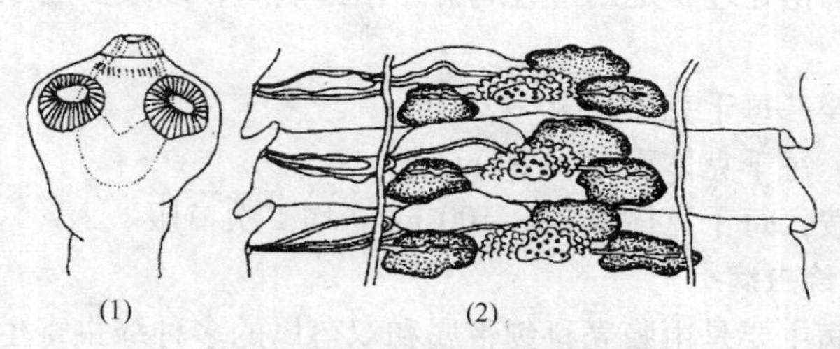

图5－11 冠状双盔带绦虫

（1）头节 （2）成熟节片

2. 生活史

（1）中间宿主 矛形剑带绦虫的中间宿主为剑水蚤，冠状双盔带绦虫为小的甲壳类动物、蚯蚓及昆虫，螺可作为补充宿主。

（2）终末宿主 鸭、鹅等水禽。

（3）发育过程 成虫寄生于终末宿主小肠，孕节或虫卵随粪便排至体外，在水中被中间宿主吞食后发育为似囊尾蚴。含有似囊尾蚴的中间宿主被终末宿主吞食后，似囊尾蚴在小肠内发育为成虫（图5－12）。

（4）发育时间　矛形剑带绦虫卵在中间宿主体内发育为似囊尾蚴需20～30 d；进入终末宿主的似囊尾蚴发育为成虫约需19 d。

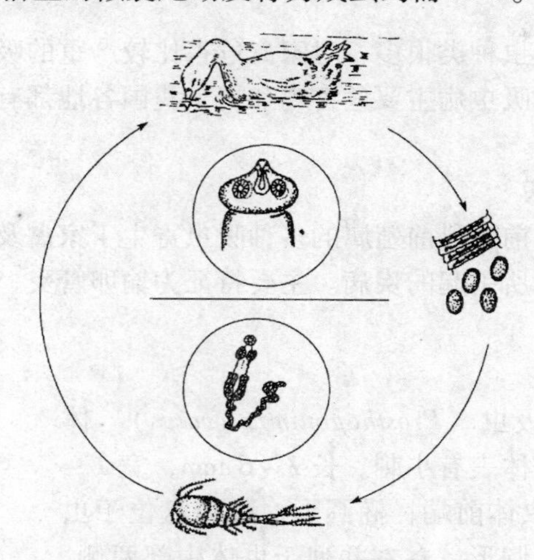

图5－12　剑带绦虫生活史

3. 流行病学

（1）感染来源　患病或带虫鸭、鹅等水禽，孕卵节片存在于粪便中。

（2）感染途径　终末宿主经口感染。

（3）地理分布　膜壳绦虫多呈地方性流行，多种水禽膜壳绦虫的感染率均较高。

4. 症状

患禽常表现下痢，排绿色粪便，有时带有白色米粒样的孕卵节片。食欲不振，消瘦，行动迟缓，生长发育受阻。当出现中毒症状时，运动发生障碍，机体失去平衡，常常突然倒地。若病势持续发展，最终死亡。

5. 诊断要点

根据流行病学、临诊症状，粪便检查见到虫卵或节片初步诊断，剖检发现虫体确诊。

6. 防制

（1）预防　每年在春、秋两季进行计划性驱虫；禽舍和运动场上的粪便及时清理，堆积发酵以便杀死虫卵；幼禽与成禽分开饲养；放牧时尽量避开剑水蚤孳生地。

（2）治疗

①丙硫咪唑：每千克体重10～20 mg；

②吡喹酮：每千克体重10～20 mg；

③氯硝柳胺：每千克体重80～100 mg。

以上均为1次口服量。

三、禽吸虫病

寄生于家禽的吸虫种类很多，对家禽危害比较严重的吸虫病有前殖吸虫病和棘口吸虫病。前殖吸虫病主要危害鸡和鸭，我国各地都有发生，尤其以南方各地更为多见。

（一）前殖吸虫病

前殖吸虫病是由前殖科前殖属的多种吸虫寄生于家禽及鸟类的输卵管、法氏囊、泄殖腔及直肠所引起的疾病。主要特征为输卵管炎、产畸形蛋和继发腹膜炎。

1. 病原

（1）卵圆前殖吸虫（*Prosthogonimus ovatus*） 体前端狭，后端钝圆，体表有小刺。长 3～6 mm，宽 1～2 mm。口吸盘位于虫体前端，椭圆形，腹吸盘位于虫体前 1/3 处。睾丸椭圆形，左右并列于虫体中部两侧。卵巢分叶，位于腹吸盘的背面。子宫盘曲于睾丸和腹吸盘前后。卵黄腺在虫体中部两侧。生殖孔开口于口吸盘的左前方。虫卵棕褐色，椭圆形，一端有卵盖，另一端有一小突起，内含卵黄细胞。虫卵大小为（22～24）μm×（13～16）μm。

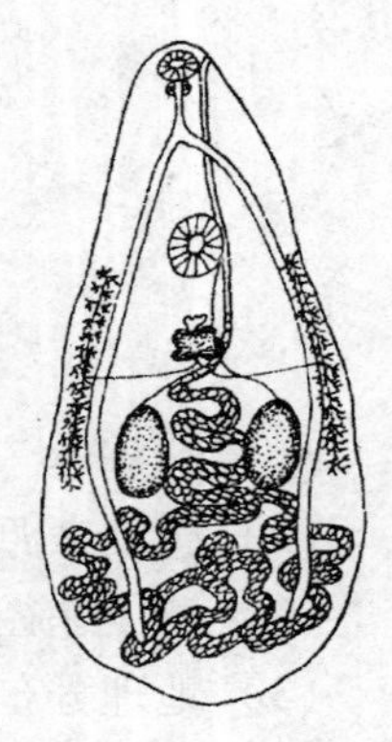

图 5－13 透明前殖吸虫

（2）透明前殖吸虫（*P. pellucidus*） 呈梨形，前端稍尖，后端钝圆，体表前半部有小刺。长6.5～8.2mm，宽2.5～4.2 mm。口吸盘位于虫体前端，呈球形，腹吸盘位于虫体前 1/3 处，呈圆形，口吸盘等于或略小于腹吸盘。睾丸卵圆形，并列于虫体中央两侧。卵巢多分叶，位于睾丸前缘与腹吸盘之间。子宫盘曲于腹吸盘和睾丸后，充满虫体大部。卵黄腺分布于腹吸盘后缘与睾丸后缘之间的虫体两侧。生殖孔开口于口吸盘的左前方（图 5－13）。虫卵与卵圆前殖吸虫卵基本相似，大小为（26～32）μm×（10～15）μm。

（3）另外还有楔形前殖吸虫（*P. cuneatus*）、鲁氏前殖吸虫（*P. rudolphi*）和家鸭前殖吸虫（*P. anatinus*）。

2. 生活史

（1）中间宿主 淡水螺类。

（2）补充宿主 蜻蜓及其稚虫。

（3）终末宿主 鸡、鸭、鹅、野鸭和鸟类。

（4）发育过程 成虫在终末宿主的寄生部位产卵，虫卵随终末宿主粪便和排泄物排出体外，被中间宿主吞食（或遇水孵出毛蚴）发育为毛蚴、胞蚴、尾蚴。尾蚴成熟后逸出螺体游于水中，遇到补充宿主时，由其肛孔进入肌肉形成囊蚴。家禽啄食含有囊蚴的蜻蜓或其稚虫而感染，在消化道内囊蚴壁被消化，童虫逸出，经肠进入泄殖腔，再转入输卵管或法氏囊发育为成虫（图5－14）。

（5）发育时间　侵入蜻蜓稚虫的尾蚴发育为囊蚴约需70 d；进入鸡体内的囊蚴发育为成虫需1～2周，在鸭体内约需3周。

（6）成虫寿命　在鸡体内3～6周，在鸭体内18周。

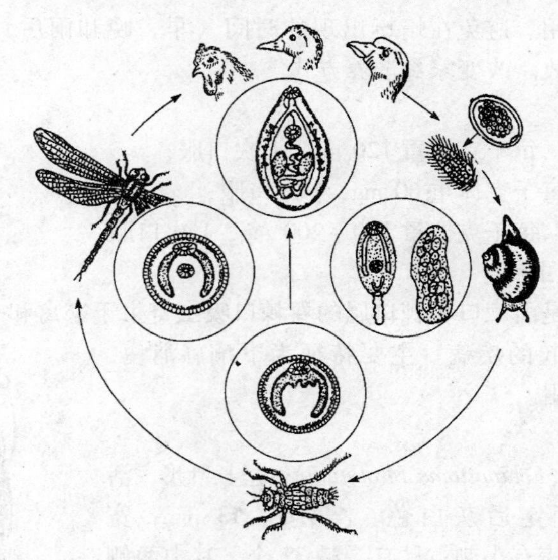

图5－14　前殖吸虫生活史

3. 流行病学

（1）感染来源　患病或带虫鸡、鸭、鹅等，虫卵存在于粪便和排泄物中。

（2）感染途径　终末宿主经口感染。

（3）地理分布　流行广泛，主要分布于南方。

（4）季节动态　流行季节与蜻蜓的出现季节相一致。每年5～6月蜻蜓的稚虫聚集在水池岸旁，并爬到水草上变为成虫，此时易被家禽啄食而感染，故放牧禽易感。

4. 症状

本病主要危害鸡，特别是产蛋鸡，对鸭的致病性不强。感染初期，患禽外观正常，但有时产薄壳蛋且易破，随后产蛋率下降，产畸形蛋，有时仅排出卵黄或少量蛋白。随着病情发展，病鸡食欲减退，消瘦，羽毛蓬乱、脱落；产蛋停止，有时从泄殖腔排出卵壳的碎片或流出类似石灰水样液体；腹部膨大、下垂、压痛，泄殖腔突出，肛门潮红。后期体温上升，严重者可致死。

5. 病理变化

主要病变是输卵管炎，黏膜充血，极度增厚，可在黏膜上见到虫体。腹膜炎时腹腔内有大量黄色混浊的液体，腹腔器官粘连。

6. 诊断要点

根据蜻蜓活跃季节等流行病学资料、临诊症状和粪便检查初步诊断，剖检发现虫体即可确诊。粪便检查用沉淀法。

7. 防制

（1）预防　在流行区进行计划性驱虫，驱出的虫体以及排出的粪应堆积发酵处理后再利用。避免在蜻蜓出现的时间（早、晚和雨后）或到其稚虫栖息的池塘岸边放牧。改变家禽散养方式。

（2）治疗

①丙硫咪唑：每千克体重 120 mg，1 次口服；

②吡喹酮：每千克体重 60 mg，1 次口服；

③氯硝柳胺：每千克体重 100 ~ 200 mg，1 次口服。

（二）棘口吸虫病

棘口吸虫病是由棘口科棘口属的卷棘口吸虫寄生于家禽和一些野生禽类的直肠、盲肠中引起的疾病。主要特征为下痢、消瘦，幼禽生长发育受阻。

1. 病原

卷棘口吸虫（*Echinostoma revolutum*），呈长叶形，活体为淡红色，固定后灰白色。长 7.6 ~ 13 mm，宽 1.3 ~ 1.6 mm。体表有小刺，具有头棘 37 个，其中两侧各有 5 个成簇称为角棘。口吸盘位于虫体前端。睾丸呈椭圆形，边缘光滑，在卵巢后方前后排列。卵巢呈圆形或扁圆形，位于虫体中央或稍前。子宫弯曲在卵巢前方，其内充满虫卵。卵黄腺分布于腹吸盘后方两侧，伸达虫体后端（图5 – 15）。

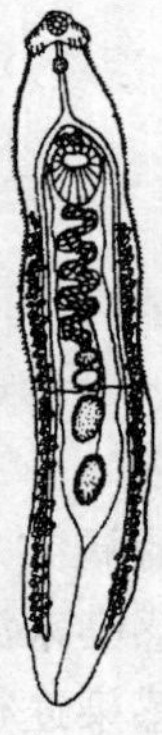

图 5 – 15　卷棘口吸虫

虫卵淡黄色，椭圆形，有卵盖，内含卵细胞。虫卵大小为（114 ~ 126）μm ×（68 ~ 72）μm。

2. 生活史

（1）中间宿主　淡水螺类，主要有折叠萝卜螺、小土窝螺和凸旋螺。

（2）补充宿主　除上述 3 种螺外，还有半球多脉扁螺和尖口圆扁螺以及蝌蚪。

（3）终末宿主　鸡、鸭、鹅和一些野生禽类。

（4）发育过程　成虫在终末宿主直肠和盲肠内产卵，虫卵随粪便排至外界，在水中孵化出毛蚴，遇到中间宿主即钻入其体内，发育为胞蚴、母雷蚴、子雷蚴和尾蚴。尾蚴自螺体逸出后游于水中，当遇到补充宿主时，即侵入其体内变为囊蚴。终末宿主吞食含囊蚴的补充宿主而感染（图 5 – 16）。

（5）发育时间　在水中的虫卵发育为毛蚴需 7 ~ 10 d（气温 30 ℃时）；侵

入中间宿主体内的毛蚴发育为尾蚴需 32 ~ 50 d；进入终末宿主体内的囊蚴发育为成虫需 20 d。

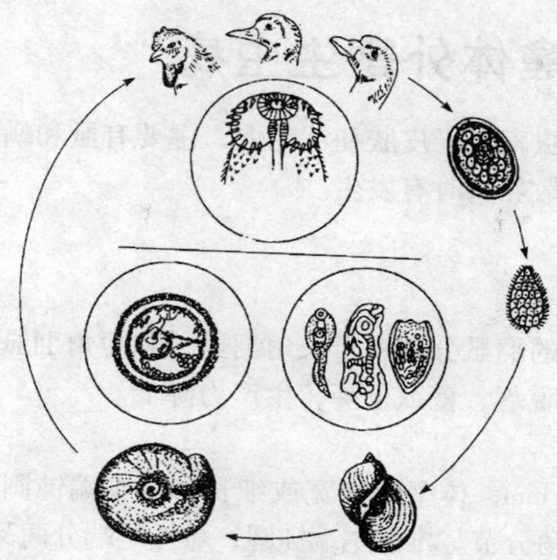

图 5 – 16 棘口吸虫生活史

3. 流行病学

（1）感染来源 患病或带虫鸡、鸭、鹅等，虫卵存在于粪便中。

（2）感染途径 终末宿主经口感染。

（3）地理分布 流行广泛，南方普遍发生。

4. 症状

主要危害雏禽。少量寄生时不显症状，严重感染时可引起食欲不振，消化不良，下痢，粪便中混有黏液，贫血，消瘦，生长发育受阻，可因衰竭而死亡。

5. 诊断要点

根据流行病学、临诊症状和粪便检查初步诊断，剖检发现虫体可确诊。粪检用沉淀法。

6. 防制

（1）预防

流行区内的家禽应进行计划性驱虫，驱出的虫体和排出的粪便应进行无害化处理；勿以浮萍或水草等作为饲料，以防含有囊蚴的螺夹杂其中被家禽食入；改善饲养管理方式，减少感染机会。

（2）治疗

①硫双二氯酚：每千克体重 150 ~ 200 mg，混料喂服；

②氯硝柳胺：每千克体重 50 ~ 60 mg，混料喂服；

③丙硫咪唑：每千克体重 20 ~ 40 mg，1 次口服。

单元三 | 禽体外寄生虫病

禽类的体外寄生虫寄生于皮肤和羽毛上，主要有虱和螨两类。在管理水平低下的老鸡场或农村散养鸡时有发生。

一、禽羽虱

寄生于家禽体表的羽虱分别属于长角羽虱科和短角羽虱科的虫体。主要特征为禽体瘙痒，羽毛脱落，食欲下降，生产力降低。

（一）病原

羽虱体长0.5～1 mm，体型扁而宽或细长形。头端钝圆，头部宽度大于胸部。咀嚼式口器。触角分节。雄性尾端钝圆，雌性尾端分两叉（图5－17）。

鸡羽虱主要有长羽虱属广幅长羽虱（*Lipeurus heterographus*）、鸡翅长羽虱（*L. variabilis*），圆羽虱属鸡圆羽虱（*Goniocotes gallinae*），角羽虱属鸡角羽虱（*Goniodes gigas*），鸡虱属鸡羽虱（*Menopon gillinae*），体虱属鸡体虱（*Menacanthus stramineus*）。

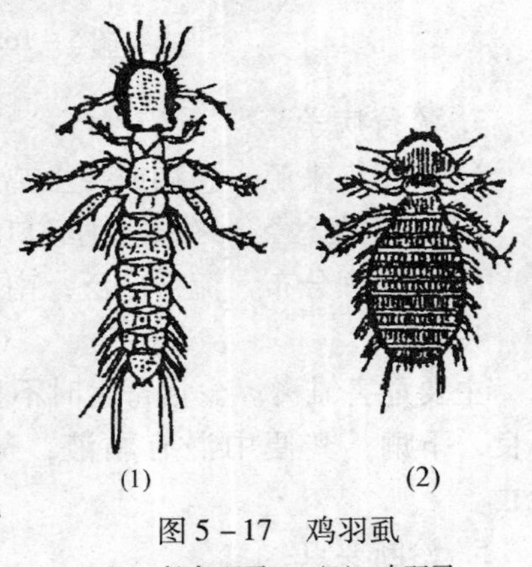

图5－17　鸡羽虱
（1）长角羽虱　（2）鸡羽虱

鸭鹅羽虱主要有鹅鸭虱属细鹅虱（*Anatoecus anseris*）、细鸭虱（*A. crassicormis*）；鸭虱属鹅巨毛虱（*Trinoton anserinum*）、鸭巨毛虱（*T. querquedulae*）。

（二）生活史

禽羽虱的全部发育过程都在宿主体上完成，包括卵、若虫、成虫3个阶段，其中若虫有3期。虱卵成簇附着于羽毛上，需4～7 d孵化出若虫，每期若虫间隔约3 d。完成整个发育过程约需3周。

（三）生活习性

大多数羽虱主要是啮食宿主的羽毛和皮屑。鸡体虱可刺破柔软羽毛根部吸血，并嚼咬表皮下层组织。每种羽虱均有其一定的宿主，但1种宿主常被数种羽虱寄生。各种羽虱在同一宿主体表常有一定的寄生部位，鸡圆羽虱多寄生于鸡的背部、臀部的绒毛上；广幅长羽虱多寄生于鸡的头、颈部等羽毛较少的部位；鸡翅长羽虱寄生于翅膀下面。秋冬季绒毛浓密，体表温度较高，适宜羽虱的发育和繁殖。虱正常寿命为几个月，一旦离开宿主则只能活5～6 d。

（四）主要危害

虱采食过程中造成禽体瘙痒，并伤及羽毛或皮肉，表现不安，食欲下降，消瘦，生产力降低。严重者可造成雏鸡生长发育停滞，体质日衰，导致死亡。

（五）防制

保持环境清洁卫生，使用敌百虫、溴氰菊酯等药物对鸡舍地面、墙壁和棚架进行喷洒，杀灭环境中的羽虱。

消灭体表羽虱，可用敌百虫精粉剂或 0.5% 敌百虫粉、5% 氟化钠喷散于鸡全身羽毛及体表皮肤。也可用敌杀死 6mL 加入到 2kg 水中，将鸡逐只抓起逆向羽毛喷雾。大群治疗时宜采用药浴法（仅限于夏季进行），方法是取 2.5% 溴氰菊酯或灭蝇灵 1 份，加温水 4 000 份，放入大缸或大盆中，将鸡体放入药液浸透体表羽毛。也可用上述药物进行环境灭虱。

用药物灭虱时要注意管理，避免鸡群中毒。

二、鸡螨病

鸡螨病是由皮刺螨科皮刺螨属和疥螨科膝螨属的多种螨类寄生于鸡的皮肤上或皮肤内而引起的体外寄生虫病。常见的鸡螨病有鸡皮刺螨病和鸡膝螨病。

（一）鸡皮刺螨病

鸡皮刺螨又称红螨，寄居在鸡窝巢内，吸食鸡血，可使鸡日渐消瘦、贫血，产蛋量下降。

1. 病原

皮刺螨科的螨背腹扁平，体长为 0.5 ~ 1.5 mm。头盖骨呈前端尖的长舌状，螯肢长呈鞭状。主要为皮刺螨属的鸡皮刺螨（*Dermanyssus gallinae*）（图 5 – 18），禽刺螨属的林禽刺螨（*Ornithonyssus sylviarum*）、囊禽刺螨（*O. bursa*）。

(1)

(2)

图 5 – 18 鸡皮刺螨

（1）背面 （2）腹面

恙螨科螨类以幼虫形态为鉴定依据。主要有新棒螨属的鸡新棒恙螨（*Neoschongastia gallinarum*），其幼虫很小，0.4 mm × 0.3 mm，饱食后呈橘黄色。有 3 对短足。背面盾板呈梯形，其上有 5 根刚毛，中央有感觉毛 1 对。盾板是鉴定属和种的重要特征。

2. 生活史

均为不完全变态，发育过程包括卵、幼虫、若虫、成虫 4 个阶段。

（1）鸡皮刺螨的雌螨侵袭鸡体吸饱血后，离开鸡体返回栖息地，12 ~ 24 h 后产卵，每次产 10 多个，一生可产 40 ~ 50 个。在 20 ~ 25 ℃ 条件下，渐次孵化出幼螨、第1期若螨、第2期若螨和成虫。全部过程需7 d。

（2）林禽刺螨在鸡体上完成全部发育过程。

（3）囊禽刺螨也能在鸡体上完成其发育过程，但大部分卵产于鸡舍内。

（4）鸡新棒恙螨幼虫营寄生生活，若虫和成虫营自由生活。成虫在地上产卵，发育为幼虫后侵袭鸡只吸血，然后离开鸡体发育为若虫、成虫。全部过程需1~3个月。

3. 生活习性

鸡皮刺螨栖息在鸡舍的缝隙、物品及粪块下面等阴暗处，夜间吸血时才侵袭鸡体，吸饱血后离开鸡体返回栖息地，但如鸡白天留居舍内或母鸡孵卵时也可遭受侵袭。成虫耐饥能力较强，4~5个月不吸血仍能生存。成螨适应高湿环境，故一般多出现于春、夏雨季，干燥环境最容易死亡。

林禽刺螨和囊禽刺螨能连续在鸡体上发育繁殖，故白天和夜间均存在于鸡体上。有时可侵袭人吸血。多出现于冬季。

鸡新棒恙螨的幼虫寄生于宿主的翅内侧、胸两侧和腿内侧的皮肤上。雏鸡最易受侵害。

4. 主要危害

皮刺螨吸食鸡体血液，引起不安，日渐消瘦，贫血，产蛋量下降。鸡皮刺螨可传播禽霍乱和螺旋体病。

鸡新棒恙螨幼螨叮咬鸡体，患部奇痒，呈现周围隆起、中间凹陷的痘脐形的病灶，中央可见一小红点，用小镊子取出镜检，可见恙螨幼虫。大量虫体寄生时，腹部和翼下布满此种病灶。病鸡贫血、消瘦、垂头、不食，如不及时治疗，可能死亡。

5. 防制

（1）预防　认真检查进出场人员、车辆等，防止携带虫体；不同鸡舍之间应禁止人员和器具的流动；防止鸟类进入鸡舍；经常更换垫草并烧毁；避免在潮湿的草地上放鸡，以防感染。鸡皮刺螨应治疗鸡体和处理鸡舍同时进行，处理鸡舍时应将鸡撤出。

（2）治疗　可用拟除虫菊酯类药喷洒鸡体、垫料、鸡舍、槽架等，如溴氰菊酯或杀灭菊酯（戊酸氰醚酯、速灭杀丁）。治疗鸡群林禽刺螨需间隔5~7 d连续2次，要确保药物喷至皮肤。

在鸡体患部涂擦70%酒精、碘酊或5%硫磺软膏，效果良好。涂擦1次即可杀死虫体，病灶逐渐消失，数日后痊愈。

（二）鸡膝螨病

鸡膝螨病是由疥螨科膝螨属的突变膝螨（鳞足螨）和鸡膝螨（脱羽螨）寄生于鸡引起的。

1. 病原

突变膝螨的雌虫大小为（0.4~0.44）mm×（0.33~0.38）mm，近圆

形，足极短，足端均无吸盘。雄虫为近似卵圆球形，大小为（0. 195 ~0. 2）mm×（0. 12 ~0. 13）mm，足较长，足端各有一个吸盘。雌虫和雄虫的肛门均位于体末端。鸡膝螨比突变膝螨更小，直径仅 0. 3 mm。

2. 生活史

生活史全部在鸡体上进行，属永久性寄生虫。突变膝螨寄生于鸡腿无毛处及脚趾部皮内挖掘隧道进入上皮内，并在其中经过卵、幼虫、第一期若虫、第二期若虫、成虫阶段，完成整个的生活史。

3. 临床症状

由于强烈的刺激，引起患部炎症增生，发痒，起鳞片，继而皮肤增厚，粗糙，甚至干裂，渗出物干燥后形成灰白色痂皮，如同涂石灰样，故称“石灰脚”，严重病鸡跛行，行走困难，食欲减退，生长缓慢，产蛋减少。鸡膝螨寄生于鸡的羽毛根部，刺激皮肤引起炎症，皮肤发红，发痒，病鸡自啄羽毛，羽毛变脆易脱落，造成“脱羽症”，多发于翅膀和尾部大羽，严重者，羽毛几乎全部脱光。同时可以干扰体热调节，造成体重下降，产蛋减少。

4. 防制

治疗鸡突变膝螨病，必须先将病鸡腿浸入温肥皂水中使痂皮泡软，除去痂皮。然后涂上 20% 硫磺软膏或 2% 石炭酸软膏。也可以将病鸡腿浸在机油、柴油或煤油中，间隔数天再用一次。使用 20% 杀灭菊酯乳油经稀释 1 000 ~2 500 倍或 2. 5% 敌杀死乳油稀释 250 ~ 500 倍，浸浴患腿或患部涂擦均可，间隔数天再用药 1 次。治疗鸡膝螨病，可用上述杀灭菊酯或敌杀死水悬液喷洒患鸡体或药浴。

一、寄生虫与宿主

1. 寄生虫的类型

（1）内寄生虫与外寄生虫　这是从寄生虫的寄生部位来分的。凡是寄生在宿主体内的寄生虫称为内寄生虫，如吸虫、绦虫、线虫等；寄生在宿主体表的寄生虫称为外寄生虫，如蜱、螨、虱等。

（2）单宿主寄生虫与多宿主寄生虫　这是从寄生虫的发育过程来分的。凡是发育过程中仅需要 1 个宿主的寄生虫称为单宿主寄生虫（又称土源性寄生虫），如蛔虫、球虫等，这类寄生虫分布较为广泛；发育过程中需要多个宿主的寄生虫称为多宿主寄生虫（又称生物源性寄生虫），如吸虫、绦虫等。

（3）长久性寄生虫与暂时性寄生虫　这是从寄生虫的寄生时间来分的。寄生虫的一生均不能离开宿主，否则难以存活的寄生虫称为长久性寄生虫，如旋毛虫等；而只是在采食时才与宿主接触的寄生虫称为暂时性寄生虫，如蚊子等。

（4）专一宿主寄生虫与非专一宿主寄生虫　这是从寄生虫寄生的宿主范围来分的。有些寄生虫只寄生于一种特定的宿主，对宿主有严格的选择性，称为专一宿主寄生虫，如马尖尾线虫只寄生于马属动物，鸡球虫只感染鸡等；有些寄生虫能寄生于多种宿主，称为非专一宿主寄生虫，如旋毛虫可以寄生于猪、犬、猫等多种动物和人。非专一宿主寄生虫可通过生物媒介在不同宿主之间传播，因此，分布广泛，难以防制。

（5）专性寄生虫与兼性寄生虫　这是从寄生虫对宿主的依赖性来分的。寄生虫在生活史中必须有寄生生活阶段，否则，生活史就不能完成，这种寄生虫称为专性寄生虫，如吸虫、绦虫等；既可营自由生活，又能营寄生生活的寄生虫称为兼性寄生虫，如类圆线虫、丽蝇等。

2. 宿主的类型

（1）终末宿主　寄生虫成虫（性成熟阶段）或有性生殖阶段寄生的宿主称为终末宿主，如人是猪带绦虫的终末宿主。某些寄生虫的有性生殖阶段不明显，这时可将对人最重要的宿主认为是终末宿主，如锥虫。

（2）中间宿主　寄生虫幼虫期或无性生殖阶段寄生的宿主称为中间宿主，如猪是猪带绦虫的中间宿主。

（3）补充宿主　某些寄生虫在发育过程中需要 2 个中间宿主，第 2 个中间宿主称为补充宿主，如枝睾吸虫的补充宿主是淡水鱼和虾。

（4）贮藏宿主 寄生虫的虫卵或幼虫在其宿主体内虽不发育，但保持对易感动物的感染力，这种宿主称为贮藏宿主，又称转续宿主或转运宿主，如蚯蚓是鸡蛔虫的贮藏宿主。贮藏宿主在流行病学上具有重要意义。

（5）保虫宿主 某些经常寄生于某种宿主的寄生虫，有时也可寄生于其它一些宿主，但不普遍且无明显危害，通常把这种不经常被寄生的宿主称为保虫宿主，如耕牛是日本分体吸虫的保虫宿主。这种宿主在流行病学上有一定作用。

寄生虫与宿主的类型是人为的划分，各类型之间有交叉或重叠，有时并无严格的界限。

二、寄生虫的致病作用

寄生虫对宿主的危害，既表现在局部组织器官，也表现在全身，其中包括侵入门户、移行路径和寄生部位。寄生虫种类不同，致病作用也往往不同。寄生虫对宿主的具体危害主要有以下几个方面。

1. 掠夺宿主营养

消化道寄生虫（如蛔虫、绦虫）多数以宿主体内的消化或半消化的食物营养为食；有的寄生虫还可直接吸取宿主血液（如蜱、吸血虱）和某些线虫（如捻转血矛线虫、钩虫）；也有的寄生虫（如巴贝斯虫、球虫）则可破坏红细胞或其它组织细胞，以血红蛋白、组织液等作为自己的食物；寄生虫在宿主体内生长、发育及大量繁殖，所需营养物质绝大部分来自宿主。这些营养还包括宿主不易获得而又必需的物质，如铁及微量元素等。由于寄生虫对宿主营养的这种掠夺，使宿主长期处于贫血、消瘦和营养不良状态。

2. 机械性损伤

虫体以吸盘、小钩、口囊、吻突等器官附着在宿主的寄生部位，造成局部损伤；幼虫在移行过程中，形成虫道，导致出血、炎症；虫体在肠管或其它组织腔道（胆管、支气管、血管等）内寄生聚集，引起堵塞和其它后果（梗阻、破裂）；另外，某些寄生虫在生长过程中，还可刺激和压迫周围组织脏器，导致一系列继发症。如多量蛔虫积聚在小肠所造成的肠堵塞，个别蛔虫误入胆管中所造成的胆管堵塞等；钩虫幼虫侵入皮肤时引起钩蚴性皮炎；细粒棘球蚴在肝脏中压迫肝脏……都可造成严重的后果。

3. 虫体毒素和免疫损伤作用

寄生虫在寄生生活期间排出的代谢产物、分泌的物质及虫体崩解后的物质对宿主是有害的，可引起宿主体局部或全身性的中毒或免疫病理反应，导致宿主组织及机能的损害。如蜱可产生用于防止宿主血液凝固的抗凝血物质；寄生于胆管系统的华支睾吸虫，其分泌物、代谢产物可引起胆管上皮增生、肝实质萎缩、胆管局限性扩张及管壁增厚，进一步发展可致上皮瘤样增生；血吸虫虫卵分泌的可溶性抗原与宿主抗体结合，可形成抗原－抗体复合物，引起肾小球基膜损伤；所形成的虫卵肉芽肿则是血吸虫病的病理基础。犬患恶丝虫病时，常发生肾小球基膜增厚和部分内皮细胞的增生，临诊症状为蛋白尿。

4. 继发感染

某些寄生虫侵入宿主体时，可以把一些其它病原体（细菌、病毒等）一同携带入体内；另外，寄生虫感染宿主体后，破坏了机体组织屏障，降低了抵抗力，也使得宿主易继发感染其它一些疾病。如许多种寄生虫在宿主的皮肤或黏膜等处造成损伤，给其它病原体的侵入创造了条件。还有一些寄生虫，其本身就是另一些微生物或寄生虫的传播者。例如，某些蚊虫传播人和猪、马等家畜的日本乙型脑炎；某些蚤传播鼠疫杆菌；蜱传播梨形虫病等。

三、寄生虫病的预防与控制

影响寄生虫病发生和流行的因素很多，防制应根据掌握的寄生虫生活史、生态学和流行病学等资料，采取各种预防、控制和治疗方法及手段，达到控制寄生虫病发生和流行的目的。

1. 控制和消除感染源

（1）动物驱虫　驱虫是综合性防制措施的重要环节，具有双重意义：一方面是治疗患病动物；另一方面是减少患病动物和带虫者向外界散播病原体，可对健康动物产生预防作用。在防制寄生虫病中，通常是实施预防性驱虫，即按照寄生虫病的流行规律定时投药，而不论其发病与否。如北方地区防治绵羊蠕虫病，多采取 1 年 2 次驱虫的措施。春季驱虫在放牧前进行，目的在于防止污染牧场；秋季驱虫在转入舍饲后进行，目的在于将动物已经感染的寄生虫驱除，防止发生寄生虫病及散播病原体。预防性驱虫尽可能实施成虫期前驱虫，因为这时寄生虫尚未产生虫卵或幼虫，可以最大限度地防止散播病原体。在驱虫中尤其要注意寄生虫易产生抗药性，应有计划地经常更换驱虫药物。驱虫后 3 d 内排出的粪便应进行无害化处理。

（2）保虫宿主　某些寄生虫病的流行，与犬、猫、野生动物和鼠类等保虫宿主关系密切，特别是利什曼原虫病、住肉孢子虫病、弓形虫病、贝诺孢子虫病、华枝睾吸虫病、裂头蚴病、棘球蚴病、细颈囊尾蚴病、豆状囊尾蚴病、旋毛虫病和刚棘颚口线虫病等，其中许多还是重要的人畜共患病。因此，应对犬和猫严加管理，控制饲养，对患寄生虫病和带虫的犬和猫要及时治疗和驱虫，粪便深埋或烧毁。应设法对野生动物驱虫，最好的方法是在它们活动的场所放置驱虫食饵。鼠在自然疫源地中起到感染来源的作用，应搞好灭鼠工作。

（3）加强卫生检验　某些寄生虫病可以通过被感染的动物性食品（肉、鱼、淡水虾和蟹）传播给人类和动物，如猪带绦虫病、肥胖带绦虫病、裂头绦虫病、华枝睾吸虫病、并殖吸虫病、旋毛虫病、颚口线虫病、弓形虫病、住肉孢子虫病和舌形虫病等；某些寄生虫病可通过吃入患病动物的肉和脏器在动物之间循环，如旋毛虫病、棘球蚴病、多头蚴病、细颈囊尾蚴病和豆状囊尾蚴病等。因此，要加强卫生检验工作，对患病胴体和脏器以及含有寄生虫的鱼、虾、蟹等，按有关规定销毁或进行无害化处理，杜绝病原体的扩散。加强卫生检验在公共卫生上意义重大。

(4) 外界环境除虫　寄生在消化道、呼吸道、肝脏、胰腺及肠系膜血管中的寄生虫，在繁殖过程中随粪便把大量的虫卵、幼虫或卵囊排到外界环境并发育到感染期。因此，外界环境除虫的主要内容是粪便处理，有效的办法是粪便生物热发酵。随时把粪便集中在固定场所，经 10 ~ 20 d 发酵后，粪堆内温度可达到 60 ~ 70 ℃，几乎完全可以杀死其中的虫卵、幼虫或卵囊。另外，尽可能减少宿主与感染源接触的机会，如及时清除粪便、打扫圈舍和定期化学药物消毒等，避免粪便对饲料和饮水的污染。

2. 阻断传播途径

任何消除感染源的措施均含有阻断传播途径的意义，另外还有以下 2 个方面。

(1) 轮牧　利用寄生虫的某些生物学特性可以设计轮牧方案。放牧时动物粪便污染草地，在它们还未发育到感染期时，即把动物转移到新的草地，可有效地避免动物感染。在原草地上的感染期虫卵和幼虫，经过一段时期未能感染动物则自行死亡，草地得到净化。不同种寄生虫在外界发育到感染期的时间不同，转换草地的时间也应不同。不同地区和季节对寄生虫发育到感染期的时间影响很大，在制定轮牧计划时均应予以考虑，如当地气温超过18 ~20℃时，最迟也必须在 10 d 内转换草地。如某些绵羊线虫的幼虫在某地区夏季牧场上，需要 7 d 发育到感染阶段，便可让羊群在 6 d 时离开；如果那些绵羊线虫在当时的温度和湿度条件下，只能保持 1.5 个月的感染力，即可在 1.5 个月后，让羊群返回原牧场。

(2) 消灭中间宿主和传播媒介　对生物源性寄生虫病，消灭中间宿主和传播媒介可以阻止寄生虫的发育，起到消灭感染源和阻断感染途径的双重作用。应消灭的中间宿主和传播媒介，是指那些经济意义较小的螺、蝲蛄、剑水蚤、蚂蚁、甲虫、蚯蚓、蝇、蜱及吸血昆虫等无脊椎动物。主要措施如下：

①物理方法：主要是改造生态环境，使中间宿主和传播媒介失去必需的栖息场所，如排水、交替升降水位、疏通沟渠增加水的流速、清除隐蔽物等。

②化学方法：使用化学药物杀死中间宿主和传播媒介，在动物圈舍、河流、溪流、池塘、草地等喷洒杀虫剂。但要注意环境污染和对有益生物的危害，必须在严格控制下实施。

③生物方法：养殖捕食中间宿主和传播媒介的动物对其进行捕食，养鸭及食螺鱼灭螺，养殖捕食孑孓的柳条鱼、花鳉等；还可以利用它们的习性，设法回避或加以控制，如羊莫尼茨绦虫的中间宿主是地螨，地螨惧强光、怕干燥，

潮湿和草高而密的地带数量多，黎明和日暮时活跃，据此可采取避螨措施以减少绦虫的感染。

④生物工程方法：培育雄性不育节肢动物，使其与同种雌虫交配，产出不发育的卵，导致该种群数量减少。国外用该法成功地防制丽蝇、按蚊等。

3. 增强动物抗病力

（1）全价饲养　在全价饲养的条件下，能保证动物机体营养状态良好，以获得较强的抵抗力，可防止寄生虫的侵入或阻止侵入后继续发育，甚至将其包埋或致死，使感染维持在最低水平，使机体与寄生虫之间处于暂时的相对平衡状态，制止寄生虫病的发生。

（2）饲养卫生　被寄生虫病原体污染的饲料、饮水和圈舍，常是动物感染的重要原因。禁止从低洼地、水池旁、潮湿地带刈割饲草，或将其存放3～6个月后再利用。禁止饮用不流动的浅水。圈舍要建在地势较高和干燥的地方，保持舍内干燥、光线充足和通风良好，动物密度适宜，及时清除粪便和垃圾。

（3）保护幼年动物　幼龄动物由于抵抗力弱而容易感染，而且发病严重，死亡率较高。因此，哺乳动物断奶后应立即分群，安置在经过除虫处理的圈舍。放牧时先放幼年动物，转移后再放成年动物。

（4）免疫预防　寄生虫的免疫预防尚不普遍。目前，国内外比较成功地研制了牛羊肺线虫、血矛线虫、毛圆线虫、泰勒虫、旋毛虫、犬钩虫、禽气管比翼线虫、弓形虫和鸡球虫的虫苗，正在研究猪蛔虫、牛巴贝斯虫、牛囊尾蚴、猪囊尾蚴、牛皮蝇蛆、伊氏锥虫和分体吸虫虫苗。

思考与练习

1. 什么是终末宿主和中间宿主？
2. 如何防制寄生虫病？
3. 寄生于鸡的球虫主要有哪几种？其中致病力最强的是哪两种？
4. 鸡球虫病最特征性的症状是什么？为什么在易感年龄（10～15日龄）不能停用抗球虫药物？说出5种抗球虫药物的名称和使用方法。
5. 禽组织滴虫病的主要特征是什么？与异刺线虫有什么关系？
6. 鸡住白细胞虫病是如何传播的？病鸡死前典型症状是什么？
7. 鸡蛔虫和鸡绦虫的形态特征有何不同？
8. 鸡蛔虫和鸡异刺线虫在形态和寄生部位有何区别？
9. 鸡蛔虫病如何防制？
10. 前殖吸虫的主要寄生部位和中间宿主是什么？
11. 检查鸡球虫卵囊、鸡蛔虫卵、鸡绦虫卵常用什么方法？如何操作？

12. 说出 3 种驱鸡蛔虫和驱鸡绦虫常用药物名称和使用方法。
13. 鸡“石灰脚病”的病原是什么？如何防制？
14. 鸡虱和鸡皮刺螨的生活习性有何不同？在药物使用方法上有何不同？

实训十二 鸡球虫病的诊断技术

◇实训条件

显微镜、粪盒、铜筛、玻璃棒、铁丝圈（直径为 5～10 mm）、镊子、5 mL 安瓶（青霉素瓶）、漏斗、载玻片、培养基、试管、剪刀、长剪、饱和盐水、50% 甘油生理盐水等。

◇方法步骤

1. 临诊诊断

本病多发生在温暖季节，3～6 周龄的雏鸡最易感，发病率和死亡率都高。病雏消瘦、衰弱，鸡冠苍白，排血便。剖检病鸡，发现盲肠高度肿胀，浆膜下有出血点，肠腔充满血液，小肠有出血病理变化。

2. 实验室诊断　主要检查有无球虫卵囊。

（1）直接涂片法　取一洁净的载玻片，在载玻片上滴加 1～2 滴 50% 甘油生理盐水，取少许粪便加入其中，混匀，然后除去粪渣，涂抹成一层均匀的粪液，盖上盖玻片，先用低倍镜观察，发现卵囊后再用高倍镜检查。

（2）饱和盐水漂浮法　取新鲜的粪便或病死鸡的肠内容物约 2 g，放入 5 mL的安瓶内，加满饱和盐水，以液面突出安瓶而未流出为宜。静置 30 min 左右，用铁丝圈与液面平行接触，蘸取表面的液膜，抖落在载玻片上，加盖玻片镜检，检查有无球虫的卵囊。

饱和盐水的制备　是在大烧杯内将水煮沸加入食盐，直到食盐不再溶解为止（1 000 mL 水中加入 400 g 食盐），然后过滤，冷却，装瓶备用。若溶液中出现食盐结晶沉淀时，即证明为饱和盐溶液。

◇结果与分析

鸡球虫卵囊一般呈椭圆形、卵圆形、近似圆形等，有的略带淡绿色、黄褐色或淡灰白色。中央有一个深色的圆形部分，周围是透明区，整个卵囊外面有一个双层的壳膜，球虫的卵囊比红细胞大。刚从机体内排出的卵囊，内含一个球形的合子。

实训十三　禽绦虫与蛔虫的虫体形态观察及粪便检查技术

◇实训条件

显微镜、镊子、载玻片、盖玻片、平皿、铜筛、玻璃棒、铁丝圈、漏斗、纱布、饱和盐水、禽的新鲜粪便等。

◇方法步骤

1. 虫体形态观察

（1）绦虫的形态　成虫瓶装标本，虫体很小，大小 5 ~ 80 mm（平均 20 mm左右），最宽处不超过 1 mm，乳白色，所有的节片均宽大于长，生殖孔皆开口于节片的同侧。

绦虫低倍镜下为圆形，似水中小气泡，比受精蛔虫卵小。在高倍镜下常见外层较厚的胚膜。胚膜呈褐色，具有放射状条纹，其内可见六钩蚴，可见 3 对透明的小钩，外有卵壳；牛带绦虫卵壳外有 2 条称为壳丝透明的丝状突起，猪带绦虫卵则没有。因带绦虫卵卵壳薄而易碎，从粪便排出时大多已破碎，因此我们所见的带绦虫卵大多无卵壳，两者不易鉴别，统称为带绦虫卵，实际为一胚膜包裹的六钩蚴。

（2）蛔虫的形态　瓶装标本，形似蚯蚓，雌虫长 20 ~ 40 cm，乳白色，两端略尖，表面光滑，尾部挺直而钝圆。雄虫较小，长 15 ~ 30 cm，尾端向腹侧弯曲，在近尾的泄殖腔开口处，可见一交合刺。

①蛔虫卵：虫卵类圆形或宽椭圆形，卵壳厚而透明，是所有蠕虫卵中最厚者，壳外附有一层棕黄色的蛋白质膜，蛋白质膜常有脱落，因而虫卵的颜色常可深浅不一，卵内为一未分裂的卵细胞，卵壳与卵细胞之间形成新月形的间隙。

②未受精蛔虫卵：虫卵外形变化较大，为长圆形或窄椭圆形，与受精蛔虫卵相比，卵壳较薄，卵内充满着大小不等的曲光颗粒（反复调节微调旋钮可见折光）。其余与受精蛔虫卵相似。

2. 粪便检查法

（1）粪便肉眼检查法　先检查粪便的表面，然后将粪便轻轻捣碎，认真观察粪便中是否有虫体或孕卵节片。如果粪便中有较大型虫体和较大的绦虫节片，则很容易被发现。如果虫体或节片较小，应先取 5 ~ 10 g 粪便放于大烧杯中，加入5 ~ 10 倍清水，搅拌均匀后静置 10 ~ 20 min，然后倾去上层液体，重新加清水，再搅拌均匀，反复数次，直至上层液体清亮为止。最后将上层液体倾去，取少量沉渣置于较大的玻璃平皿内，先在白色背景上，后在黑色背景上，用肉眼观察是否有虫体或节片，必要时借助于放大镜检查。孕卵节片一般为黄白色或淡黄色，像碎米粒。

（2）漂浮法　大多数线虫卵、绦虫卵运用该方法检出率较高。本方法常用饱和盐水溶液。具体方法为：取新鲜的粪便或病死鸡的肠内容物约2 g，放入5 mL的安瓶内，加满饱和盐水，以液面突出安瓶而未流出为宜。静置30 min左右，用铁丝圈与液面平行接触，蘸取表面的液膜，抖落在载玻片上，加盖玻片镜检，检查有无球虫的卵囊。

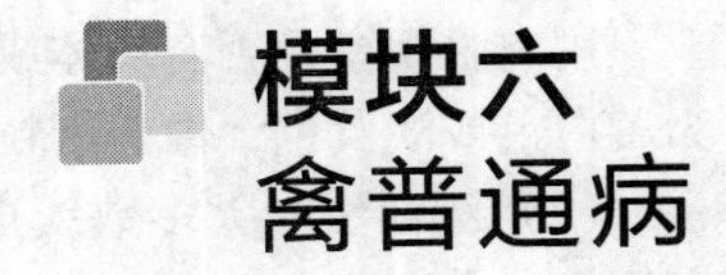

模块六 禽普通病

单元一 | 禽营养代谢疾病

一、痛风

家禽痛风又称尿酸盐沉积症，是体内蛋白质代谢障碍和肾功能障碍所引起的营养代谢性疾病综合征。主要病理特征为血液尿酸水平增高，尿酸盐在关节囊、关节软骨、内脏、肾小管及输尿管中沉积。临床表现为运动迟缓，腿、翅关节肿胀，厌食、衰弱和腹泻。根据病理变化及机制的差异，将痛风分为内脏型、关节型、混合型痛风。本病主要见于鸡、火鸡、水禽，鸽偶尔见之。

（一）病因

1. 饲料因素

饲料蛋白质过高，富含核蛋白和嘌呤碱的蛋白质饲料，尤其是添加鱼粉、动物内脏（肝、脑、肾、胸腺、胰腺）、肉屑、大豆、豌豆等导致尿酸量过大，这是造成禽痛风的主要原因。由于禽摄入蛋白质的代谢终产物是尿酸，如血液中的尿酸浓度升高，经肾排出，当肾的负担加重，肾功能受到损害，造成尿酸的排泄受阻时，在体内形成尿酸盐，尿酸盐沉积于肾脏、输尿管、内脏等器官，引起痛风。

另外，饲料变质、盐分过高、维生素 A 缺乏、饲料中钙、磷过高或比例不当等都是其诱因。

饲料含钙或镁过高，用蛋鸡料喂肉鸡，引起痛风。补充矿物质用石灰石粉，也引起痛风，这是由于含镁量过高，病禽血清经化验分析，含钙 8 ~ 11 mg/100 mL,无机磷 6 ~ 11 mg/100 mL，而镁 4 ~ 12 mg/100 mL（正常为 1.8 ~ 3 mg/100 mL）。

日粮中长期缺乏维生素 A，可发生痛风性肾炎，病鸡呈现明显的痛风症状。若是种鸡，所产的蛋孵化出的雏鸡往往易患痛风，在 20 日龄时即提前出现病症，而一般是在 110 ~ 120 日龄。如当母鸭维生素 A 缺乏时，喂以多量的动物性饲料后，其鸭胚即呈现明显的痛风病变。

2. 疾病因素

传染病如肾型传染性支气管炎、传染性法氏囊病、鸡白痢、鸡蓝冠病、鸡球虫病、鸡滑液囊支原体、盲肠肝炎等都能引起本病。家禽患淋巴性白血病、单核细胞增多症和长期消化紊乱等疾病过程，都可能继发或并发痛风。即凡是能引起肾功能不全（肾炎、肾病等）的因素皆可使尿酸排泄障碍，导致痛风。

3. 管理因素

育雏温度过高或过低、缺水、运动不足、长途运输等。饲养在潮湿和阴暗的畜舍、密集的管理、运动不足、日粮中维生素缺乏和衰老等因素皆可能成为促进本病发生的诱因。

4. 遗传因素

某些品系的鸡存在对关节痛风的遗传易感性，如新汉普夏鸡就有关节痛风的遗传因子。

5. 中毒性因素

中毒性因素包括一些嗜肾性的化学毒物、药物、霉菌毒素。磺胺类药中毒，引起肾损害和结晶的沉淀。慢性铅中毒、石炭酸、升汞、草酸、霉玉米等中毒，引起肾病，其中霉菌毒素的中毒更为重要。

值得指出的是，家禽痛风发生的原因除以上所述以外目前尚不完全清楚，有必要今后进一步深入地研究。

（二）临床症状

内脏型痛风的患禽开始无明显症状，逐渐表现为精神萎靡，食欲不振，消瘦，贫血，鸡冠萎缩、苍白。排白色稀粪，开始水样，后期呈石灰样。泄殖腔松弛，收缩无力，不自主地排白色稀便，污染泄殖腔下部的羽毛。产蛋鸡有时无明显症状，但在产蛋高峰期突然死亡，体况良好或消瘦，冠小且苍白，泄殖腔周围的羽毛有白色物质黏附。关节型痛风，一般表现为慢性经过，表现食欲下降，生长迟缓，羽毛松乱，衰弱。关节肿胀，换腿站立，行走困难，瘫痪。幼雏痛风，出壳数日至 10 日龄，死亡率为 10% ~80%，排白色粪便。

（三）病理变化

内脏型痛风又称尿酸盐沉积，在病禽的肾脏、心脏、肝脏、脾脏的浆膜表面，腹膜、气囊及肠系膜等覆盖一层白色尿酸盐，似石灰样白膜。同时可见肾脏肿大，颜色变浅，表面有白色斑点。输尿管变粗，变硬，内含有大量白色尿酸盐。血液中尿酸、钾、钙、磷的浓度升高，钠的浓度降低。关节型痛风可见到关节内充满白色黏稠半流质的尿酸盐沉积，严重时关节的组织发生溃疡、坏死。

（四）诊断

根据本病的临床症状和剖检变化，可做出初步诊断。结合化验室化验，即血清中尿酸水平正常值为 2 ~ 5 mg/100 mL，如在 10 mg/100 mL 以上时即可确诊。

注意与其它疾病的鉴别：肾型传支有一过性呼吸道症状，腿干瘪，皮肤发绀，肾脏呈斑驳状；而内脏痛风及高钙引起的痛风表现肾脏呈槟榔状。

（五）防制

（1）加强饲养管理，保证饲料的质量和营养的全价，尤其不能缺乏维生素 A，钙磷比例适当，提供的钙应以沙砾形式为好。沙砾形态的钙因缓慢溶解而维持一种较为恒定的血钙水平。应保证水的供应。不喂含霉菌毒素的饲料。日粮中添加高水平的甲硫氨酸（0.3% ~0.6%），保护性未成熟小母鸡的肾脏。

（2）做好诱发本病的其它疾病的防制。

（3）不要长期或过量使用对肾脏有损害的药物及消毒剂，如磺胺类药物、庆大霉素、卡那霉素、链霉素等。

（4）降低饲料中蛋白质的水平，特别是限制动物性蛋白的摄入。增加维生素的含量，给予充足的饮水，停止使用对肾脏有损害作用的药物和消毒剂。饲料和饮水中添加有利于尿酸盐排出的药物，饮水中加入 0.05% 的碘化钾，连饮3 ~5 d。或取车前草 1 kg 煎汁后用凉开水 15 kg 稀释，供鸡饮水，严重的口服 2 ~3 mL，每天 2 次，连服 3 d。其它如双氢克尿塞、阿托品、肾肿解毒药、维生素 A 等都可应用。

二、脂溶性维生素缺乏症

（一）维生素 A 缺乏症

维生素 A 缺乏症是由于动物缺乏维生素 A 引起的以分泌上皮角质化和角膜、结膜、气管、食管黏膜角质化、夜盲症、干眼病、生长停滞等为特征的营养缺乏疾病。

1. 病因

（1）供给不足或需要量增加。鸡体不能合成维生素 A，必须从饲料中采食维生素 A 或类胡萝卜素。不同生理阶段的鸡，对维生素 A 的需要量不同，应分别供给质量较好的成品料，否则就会引起严重的缺乏症。

（2）维生素 A 性质不稳定，非常容易失活，在饲料加工工艺条件不当时，损失很大。

(3) 饲料存放时间过长、饲料发霉、烈日曝晒等皆可造成维生素 A 和类胡萝卜素损坏（如黄玉米贮存6个月以上，60%的胡萝卜素被破坏），脂肪酸败变质也能加速其氧化分解过程。

(4) 日粮中蛋白质和脂肪不足，不能合成足够的视黄醛结合蛋白质去运送维生素 A，脂肪不足会影响维生素 A 类物质在肠中的溶解和吸收。

(5) 胃肠道吸收障碍，会造成腹泻，或其它胃肠及肝胆疾病影响饲料维生素 A 的吸收、利用及储藏。

2. 临床症状

雏鸡和初开产的鸡常易发生维生素 A 缺乏症。雏鸡一般发生在 1 ~ 7 周龄，若1周龄的鸡发病，则与母鸡缺乏维生素 A 有关。其症状特点为厌食，生长停滞，消瘦，嗜睡，衰弱，羽毛松乱，运动失调，瘫痪，不能站立。黄色鸡种胫、喙色素消退，冠和肉垂苍白。病程超过 1 周仍存活的鸡，眼睑发炎或粘连，鼻孔和眼睛流出黏性分泌物，眼睑不久即肿胀，蓄积有干酪样的渗出物，角膜混浊不透明，严重者角膜软化或穿孔失明。口黏膜有白色小结节或覆盖一层白色的豆腐渣样的薄膜，但剥离后黏膜完整无出血溃疡现象。食管黏膜上皮增生和角质化。

成年鸡发病通常在 2 ~5 个月内出现症状，呈慢性经过。轻度缺乏维生素 A，鸡的生长、产蛋、种蛋孵化率及抗病力受到一定影响，往往不易被察觉，使养鸡生产在不知不觉中受到损失。患鸡食欲不振、消瘦、精神沉郁、鼻孔和眼睛常有水样液体排出，眼睑常常粘合在一起，严重时可见眼内乳白干酪样物质（眼屎），角膜发生软化和穿孔，最后失明。鼻孔流出大量黏稠鼻液，病鸡呈现呼吸困难。鸡群呼吸道和消化道黏膜抵抗力降低，易诱发传染病。继发或并发家禽痛风或骨骼发育障碍所致的运动无力、两腿瘫痪，偶有神经症状，运动缺乏灵活性。冠白有皱褶，爪、喙色淡。母鸡产蛋量和孵化率降低，公鸡性功能降低。

3. 病理变化

剖检可见口腔、鼻腔、咽、食管黏膜上皮角质化脱落，黏膜有小脓胞样病变，并波及嗉囊。脓包破溃后形成小的溃疡。鼻腔的阻塞物通常局限于腭裂及其相邻的上皮，易于剥离且不会出血。支气管黏膜可能覆盖一层很薄的假膜，假膜易剥离其下无溃疡。结膜囊或鼻窦肿胀，内有黏性的或干酪样的渗出物。严重时肾脏呈灰白色，有尿酸盐沉积。小脑肿胀，脑膜水肿，有微小出血点。

4. 诊断

(1) 病因调查

饲料中维生素 A 供给不足或消化吸收障碍。

(2) 发病特点

①黏膜、皮肤上皮角化变质，生长缓慢，繁殖功能障碍，免疫力低下和夜盲症为主要特征的营养代谢性疾病。

②病雏鸡消瘦，喙和小腿部皮肤的黄色消退。口黏膜有白色小结节或覆盖一层白色的豆腐渣样的薄膜，但剥离后黏膜完整并无出血溃疡现象。

③成年鸡呈慢性经过，冠白有皱褶，爪、喙色淡。母鸡产蛋量和孵化率降低。公鸡性功能降低，或有运动无力、两脚瘫痪的现象。

（3）实验室化验　血浆和肝脏中维生素 A 和胡萝卜素的含量都有明显变化。正常动物每100 mL血浆中含维生素 A 10μg 以上，如降到 5μg 则可能出现症状。

5. 防制

（1）在采食不到青绿饲料的情况下，必须保证添加有足够的维生素 A 预混剂，按 NRC（1994）推荐的维生素 A 最低需要量，雏鸡与育成鸡日粮维生素 A 的含量应为 10 000IU/kg，产蛋鸡、种鸡为 40 000IU/kg。

（2）全价饲料中添加合成抗氧化剂，防止维生素 A 在贮存期间氧化损失；防止饲料贮存过久，不要预先将脂溶性维生素 A 掺入到饲料或存放于油脂中。避免将已配好的饲料和原料长期贮存。

（3）改善饲料加工调制条件，尽可能缩短必要的加热调制时间。

（4）已经发病的鸡只可用添加治疗剂量的饲料治疗，急性病例的治疗剂量可按正常需要量的 10 ~ 20 倍混料饲喂，连续饲喂约 2 周后再恢复正常；或按5 000IU/kg添加维生素 A，疗程 1 个月。但是要注意由于维生素 A 不易从机体内迅速排出，长期过量使用会引起中毒。

对于后期已经造成失明的则不可逆转。

（二）维生素 D 缺乏症

维生素 D 缺乏症是鸡的钙、磷吸收和代谢障碍，骨骼、蛋壳形成等受阻，以雏鸡佝偻病和缺钙症状为特征的营养缺乏症。

1. 病因

维生素 D 缺乏症的发生不外乎 2 个原因：体内合成量不足和饲料供给缺乏。维生素 D 合成需要紫外线，所以适当的日照可以防止缺乏症的发生。当机体消化吸收功能障碍时，患有肾脏、肝脏疾病的鸡也会发生。

购买商品料的养殖户应向供应商咨询，或者通过化验来确定病因。

（1）饲料中维生素 D 含量在正常情况下，家禽饲料中最少应含有维生素 D 200IU/kg 饲料的浓度，生产应用时还应加上 10% ~30% 的保险系数。

（2）饲料中维生素 A 的含量对维生素 D 的吸收有影响，维生素 A 添加量太多会影响维生素 D 的吸收，一般应保持维生素 A∶维生素 D＝5∶1 的比例。

（3）调节饲料中的钙、磷含量的比例。钙、磷缺乏或比例失调等增加维生素 D 的需要量，一般钙磷应保持在 2∶1 左右。

（4）增加日光照射时间，散养家禽（鸭、鹅等）因日光充足而不易发生缺乏症。

2. 临床症状

维生素 D 的缺乏症主要表现为骨骼损害。

(1) 雏鸡佝偻病 1 月龄左右雏鸡容易发生，发生时间与雏鸡饲料及种蛋情况有关。最初症状为腿软弱，行走不稳，喙和爪软而容易弯曲，以后用跗关节着地，常蹲坐，平衡失调。骨骼柔软或肿大，肋骨和肋软骨的结合处可摸到圆形结节（念珠状肿）。胸骨侧弯，胸骨正中内陷，使胸腔变小。脊椎在荐部和尾部向下弯曲。长骨质脆易骨折。生长发育不良，羽毛松乱，无光泽，有时下痢。

(2) 产蛋母鸡钙缺乏 2～3 个月才开始表现缺钙症状。早期表现为薄壳蛋和软壳蛋数量增加，以后产蛋量下降，最后停产。种蛋孵化率下降，胚胎多在 10～16 日龄死亡。喙、爪、龙骨变软，龙骨弯曲，慢性病例则见到明显的骨骼变形，胸廓下陷。胸骨和椎骨结合处内陷，所有肋骨沿胸廓呈向内弧形弯曲的特征。后期关节肿大，母鸡呈现身体坐在腿上"企鹅式"蹲着的特殊姿势，也能观察到缺钙症状的周期性发作。长骨质脆，易骨折，剖检可见骨骼钙化不良。

3. 病理变化

剖检可见甲状旁腺和骨骼的变化。甲状旁腺肥大，骨骼变软易于折断。肋骨与软骨连接处的肋骨内侧面出现十分明显的结节。雏鸡肋骨与脊柱连接处呈串珠状，肋骨向下向后弯曲。胫骨或股骨的骨骺钙化不全。慢性缺乏表现为尾椎区向下弯曲，胸骨出现明显的侧向弯曲并在近胸端急剧内陷。喙变软易于折断。

4. 防制

(1) 保证饲料中含有足够量的维生素 D_3，每千克日粮中，雏鸡、育成鸡需 200IU，产蛋鸡、种鸡需 500IU。

(2) 防止饲料中维生素 D_3 氧化，应添加合成抗氧化剂。

(3) 防止饲料发霉，破坏维生素 D_3，可添加防霉剂。

(4) 已经发生缺乏症的鸡可补充维生素 D_3。饲料中使用维生素 D_3 粉或饮水中使用速溶多维，饲料中剂量可为 1 500IU/kg。

(5) 雏鸡缺乏维生素 D 时，每只可喂服 2～3 滴鱼肝油，每天 3 次。患佝偻病的雏鸡，每只每次喂给 10 000～20 000IU 的维生素 D_3 油或胶囊疗效较好。多晒太阳，保证足够的日照时间对治疗也有帮助。

（三）维生素 E 缺乏症

维生素 E 缺乏症是以脑软化症、渗出性素质、白肌病和成禽繁殖障碍为特征的营养缺乏性疾病。

1. 病因

维生素 E 缺乏症的发生很大程度上与饲料有关。因为维生素 E 不稳定，极易氧化破坏，饲料中其它成分也会影响维生素 E 的营养状态，造成缺乏症发生。

（1）饲料维生素 E 含量不足　当配方不当或加工失误的情况下，常会发生。

（2）饲料维生素 E 氧化破坏　矿物质造成破坏、不饱和脂肪酸存在、饲料酵母、硫酸铵制剂等拮抗物质刺激脂肪过氧化、制粒工艺不当等情况下均会造成维生素 E 损失。籽实饲料一般条件下保存 6 个月维生素 E 损失 30%～50%。

（3）饲料中维生素 A、B 族维生素等其它营养成分的缺乏。

（4）需要量增加　当饲料中硒不足时会发生。

2. 临床症状

（1）成鸡的主要症状为生殖能力的损害，产蛋率和种蛋孵化率降低，公鸡精子形成不全，繁殖力下降，受精率低。

（2）维生素 E 缺乏引起脑软化症。多发生于 3～6 周龄的雏鸡，发病后表现为精神沉郁，瘫痪，常倒于一侧。出壳后弱雏增多，站立不稳。脐带愈合不良及曲颈、头插向两腿之间等神经症状。

（3）维生素 E 和硒同时缺乏时，雏鸡会表现渗出性素质，病鸡翅膀、颈胸腹部等部位水肿，皮下血肿。小鸡叉腿站立。

（4）维生素 E 和硒、含硫氨基酸同时缺乏，病鸡消瘦、站立不稳、肌肉松弛无力，翅下垂，运动失调。消化不良，贫血。

3. 病理变化

维生素 E 缺乏引起脑软化病，剖检可见小脑软化，脑膜水肿，有出血点和坏死灶，坏死灶呈黄绿色或灰白色斑点。同时缺乏维生素 E 和硒、含硫氨基酸时则表现为白肌病。胸肌和腿肌色浅，苍白，有淡白色条纹。皮下水肿有蓝绿色黏性水肿液。心包扩张，胸部、腿部肌肉有轻度出血，血液中的白蛋白和球蛋白的比值下降。

4. 防制

（1）饲料中添加足量的维生素 E，每千克鸡日粮应含有 10～15IU，鹌鹑为15～20IU。

（2）饲料中添加抗氧化剂。防止饲料贮存时间过长，或受到无机盐、不饱和脂肪酸所氧化及拮抗物质的破坏。

（3）饲料的硒含量应为 0.25 mg/kg。

（4）临床实践中，脑软化、渗出性素质和白肌病常交织在一起，若不及时治疗可造成急性死亡。通常每千克饲料中加维生素 E 20IU，连用 2 周，可在用维生素 E 的同时用硒制剂。渗出性素质病每只禽只可以肌注 0.1% 亚硒酸钠生理盐水 0.05 mL，或添加 0.05 mg/kg 饲料硒添加剂。白肌病每千克饲料再加入亚硒酸钠 0.2 mg，蛋氨酸 2～3 g 可收到良好疗效。脑软化症可用维生素 E 油或胶囊治疗，每只鸡一次喂 250～350IU。饮水中供给速溶多维。

(5) 植物油中含有丰富的维生素 E，在饲料中混有 0.5% 的植物油，也可达到治疗本病的效果。

(四) 维生素 K 缺乏症

维生素 K 缺乏症是以鸡血液凝固过程发生障碍，发生全身出血性素质为特征的营养缺乏疾病。

1. 病因

(1) 集约化饲养条件下，家禽较少或无法采食到青绿饲料，而且体内肠道微生物合成量不能满足需要。

(2) 饲料中存在抗维生素 K 物质，如霉变饲料中真菌毒素、草木樨等会破坏维生素 K。

(3) 长期使用抗菌药物，如抗生素和磺胺类抗球虫药，使肠道中微生物受抑制，维生素 K 合成减少。

(4) 疾病及其它因素　如球虫病、腹泻、肝病或胆汁分泌障碍，消化吸收不良，环境条件恶劣等均会影响维生素 K 的吸收利用。

2. 症状

维生素 K 缺乏症发病潜伏期长，一般缺乏维生素 K 在 3 周左右出现症状。雏鸡发病较多，表现为冠、肉垂、皮肤苍白干燥，生长发育迟缓、腹泻、怕冷，常发呆站立或久卧不起。皮下有出血点，尤其胸腿、腹膜、翅膀和胃肠道明显。血液不易凝固，有时因出血过多死亡。

3. 病理变化

剖检可见肌肉苍白、皮下血肿，肺等内脏器官出血，肝有灰白或黄色坏死灶，脑等有出血点。死鸡体内有积血凝固不完全，肌胃内有出血。病鸽常见鼻孔和口腔出血，皮肤血肿呈紫色。种鸡缺乏种蛋孵化率降低，胚胎死亡率较高。

4. 防制

(1) 应在饲料中添加维生素 K，每千克饲料 1～2 mg，并配合适量青绿饲料、鱼粉、肝脏等富含维生素 K 及其它维生素和无机盐的饲料，有预防作用。

(2) 对病鸡每千克饲料中添加维生素 K 3～8 mg，或肌注 0.5～3 mg/只，一般治疗效果较好，同时给予钙制剂疗效会更好。应注意维生素 K 不能过量以免中毒。

三、B 族维生素缺乏症

B 族维生素是一组多种水溶性维生素，共 9 种，分别为维生素 B_1（硫黄素）、维生素 B_2（核黄素）、维生素 B_3（泛酸）、维生素 B_4（胆碱）、维生素 B_5（烟酸）、维生素 B_6（吡哆醇、吡哆醛、吡哆胺）、维生素 B_7 或维生素 H（生物素）、维生素 B_{11}（叶酸）、维生素 B_{12}（钴胺素）。B 族维生素在动物体内分布大体相同，在提取时常互相混合，在生物学上作为一种连锁反应的辅酶，故统称复合维生素 B。

（一）维生素 B_1 缺乏症

维生素 B_1 即硫胺素，是机体糖类代谢所必需的物质，其缺乏会导致糖类代谢障碍和神经系统的病变，是以多发性神经炎为典型症状的营养缺乏性疾病。

1. 病因

（1）饲料中硫胺素含量不足。通常发生于配方失误，饲料碱化、蒸煮等加工处理，饲料发霉或贮存时间太长等造成维生素 B_1 分解损失。

（2）饲料中含有蕨类植物、抗球虫药、抗生素等对维生素 B_1 有拮抗作用的物质，如氨丙啉、磺胺类药物。

（3）鱼粉品质差，硫胺素酶活力太高。大量鱼、虾和软体动物内脏所含硫胺素酶也可破坏硫胺素。

2. 症状

家禽缺乏维生素 B_1 的典型症状是多发性神经炎。成年鸡一般在维生素 B_1 缺乏日粮 3 周后发病。发病时食欲废绝，羽毛蓬乱，体重减轻，体弱无力，严重贫血和下痢，鸡冠发蓝，所产种蛋孵化中常有死胚或逾期不出壳表现。其特征为外周神经发生麻痹，或初为多发性神经炎，进而出现麻痹或痉挛的症状。开始为趾的屈肌发生麻痹，以后向上蔓延到翅、腿、颈的伸肌发生痉挛，这时病鸡瘫痪，坐在屈曲的腿上，角弓反张，头向背后极度弯曲，后仰呈“观星状”。有的鸡呈进行性的瘫痪，不能行动，倒地不起，抽搐死亡。雏鸡症状大体与成鸡相同，但发病突然，多在 2 周龄以前发生。

3. 病理变化

剖检无特征性病理变化，胃肠道有炎症，睾丸和卵巢明显萎缩，心脏轻度萎缩。小鸡皮肤水肿，肾上腺肥大，母鸡比公鸡更明显。

4. 诊断

依据外周神经发生麻痹或多发性神经炎，进而出现麻痹或痉挛的症状。病鸡瘫痪，坐在屈曲的腿上，角弓反张，头向背后极度弯曲，后仰呈“观星状”。结合测定病禽的血液、组织和饲料中的维生素 B_1 的含量，即可做出诊断。

5. 防制

（1）防止饲料发霉，不能饲喂变质劣质鱼粉。

（2）适当多喂各种谷物、麸皮和青绿饲料。

（3）控制含嘧啶环和噻唑类药物的使用，必须使用时疗程不宜过长。

（4）注意日粮配合，在饲料中添加维生素 B_1，鸡的需要量为每千克饲料 1 ~2 mg，火鸡和鹌鹑为 2 mg。

(5) 小群饲养时可个别补饲或注射硫胺素，每只内服为2.5 mg/kg体重。肌注量为0.1～0.2 mg/kg体重。

(二) 维生素 B_2 缺乏症

核黄素（维生素 B_2）是动物体内十多种酶的辅基，与动物生长和组织修复有密切关系，家禽因体内合成核黄素很少，必须由饲料供应。维生素 B_2 缺乏症的典型症状为卷爪麻痹症。

1. 病因

(1) 饲料补充核黄素不足，常用的禾谷类饲料本身的核黄素特别缺乏，同时又易被紫外线、碱及重金属破坏。

(2) 药物的拮抗作用，如氯丙嗪等能影响维生素 B_2 的利用。

(3) 动物处于低温等应激状态，需要量增加；胃肠道疾病会影响核黄素转化吸收；饲喂高脂肪、低蛋白饲料时核黄素的需要量增加。种鸡需要量比非种鸡需要量多。

2. 临床症状

维生素 B_2 缺乏症主要影响上皮组织和神经。雏鸡最为明显的外部症状是卷爪麻痹症状，趾爪向内蜷缩呈“握拳状”。两肢瘫痪，以飞节着地，翅膀展开以维持身体平衡，运动困难，被迫以踝部行走。腿部肌肉萎缩或松弛，皮肤粗糙，眼睛发生结膜炎和角膜炎。病后期，腿伸开卧地，不能走动。成年鸡产蛋量下降明显，蛋白稀薄，种鸡孵化率明显降低，在孵化后12～14 d胚胎大量死亡，孵出雏鸡因皮肤机构障碍绒毛无法突破毛鞘而呈结节状。雏鸡生长减慢、衰弱、消瘦，背部羽毛脱落，贫血，严重时发生下痢。病鸡不愿走动，爪向下卷曲。

3. 病理变化

剖检内脏器官没有反常变化。但可见胃肠道黏膜萎缩，肠道内有大量泡沫状内容物，重症鸡坐骨、肱骨神经鞘显著肥大，其中坐骨神经变粗为维生素 B_2 缺乏症典型症状。

4. 诊断

根据本病的特征性症状（趾爪向内蜷缩呈“握拳状”）和剖检变化（坐骨神经显著增粗）以及饲料化验等就可以做出诊断。

本病应与神经型马立克病和鸡传染性脑脊髓炎相区别。神经型马立克病除坐骨神经增粗外，内脏器官也有肿瘤，而且有典型的“劈叉”姿势。传染性脑脊髓炎的病鸡头颈震颤，趾爪没有蜷曲现象，坐骨神经也没有增粗的变化。

5. 防制

(1) 饲料中添加蚕蛹粉、干燥肝脏粉、酵母、谷类和青绿饲料等富含维生素 B_2 的原料。雏鸡一开食就应喂标准配合日粮，或在每千克饲料中添加核黄素2～3 mg，可以预防本病。饲料贮存的时间不宜过长，避免风吹日晒、雨淋，再调制时更应该避免阳光的破坏作用。治疗和预防影响核黄素摄入和吸收的疾病。

（2）一般缺乏症可不治自愈，对确定维生素 B_2 缺乏造成的坐骨神经炎，可在日粮中加入10～20 mg/kg的核黄素。个体内服维生素 B_2 0.1～0.2 mg/只，育成鸡5～6 mg/只，出雏率降低的母鸡内服10 mg/只，连用7 d可收到好的疗效。

（三）泛酸缺乏症

泛酸又称维生素 B_3，是辅酶A的重要组成部分，与三羧酸循环中柠檬酸的形成、脂肪代谢等关系极为密切。正常情况下，动植物饲料原料中泛酸含量较丰富，但家禽日粮尤其玉米-豆粕型日粮的泛酸含量少，容易发生缺乏症。

1. 病因

泛酸缺乏症通常与饲料中泛酸量不足有关，尤其饲料加工过程中的加热会造成泛酸的较大损失。特别是当长时间处于100 ℃以上高温加热而且pH偏高或偏低情况下，损失更大。长期饲喂玉米，也可引起泛酸缺乏症。

2. 临床症状

泛酸缺乏主要损伤神经系统、肾上腺皮质和皮肤，其特征症状是皮炎、羽毛生长受阻（断羽）和粗糙，胫骨短粗，生长不良和死亡。成鸡产蛋量和孵化率降低，鸡胚皮下出血、严重水肿，胚胎死亡率增高，大多死于孵化后的2～3 d，孵出的雏鸡体轻而弱，24 h内死亡率可达50%左右。雏鸡衰弱消瘦、口角、眼睑以及肛门周围有局限性的小结痂，眼睑常被黏性渗出物黏着，头部、趾间或脚底发生小裂口、结痂、出血或水肿，裂口加深后行走困难。有些腿部皮肤增厚、粗糙、角质化，甚至脱落。羽毛零乱，头部羽毛脱落。骨粗短，甚至发生滑腱症。雏火鸡泛酸缺乏症与雏鸡相似，而雏鸭则表现为生长缓慢，但死亡率高。

3. 病理变化

剖检无特征性病变。见口腔内有脓样物，腺胃中有不透明的灰白色渗出物，肝脏肥大，并呈浅黄色至深黄色，脾脏轻度萎缩，肾脏轻度肿大。发育中的鸡胚泛酸缺乏时症状为皮下出血和严重的出血。

4. 诊断

根据皮炎、羽毛生长受阻（断羽）和粗糙，胫骨短粗，生长不良和死亡的临床表现和病理剖检变化，结合饲料成分分析可做出初步判断。

5. 防制

（1）饲喂酵母、麸皮和米糠、新鲜青绿饲料等富含泛酸的饲料，可以防止本病的发生。

（2）合理配合饲料，添加泛酸钙，蛋鸡需要添加量为2.2 mg/kg，其它家禽添加10～15 mg/kg。

(3) 患禽可在饲料中添加正常用量的 2 ~ 3 倍的泛酸（一般用泛酸钙），并补充多维。

(四) 烟酸缺乏症

烟酸又称维生素 B_5，是合成 2 种重要辅酶烟酰胺腺嘌呤二核苷酸和烟酰胺腺嘌呤二核苷酸磷酸的维生素成分。这 2 种辅酶广泛参与糖类、脂肪、蛋白质代谢。烟酸缺乏症是指由烟酸和色氨酸同时缺乏引起的对家禽物质代谢损害，该缺乏症主要表现为癞皮病症状。

1. 病因

(1) 饲料中长期缺乏色氨酸，使禽体内烟酸合成减少，玉米等谷物类原料含色氨酸量很低，不额外添加即会发生烟酸缺乏症。

(2) 长期使用某种抗菌药物，或鸡群患有热性病、寄生虫病、腹泻病、肝、胰脏和消化道等机能障碍时引起肠道微生物烟酸合成减少。

(3) 其它营养物如日粮中核黄素和吡哆醇的缺乏，也影响烟酸的合成，造成烟酸需要量的增加。

2. 临床症状

烟酸缺乏时，家禽的能量和物质代谢发生障碍，皮肤、骨骼和消化道出现病理变化，患鸡以口炎、下痢、跗关节肿大为特征。多见于幼雏，均以生长停滞、羽毛生长阻滞且粗糙、稀少和皮肤角化过度而增厚等特有症状，发生严重化脓性皮炎，皮肤粗糙。舌发黑色暗，口腔、食管发炎，呈深红色，食欲减退，生长受到抑制，并伴有下痢，胫骨变形弯曲，飞节肿大，骨粗短，甚至发生滑腱症。腿弯曲，脚和爪呈痉挛状。成鸡较少发生缺乏症，其症状为羽毛蓬乱无光、甚至脱落。产蛋量下降，孵化率降低，鸡雏衰弱。皮肤发炎，可见到足和皮肤有鳞状皮炎。

3. 病理变化

剖检可见口腔、食管黏膜表面有炎性渗出物，胃肠充血，十二指肠、胰腺出现溃疡。

4. 诊断

根据临床症状和病理变化、实验室检测饲料即可做出初步判断。

5. 防制

(1) 避免饲料原料单一，尽可能使用富含 B 族维生素的酵母、麦麸、米糠和豆饼、鱼粉等，调整日粮中玉米比例。

(2) 饲料中添加足量的色氨酸和烟酸，家禽的烟酸需要量在每千克饲料中雏鸡为 26 mg，生长鸡 11 mg，蛋鸡则为每天 1 mg。

(3) 患鸡口服烟酸 30 ~ 40 mg/只，或在饲料中给予治疗剂量 200 mg/kg。

(五) 叶酸缺乏症

叶酸缺乏症是由于动物体内缺乏叶酸而引起的以贫血、生长停滞、羽毛生长不良或色素缺乏、胫骨短粗为特征的营养缺乏性疾病。叶酸对于正常的核酸代谢和细胞增殖极其重要，而家禽饲料原料含量又不丰富，如果补充量不足很容易发生缺乏症。

1. 病因

（1）使用的配合饲料中叶酸添加量太低。

（2）抗菌药物如磺胺类药物的长期使用，影响微生物合成叶酸。

（3）特殊生理阶段和应激状态下需要量增加。

（4）其它影响叶酸合成吸收的疾病性因素等。

2. 症状

雏禽食欲减退，贫血，红细胞数量减少，比正常者大而畸形，血红蛋白下降，血液稀薄。肌肉苍白，羽毛色素消失，有色鸡种出现白羽，羽毛生长缓慢，无光泽。雏鸡生长缓慢，骨短粗。产蛋鸡产蛋率、孵化率下降，体型变小，胚胎畸形，出现先天性胫骨弯曲，下颌缺损，呈现鹦鹉嘴，趾爪出血。雏火鸡颈部麻痹，平直前伸，喙着地，并很快死亡（一般3 d内）。

3. 病理变化

胚胎上颌骨畸形，胫骨弯曲。骨髓红细胞生成中的巨红细胞发育停止。白细胞生成减少，有明显的粒细胞减少症。

4. 诊断

根据小鸡发育不良、羽毛生长不良、贫血等症状，结合日粮成分分析做出诊断。

5. 防制

（1）添加酵母、肝粉、黄豆粉、亚麻仁饼等富含叶酸的物质，防止单一用玉米饲料，可防止叶酸缺乏。

（2）正常饲料中应补充叶酸，家禽对叶酸的需要量为：雏鸡0.55 mg/kg、成鸡0.25 mg/kg、种鸡0.35 mg/kg、火鸡0.8 mg/kg。

（3）治疗用5 mg/kg剂量拌饲或肌肉注射雏鸡50～100 μg/只，育成鸡肌肉注射100～200μg/只，一周内可恢复。配合维生素B_{12}、维生素C进行治疗，效果更好。

（六）生物素缺乏症

生物素又称维生素B_7，是参与二氧化碳固定的羧化与脱羧反应的辅助因子之一，在合成代谢和氮代谢过程中起着非常重要的作用。生物素缺乏症是由于生物素缺乏引起机体糖、蛋白质、脂肪代谢障碍的营养缺乏性疾病，其缺乏可引起皮肤炎和骨短粗症以及肝肾脂肪变性综合征，其特征病变为鸡喙、皮肤、趾爪发生炎症，骨发育受阻呈现短骨。

1. 病因

（1）谷物类饲料中生物素含量少，利用率低，如果谷物类饲料中比例过高，就容易发生缺乏症。另外，饲料贮存时间过长，也可以造成生物素的损失。

(2) 某些抗生素等药物与生物素有拮抗作用，长期使用影响微生物合成生物素，造成生物素缺乏。

(3) 其它影响生物素需要量的因素，如饲料中脂肪含量等。

2. 临床症状

该症发生与泛酸缺乏症有相似的皮炎症状。轻者难以区别，只是结痂时间和次序有别。雏鸡首先在脚上结痂，而缺乏泛酸的小鸡先在口角出现。雏鸡食欲不振，羽毛干燥变脆，逐渐衰弱，发育缓慢，脚、喙和眼周围皮肤发炎，有时表现出胫骨短粗症。鸡爪底粗糙、结痂，有时开裂出血。爪趾坏死、脱落。脚和腿上部皮肤干燥，嘴角出现损伤，眼睑肿胀，分泌炎性渗出物，黏结，病鸡嗜睡并出现麻痹。种母鸡产蛋率下降，所产种蛋孵化率低，胚胎死亡率以第1周最高，最后3 d其次。胚胎和出雏鸡先天性胫骨严重弯曲，跗趾骨短粗或扭曲，骨骼畸形。体型小，鹦鹉嘴，共济失调。

3. 病理变化

剖检可见肝苍白肿大，小叶有微小出血点，肾肿大，颜色异常，心脏苍白，肌胃内有黑棕色液体。体内脂肪呈粉红色。

4. 诊断

根据本病的症状、剖检变化，结合饲料成分化验分析和治疗试验，可以做出诊断。

5. 防制

(1) 饲喂富含生物素的米糠、豆饼、鱼粉和酵母等可防制生物素缺乏症。

(2) 注意饲料的保存，避免长期贮存。

(3) 因为谷物类饲料中生物素来源不足，所以添加生物素添加剂产品很有必要。种鸡日粮中应添加生物素200 μg/kg。产蛋鸡、肉鸡等添加生物素150 μg/kg。减少喂磺胺、抗生素类药物的时间。

(4) 生物素H缺乏时，成鸡口服或肌注生物素制剂每只鸡0.01～0.05 mg，或者每千克饲料中添加生物素40～100 mg。

(七) 维生素 B_6 缺乏症

维生素 B_6 又称吡哆醇，包括吡哆醇、吡哆醛、吡哆胺3种化合物，是禽体重要辅酶，参与氨基酸的代谢、不饱和脂肪酸和无机盐的代谢。家禽不能合成维生素 B_6，必须从饲料中摄取，其缺乏症是以食欲下降、骨短粗和神经症状为特征的营养代谢病。

1. 病因

由于谷类籽实及其加工副产品、酵母和鱼粉中的含量丰富，加之维生素 B_6 很容易被吸收，所以维生素 B_6 的缺乏症一般很少发生，只有在饲料中极度不足或在应激下家禽对维生素 B_6 的需求量增加的情况下才导致缺乏症的发生。饲养环境温度高，在高能量、高蛋白质的饲养条件下，对其需求增加，若未及时补充，导致本病的发生。此外，还有其它影响摄入、吸收的疾病和因素。

2. 临床症状

维生素 B_6 缺乏时主要引起蛋白质和脂肪代谢障碍，血红蛋白合成受阻，以及神经系统的损害，导致家禽生长发育受阻，引起贫血和神经组织变性，因而具有生长不良、贫血及特征性神经症状。

雏鸡在维生素 B_6 缺乏时，主要表现神经症状：异常兴奋，无目的奔跑，拍翅膀，头下垂。以后出现全身性痉挛，运动失调，身体向一侧偏倒，头颈和腿脚抽搐，最后衰竭而死。此外，病雏食欲不振，生长迟缓，羽毛粗糙，干枯蓬乱，鸡冠苍白，贫血。

成年鸡食欲不振，消瘦，产蛋下降，孵化率低，贫血，冠、肉垂、卵巢和睾丸萎缩，最后死亡。成鸭表现为贫血苍白，一般无神经症状。

3. 病理变化

剖检死鸡皮下水肿，内脏器官肿大，脊髓和外周神经变性，有时肝变性。

4. 诊断

根据雏鸡生长不良、贫血、兴奋不安、无目的的奔走、肌肉震颤、运动失调等症状，结合日粮中蛋白质含量过高的病史，可以做出诊断。

本病易与维生素 E 缺乏症混淆，要加以鉴别。维生素 E 缺乏症的神经症状要比本病的表现轻些，本病病鸡的神经症状更明显、更激烈，通常导致完全衰竭而死亡。

5. 防制

（1）饲料中添加酵母、麦麸、肝粉等富含维生素 B_6 的饲料，可以防止本病的发生。按标准添加吡多醇，雏鸡和产蛋鸡是 3 mg/kg，种母鸡是 4.5 mg/kg。

（2）在使用高蛋白饲料时应增加维生素 B_6 添加量。

（3）应激状态下应额外添加维生素 B_6。

（4）已经发生缺乏的成禽可肌注维生素 B_6 5～10 mg/只，饲料中添加维生素 B_6 10～20 mg/kg 饲料。

（八）维生素 B_{12} 缺乏症

维生素 B_{12} 又称钴胺素或氰钴素，其最重要的功能是与叶酸协同参与核酸和甲基的合成以及糖类与脂肪的代谢。其缺乏症是由于维生素 B_{12} 或钴缺乏引起的营养代谢紊乱、恶性贫血为主要特征的一种营养缺乏性疾病。

1. 病因

（1）饲料中营养不全面，长期缺钴或维生素 B_{12} 的供应不足。

（2）长期服用磺胺类抗生素等抗菌药，使肠道内菌群失调，影响肠道微

生物合成维生素 B_{12}。

(3) 由于鸡粪是维生素 B_{12}的来源之一，笼养和网养鸡不能从环境获得维生素 B_{12}。

(4) 肉鸡和雏鸡的生长发育迅速，对维生素 B_{12}的需要量较高，必须加大添加量，如补充不及时，则引起缺乏症的发生。

2. 临床症状

病禽食欲不振，发育迟缓，饲料利用率低，羽毛生长不良，稀少无光泽，发生软脚症，死亡率增加。贫血，鸡冠、肉髯苍白，血液稀薄。成鸡产蛋量下降，蛋重减轻，种蛋孵化率低，鸡胚多于孵化后期死亡，胚胎出现出血和水肿。

3. 病理变化

剖检可见肌胃糜烂，肾上腺肿大，鸡胚腿肌萎缩，有出血点，骨短粗。胚胎孵化 17 d 有一个死亡高峰，胚胎小，腿部肌肉萎缩、弥漫性出血、腿短粗、水肿和脂肪肝。卵黄囊、肺脏、心脏广泛性出血。

4. 诊断

根据病禽的主要症状，结合病史调查和治疗试验就可做出初步诊断。

5. 防制

(1) 补充鱼粉、肉粉、肝粉和酵母等富含钴的原料，或正常饲料中添加氯化钴制剂，可防止维生素 B_{12}缺乏。鸡舍的垫料中也含有较多量的维生素 B_{12}。种鸡饲料中每千克加入 4 μg 维生素 B_{12}可使种蛋孵化率提高。

(2) 患鸡肌肉注射维生素 B_{12} 2 ~4 μg/只，或按 4 μg/kg 饲料的治疗剂量添加。

(九) 胆碱缺乏症

胆碱又称维生素 B_4，是体内磷脂和乙酰胆碱合成的必需物质，是卵磷脂的重要组成部分。在蛋氨酸、肌酸、肉碱和 *N* - 四甲基烟酰胺等含甲基化合物的合成中作为甲基的来源，与脂肪代谢有密切的关系。胆碱缺乏症是由于胆碱缺乏，引起脂肪代谢障碍，使大量脂肪在鸡肝内沉积，因而以脂肪肝和骨短粗为特征的营养缺乏性疾病。

1. 病因

(1) 日粮中胆碱添加量不足。禽对胆碱的需求量比较大，特别是幼龄的鸡，自身合成胆碱的能力不足，易发胆碱缺乏。

(2) 叶酸、维生素 B_{12}、维生素 C 和蛋氨酸都可参与胆碱合成，它们的不足导致胆碱需要量增加。

(3) 胃肠和肝脏疾病影响胆碱吸收和合成，日粮中长期应用抗生素和磺胺类药物能抑制胆碱的合成。日粮中维生素 B_1 与胱氨酸增多时，也容易抑制胆碱的合成。

(4) 脂肪采食量过高而没有相应提高胆碱的添加量。

2. 临床症状

雏鸡食欲减退生长发育不良，飞节肿大，腿骨短粗，病鸡站立困难，常伏地不起。产蛋鸡产蛋量下降，孵化率降低。剖检可见肝肾脂肪沉积，肝大、脂肪变性呈土黄色，表现有出血点，质地脆弱。飞节肿大部位有出血点，胫骨变形腓肠肌脱位，死鸡鸡冠、肉垂、肌肉苍白，肝包膜破裂，有较大凝血块。

3. 病理变化

剖检可见到肝脏肿大，外观呈土黄色，脂肪浸润，表面有出血点，质地脆弱。肾脏及其它器官表面常有出血点和脂肪浸润。关节周围有出血点，胫骨、跖骨弯曲变形，腓肠肌脱位。突然死亡的病鸡，可以见肝包膜破裂，肝表面及腹腔中有大量的凝血块。

4. 诊断

根据本病的临床症状、剖检变化特点，结合饲料成分分析、治疗试验即可做出诊断。

5. 防制

(1) 正常饲料中应添加足量的胆碱，蛋鸡的胆碱需要量为 105 ~ 115 mg/d,雏鸡 1 300 mg/d，生长鸡 500 mg/kg 饲料。对于蛋白质含量低或玉米含量高时，应该在饲料中添加氯化胆碱粉剂。产蛋鸡饲料中添加 0.05%。0 ~ 4 周龄肉鸡添加 0.13%，5 周龄以上的肉鸡添加 0.085%。

(2) 患鸡肌注 0.1 ~ 0.2 g/只，连用 10 d，或饲料添加氯化胆碱 1 g/kg，配合维生素 E 10IU，肌醇 1 g；但已发生跟腱滑脱时，治疗效果差。

四、骨骼发育异常

(一) 钙磷缺乏和钙磷失调症

钙、磷在骨骼组成、神经系统、肌肉和心脏正常功能的维持及血液酸碱平衡、促进凝血等方面发挥着重要作用，成年蛋鸡还用于蛋壳的形成。磷不仅参与骨骼的形成，还是嘌呤核苷酸形成的必需成分。在糖类和脂肪代谢中具有重要的作用，并作为所有活细胞的组成部分。磷盐在保持酸碱平衡上同样起着重要的作用。钙和磷缺乏症是一种以雏禽佝偻病、成禽骨软症为其特征的重要营养代谢性疾病。

1. 病因

(1) 饲料中钙、磷含量不足。鸡生长发育和产蛋期对钙磷需要量较大，如果补充不足，则容易产生钙磷缺乏症。

(2) 饲料中钙、磷比例失调，会影响 2 种元素的吸收，雏鸡和产蛋鸡的饲料中钙磷比应在 2∶1 至 4∶1 之间。

(3) 维生素 D 在钙磷代谢过程中起着促进吸收和转化的重要作用。如果维生素 D 缺乏，则会引起钙、磷缺乏症的发生。

（4）其它因素如日粮中蛋白质、脂肪、植酸盐含量过多、环境温度过高、运动少、日照不足及疾病、生理状态等都会影响钙、磷代谢和需要量，引起缺乏症。

2. 症状

雏禽典型症状是佝偻病。发病较快，1～4 周龄出现症状。早期可见病鸡喜欢蹲伏，不愿走动，食欲不振，病禽生长发育和羽毛生长不良，以腿软，站立不稳，步态跛行。骨质软化，易骨折。关节肿大，跗关节尤其明显。胸骨畸形，肋骨末端呈念珠状小结节，有时腹泻。

成禽易发生骨软症。主要发生在产蛋高峰期的高产鸡。骨质疏松，骨硬度差，骨骼变形。腿软，卧地不起。爪、喙、龙骨弯曲。产蛋下降，最先发生症状为薄壳蛋、软壳蛋增多。蛋壳表面畸形、沙皮，孵化率下降。

3. 病理变化

剖检可见全身骨骼骨密质变薄，骨骼和喙变软，似橡皮。骨髓腔变大，易骨折，胸骨和肋骨自然骨折，与脊柱连接处的肋骨局部有珠状突起。肋骨增厚，弯曲，致使胸廓两侧变扁，雏鸡胫骨、股骨头骨骺疏松。关节膨大，常出现二重关节。关节面软骨肿胀，有纤维素样渗出。

4. 诊断

根据发病特点、症状以及病理剖检变化可做出初步判断。结合饲料分析，测定血钙、血磷的水平即可做出判断。正常雏鸡、中鸡的血钙含量为 9～12 mg/100 mL,成年蛋鸡为 14～17 mg/100 mL，当低于这种水平就意味着发病。

5. 防制

（1）应注意饲料中钙、磷含量要满足禽的需要，而且要保证添加比例适当，尤其产蛋鸡和雏鸡日粮中要保证钙、磷的正常吸收、代谢；同时注意维生素 D 的给予，要达到 200～500 IU/kg 饲料。雏鸡饲料中钙与有效磷的含量分别为0.6%～0.9%和0.4%～0.55%。通过血磷、血钙浓度测定并配合骨骼 X 射线检查，可为早期诊断或监测预报提供依据。

（2）已经发生缺乏症时，应当立即增加饲料中钙、磷水平，调整好比例。应以 3 倍于平时剂量的维生素 D 或鱼肝油添加 2～3 周，然后再恢复到正常。当然，最好能够化验饲料。补充钙磷可用磷酸氢钙、骨粉、贝壳粉等原料。

（二）锰缺乏症

锰是多种酶的激活剂，也是骨骼正常发育所必需的元素。锰缺乏症是因为锰缺乏引起的以骨形成障碍，骨短粗，滑腱症，生长受阻、种蛋孵化率显著降低为特征的营养缺乏病。锰在体内发挥着重要作用，与家禽的生长、骨骼的发育、蛋壳形成和正常生殖能力的维持等方面关系较为密切。禽鸟类对锰的需要量多，而日粮中钙、磷过量又可抑制对锰的吸收作用，所以家禽对锰缺乏特别敏感。

1. 病因

（1）日粮内缺乏锰，地区性缺锰的土壤上生长的作物籽实，含锰量很低。一般饲料原料中玉米、大麦的含锰量较少，糠麸中含量较多，在玉米为主原料的饲料中必须添加锰以满足家禽对锰的需要。当配方不当时，锰的补充量不足。

（2）饲料中钙、磷、铁、植酸盐过量，降低锰的吸收利用率。

（3）饲料中 B 族维生素不足时，增加禽对锰的需要量。

（4）其它影响因素，如鸡患球虫病等胃肠道疾病及药物使用不当时，锰吸收利用受到影响。

2. 症状

本病多发生于雏鸡和育成鸡，特别多见于体重大的品种。常见症状为骨短粗症和脱腱症。前者表现为胫跗关节肿大，腿骨变粗变短，表现为跛行。后者表现为跗关节肿胀与明显错位，胫骨远端和跗骨近端向外变转，腿外展，常一只腿强直，膝关节扁平，节面光滑，导致腓肠肌腱从髁部滑脱，腿变曲扭转，瘫痪，无法站立。常因双腿并发而不能采食，直至饿死。

成年母禽产蛋量下降，蛋壳薄脆，种蛋孵化率低，胚胎畸形，腿短粗，翅膀缺，头呈圆球形或呈鹦鹉嘴，胚胎水肿，腹部突出。孵出雏鸡软骨营养不良，表现出神经机能障碍、运动失调和头骨变粗等症状。

3. 病理变化

早期患肢跖关节变扁变宽，稍肿大；后期常见跖关节肿大，跖骨向内或向外侧弯曲，导致腓肠肌腱脱出，引起脱腱症。腿和翅的长骨缩短、变粗，胫骨下端的关节软骨变位。

4. 诊断

根据本病的临床症状、典型的脱腱症状，剖检变化即可做出初步诊断，结合饲料分析和治疗试验即可确诊。

5. 防制

（1）正常家禽饲料中应含有锰 40 ~ 80 mg/kg，常采用碳酸锰、氯化锰、硫酸锰、高锰酸钾作为锰补充剂。糠麸含锰丰富，调整日粮有良好的预防作用。饲养过程中，避免饲养密度过大。注意使用全价日粮饲喂。

（2）发病家禽日粮中每千克添加 0.12 ~ 0.24 g 硫酸锰，也可用 1∶3 000 高锰酸钾溶液饮水，每日 2 ~ 3 次，连用 4 d。注意再用高锰酸钾饮水时，严格把握浓度，避免刺激。

（3）化验饲料，调整钙、磷比例和含量至正常，保证 B 族维生素足量。

（三）锌缺乏症

锌缺乏症是由于缺乏锌所引起的以羽毛发育不良、生长发育停滞、骨骼异常、生殖功能下降等为特征的营养缺乏症。锌是禽体许多酶活化所必需的物质，参与机体内蛋白质核酸代谢，在维持细胞膜结构完整性，促进创伤愈合方面起着重要作用。

1. 病因

（1）地方性缺锌，缺锌地区土壤含锌量很少，该地区生长的作物籽实也就缺锌。

（2）饲料配方不当，锌添加量不足以满足家禽的需要。一般饲料原料如玉米中锌含量很低。

（3）在钙、镁、铁、植酸盐过多，含铜量过低，不饱和脂肪酸缺乏等条件下，均影响锌的吸收。

（4）其它因素，如棉酚可与锌结合，使锌失去生物活性等。

2. 症状

雏禽缺锌时食欲下降，消化不良，生长缓慢，饲料利用率低。羽毛发育异常，翼羽、尾羽缺损，严重时无羽毛，新羽不易生长。发生皮炎、角化呈磷状，产生较多的磷屑，腿和趾上有炎性渗出物或皮肤坏死，创伤不易愈合。生长发育迟缓或停滞。骨短粗，关节肿大。成禽羽毛受损，产蛋量降低，蛋壳薄，破损率高。孵化率低，易发啄蛋癖。鸡胚死亡率高，鸡胚畸形。

3. 病理变化

剖检见病鸡腿短粗，飞节僵硬。鸡胚骨骼不能正常发育。发育畸形，缺脊柱、腿或翅，无体壁。

4. 诊断

根据本病的症状和剖检变化，结合饲料成分分析及治疗试验、病鸡组织的锌含量测定，可做出诊断。

5. 防制

（1）注意饲料的合理配比，做到营养全价。正常禽日粮中应含有50～100 mg/kg的锌，可通过增加鱼粉、骨粉、酵母、花生粕、大豆粕等的用量以及添加硫酸锌、碳酸锌和氯化锌补充；但必须注意不得超量使用锌，当饲料中的锌超过80 mg/kg 时，就会引起中毒。

（2）排除可造成锌的吸收和代谢的因素，如防止钙、镁、磷超量添加等。

（3）缺锌时，可对少数禽只肌注氧化锌5 mg/只，发病数量较多时可在饲料中增加60 mg/kg 的氧化锌治疗；同时应适当补充维生素 A 等各种维生素，利于鸡群的康复。

（四）笼养蛋鸡疲劳综合征

笼养蛋鸡疲劳综合征是集约化养鸡最重要的骨骼疾病，其特征是产蛋鸡的骨骼疏松，所以也称其为骨质疏松症。常发生在产蛋旺季的高产母鸡。

1. 病因

本病的发生原因复杂，笼养蛋鸡因饲养密度较大，没有足够的活动空间，育成期缺乏运动，致使骨骼发育障碍。矿物质消耗严重，蛋鸡日粮中缺乏钙质，耗用母鸡自身组织的钙过多。而产蛋高峰对饲料中钙、磷的需求量增大，未能补充，造成骨质疏松，易骨折。尿酸盐在肝和肾内沉积而引起代谢紊乱，影响脂溶性维生素 D_3 的吸收。低血钙和脊椎骨折、神经受损造成鸡的瘫痪和急性死亡。蛋鸡从平养迁到笼养，活动范围缩小，自然光照改为人工光照，应激因素增强等都是导致本病发生的因素。

2. 临床症状

通常在入笼后几周正值产蛋高峰时发生。以下软壳蛋为先兆，连下几个软壳蛋后，病鸡表现肌肉无力，进而两腿站立困难，趾爪弯曲，运动失调，喜卧，甚至成瘫痪状态，常有瘸腿现象，不能接近饲槽和饮水器，伴有严重的脱水。关节不灵活，软骨组织增生，骨骼变形，有以肋骨最明显。易发生骨折，尤其是在捕捉时骨折。胸肌萎缩，机能衰弱，胸骨变形成S状。有的鸡采食或产蛋正常，因捡蛋或鸡之间的争斗，突然发生死亡。禽的抗骨折强度降低，翅骨和腿骨易骨折，是本病的特征。越是高产的瘫痪的越多，无症状的鸡产的蛋，蛋壳变薄、变脆。可检查到鸡的骨折部位。

3. 病理变化

剖检可见关节软组织增生，关节变形。翅骨和腿骨骨折，胸骨变形呈S状，胸肌萎缩。

4. 诊断

根据病史调查、临床表现和剖检变化，可做出初步判断。

5. 防制

及早发现及早治疗，发现软壳蛋应立即针对病因采取措施，则很快就能恢复。

加强饲养管理，从光照、密度、通风、卫生、温度、饲料组成等方面予以改善，来预防本病。育成青年母鸡在将近性成熟时提高饲养水平，同时考虑钙、磷补充。蛋鸡日粮里的钙含量不应低于2% ~3.5%，含磷量应比地面散养鸡的多0.2%。日粮中加入2% ~3%的油脂，以保证蛋鸡日粮的平衡，促进机体对维生素D的吸收。发现病鸡单笼饲养，供给含钙量4%全价饲料。最好用高粱粒或玉米粒大小的颗粒补钙。在日粮中补充磷酸二氢钙或维生素D都有好的效果。在蛋鸡开产前补喂贝壳粉是预防本病最有效措施，添加2% ~4%为宜。

五、硒-维生素E缺乏症

硒缺乏症是由于硒缺乏引起的以渗出性素质、肌营养不良和胰腺变性为特征的营养代谢性疾病。硒是家禽所必需的微量元素，分布于全身组织细胞，以肝脏、肾脏和肌肉中含量最高。硒是谷胱甘肽过氧化物酶的主要成分之一，与维生素E有协同作用，阻止脂类代谢产物对细胞膜的氧化作用，保护细胞膜不受损害。同时还能促进维生素E的吸收和利用，与维生素E有互补作用，二者有一方缺乏，另一方有余，则缺乏症的表现就会轻微。因此，硒缺乏症与维生素 E 缺乏症有诸多共同之处，同样引起的以骨骼肌发育不良、白肌病、渗出性素质为特征的营养缺乏症。

（一）病因

（1）本病的发生与地区有关，一般地方性土壤缺硒（含硒量低于 0.5 mg/kg），以及酸性土壤中硒变成亚硒酸铁，硒不易被植物吸收，引起作物籽实缺硒，最终造成饲料原料缺硒。

（2）集约化饲养条件下，饲料日粮一般应补充硒（除极少数地区）而未补充，造成硒元素的摄入不足。

（3）饲料中含硫氨基酸、不饱和脂肪酸、某些抗氧化剂缺乏，尤其是维生素 E 的缺乏也会造成硒缺乏症发生。

（4）其它如硫对硒有拮抗作用，饲料中含硫过多或工业污染中的硫元素都可降低动物对硒的吸收。青绿饲料的不足或雨季造成硒的流失，植物中的含硒量不足，也可导致下一年硒的缺乏症增加。

（二）临床症状

硒缺乏症有一定的地区性、季节性，多集中在冬春两季发生，寒冷多雨是常见发病诱因。其临床症状如下。

1. 渗出性素质

常以 2～3 周龄的雏鸡多发，雏鸡到 3～6 周龄时发病率可高达 80%～90%，多呈急性经过。病雏精神不振、食欲降低，躯体低垂，胸腹部皮肤出现淡蓝色水肿样变化，可扩展至全身。排稀便或水样便，严重的病鸡两腿叉开站立，最后衰竭死亡。

2. 白肌病

以 4 周龄幼雏易发，表现为全身软弱无力，贫血，腿麻痹而卧地不起，羽毛松乱，翅下垂，衰竭而亡。患禽主要病变在骨骼肌、心肌、胸肌、肝脏、胰脏及肌胃肌肉，其次为肾脏和脑。

3. 脑软化症

主要表现为平衡失调、运动障碍和神经紊乱症状，硒和维生素 E 缺乏皆可导致，而以维生素 E 缺乏为主。病鸡表现共济失调，头向后或向下萎缩或向侧面扭转，后仰，步态不稳。时而向前冲或向后冲，两腿发生痉挛性的抽搐，翅膀和腿发生不完全麻痹。采食减少或不食，最后衰竭死亡。

（三）病理变化

渗出性素质的病鸡剖检可见到胸腹部皮下水肿，水肿部积有淡黄色的胶冻样渗出物或淡黄绿色纤维蛋白凝结物，此为雏鸡缺硒的特征性变化之一。

白肌病的病变部主要在胸肌、腿肌和心肌，肌肉变性、苍白色淡、呈煮肉样，呈灰黄色、黄白色的点状、条状、片状不等。肌肉混浊无光泽。

心肌扩张变薄，多在乳头肌内膜有出血点，胰脏变性，体积缩小有坚实感。胰腺萎缩，有坚实感，色苍白、实质器官变性坏死，结缔组织增生纤维化。

脑软化的剖检可见小脑软化，大脑和小脑的脑膜水肿，有充血或出血点、坏死灶，坏死灶呈黄绿色或灰白色斑点。

（四）诊断

根据病鸡皮肤出现蓝绿色水肿，皮下聚集大量的蓝绿色水肿液，运动失调，肌肉苍白，胰腺萎缩等特征，结合饲料分析和测定血液组织中硒的含量即可做出判断。正常时全血硒的含量大于 0.1 μg/mL 为正常，低于 0.05 μg/mL 为缺乏。

由于本病的渗出性素质与葡萄球菌病引起的败血型症状相似，所以在诊断中要加以鉴别。葡萄球菌病的患鸡有体温升高，胸腹部水肿破溃的比较多，剖检肝脏有病变，实验室检查，可以检查出金黄色葡萄球菌，而缺硒症则不能检出病原菌。

（五）防制

（1）合理配合日粮，正常日粮中应含有 0.1 ~0.2 mg/kg 的硒，通常以亚硒酸钠形式添加，同时应有 20 mg 维生素 E。

（2）对植物叶面喷洒亚硒酸钠或使用含有硒的肥料，给植物施肥增加植物的含硒量。值得注意的是喷洒亚硒酸钠时，每亩地不能超过 7 g，用含硒的肥料施肥时，应先测定土壤中的硒含量后，确定施肥量。一般土壤中含硒量低于 15 mg/kg 时，每亩地可以使用亚硒酸钠 14 ~28 g。

（3）缺乏时，少数患禽可用 0.1% 亚硒酸钠生理盐水肌注，雏鸡为 0.1 ~0.3 mL，成鸡 1 mL，同时喂维生素 E 油 300IU。在发病鸡群的饲料中添加 0.2 ~0.5 mg/kg 亚硒酸钠和 20 ~40 mL 维生素 E，连用 5 ~7 d，停药 7 d，再用7 ~10 d。或用 0.01% 的亚硒酸钠饮水，5 ~7 d 为一疗程。但值得注意的是硒的中毒量与添加量相近，在使用时应严防中毒。

六、脂肪肝综合征

鸡脂肪肝综合征又称脂肪肝出血综合征，是由于脂肪代谢障碍引起的一种营养代谢障碍性和伴有出血特征疾病，多见于笼养的高产或产蛋高峰期鸡群，其特征是鸡体肥胖、产蛋减少，常因肝脏破裂大量出血而突然死亡。

（一）病因

（1）长期饲喂高能量、低蛋白的饲料，摄入能量过多，如玉米或其它谷物等糖类过多，而动物性蛋白质饲料以及胆碱、B 族维生素和维生素 E 含量不足，可造成脂肪在肝脏中蓄积，引起脂肪肝综合征。

（2）饲料中的蛋白质含量过高，过剩的蛋白质可转化为脂肪，并沉积下来引发本病。或高产蛋品系鸡、笼养和环境温度高等因素，高产蛋品系鸡对脂肪肝综合征较敏感，高产蛋量与高雌激素活性相关，而雌激素可刺激肝脏合成脂肪。

（3）饲养管理因素。如环境温度过高、光照、饮水不足等应激因素，缺乏运动都能促使本病的发生。如笼养鸡活动空间少，采食过量，啄食不到粪便而缺乏 B 族维生素，刺激脂肪肝的发生。环境温度高使新陈代谢旺盛，失去原有的平衡，故本病多发生于高温时。产蛋高峰期，突然光照减少，饮水不足或应激因素，产蛋下降，营养过剩转化为脂肪。

（4）鸡发生黄曲霉毒素或油菜籽饼中芥子酸中毒时，也会引起肝脏脂肪变性而引起本病。

（二）临床症状

本病多发生于笼养产蛋鸡，且多数肥胖，体重比正常水平高出 25% 左右，病初无明显的症状，精神、食欲无异常。产蛋率突然下降 10% ~40%，病鸡喜卧，腹大下垂，冠、肉髯苍白，贫血。多在夜间、午后突然死亡，特别是出现应激时死亡率增高。一般从出现症状到死亡 1 ~2 d，有的甚至数小时或突然死亡。

（三）病理变化

死亡病鸡皮下及腹腔内有大量脂肪沉积，肝脏明显肿大，呈浅黄褐色，质地松软易碎，体表有出血点和坏死灶，有时可见到肝包膜破裂而引起出血，腹腔内有大量凝血块。其它器官无明显变化。镜下可见肝细胞索紊乱，肝细胞肿大，细胞质内有大量的脂肪滴，胞核位于中央或被挤于一侧，有的肝细胞坏死，间质内也充满脂肪组织。

（四）诊断

根据本病的症状和病理剖检特征，结合饲料成分分析，即可做出诊断。

（五）防制

1. 预防

科学配合饲料，防止饲料能量水平过高。在饲料里加入胆碱、蛋氨酸、维生素 E 和维生素 B_{12} 等对本病的预防均有一定的作用。育成鸡阶段严格控制体重，防止过肥。鸡开产后，加强饲养管理，控制光照时间，保持鸡舍内环境安静，温度适宜，不喂发霉变质饲料，尽量减少噪声等一切应激因素，对鸡脂肪肝综合征也有抑制作用。

2. 治疗

对于发病鸡群，积极寻找病因，并加以消除。如果是饲料问题，应调整饲料配方，降低能量饲料的含量，增加蛋白质 1% ~2%。并于每 100 kg 饲料中添加氯化胆碱 100 g、维生素 E 1 000IU、维生素 B_{12} 1. 2 mg、肌醇 100 mg，连用 2 ~3 周。

单元二 | 禽中毒性疾病

一、黄曲霉菌毒素中毒

黄曲霉菌广泛存在于自然界，在温暖潮湿的环境中最易生长繁殖，产生黄曲霉毒素。黄曲霉毒素及其衍生物有 20 余种，引起家禽中毒的主要毒素有 B_1、B_2、G_1、G_2、M_1、M_2，以 B_1 的毒性最强。以幼龄的鸡、鸭和火鸡，特别是 2 ~6 周龄的雏鸭最为敏感。

（一）病因

易感禽采食了被黄曲霉菌或寄生曲霉等污染的含有毒素的玉米、花生粕、豆粕、棉籽饼、麸皮、混合料和配合料等而引起的。

（二）临床症状

（1）雏鸭对黄曲霉毒素极敏感。精神沉郁，食欲废绝，脱羽，鸣叫，趾部发紫，步态不稳，严重跛行，往往在角弓反张过程中死亡。

（2）雏鸡表现精神沉郁，食欲不振，消瘦，鸡冠苍白，虚弱，鸣叫，排淡绿色稀粪，有时带血。腿软不能站立，翅下垂。

（3）育成鸡的精神沉郁，不愿运动，消瘦，小腿或爪部有出血斑点，或融合成青紫色，如乌鸡腿。

（4）成鸭的食欲减退，消瘦，不愿活动，衰弱，贫血，生产性能低。

（5）成鸭的慢性中毒表现恶病质，往往诱发肝癌。

（6）成鸡的耐受性稍高，病情和缓，产蛋减少或开产期推迟，个别可发生肝癌，呈极度消瘦的恶病质而死亡。

（三）病理变化

（1）急性中毒　肝脏充血、肿大、出血及坏死，色淡呈黄白色，胆囊充盈。肝细胞弥散脂肪变性，变成空泡状，肝小叶周围胆管上皮增生形成条索状。肾苍白肿大。胸部皮下、肌肉有时出血。肠道出血。

（2）慢性中毒　常见肝硬变，体积缩小，颜色发黄，并呈白色点状或结节状病灶，肝细胞大部分消失，大量纤维组织和胆管增生，个别可见肝癌结节，伴有腹水。心包积水。胃和嗉囊有溃疡，肠道充血、出血。

（四）诊断

（1）有食入霉败变质饲料的病史。

（2）有以出血、贫血和衰弱为特征的临床症状。

（3）有以肝脏变性、出血、坏死等病变为特征的剖检变化。

（4）实验室检查　取饲料样品 5 kg 分别放在几只大盘内，摊成薄层，在

365 nm波长的紫外线灯下观察，若有发出蓝色或黄绿色荧光，则确定饲料中含有黄曲霉毒素；若看不到，将被检样品敲碎后，再检；若仍然看不到，则为阴性样品。

（5）注意与磺胺类药物中毒、鸡传染性法氏囊病等鉴别。

（五）防制

（1）饲料防霉　严格控制温度、湿度，注意通风，防止雨淋。为防止饲料发霉，可用甲醛对饲料进行熏蒸消毒；或在饲料中加入防霉剂，如在饲料中加入0.3%丙酸钠或丙酸钙。也可用克霉唑等防霉制剂。

（2）污染饲料去毒　可采用水洗法，用0.1%的漂白粉水溶液浸泡4～6 h，再用清水浸洗多次，直至浸泡水无色为宜。

（3）立即停喂霉变饲料，更换新料，减少饲料中脂肪含量。

（4）饮服5%葡萄糖水、水溶性电解多维或水溶性多种维生素。

二、鱼粉中毒

鱼粉中毒是因家禽饲喂过量鱼粉或霉变鱼粉引起的以肌胃糜烂与溃疡为特征的中毒性疾病，又称肌胃糜烂症、黑吐症、黑嗉子。不同年龄的鸡均可发生，其中以4～8周龄雏鸡发病为多，其发病率和死亡率取决于这种变质鱼粉饲喂的数量多少与时间长短，是呈正相关的。

（一）病因

主要是由于劣质鱼粉中含有糜烂素而引起。这种毒素可能是游离的组氨酸和组织胺，在加热过程中与鱼粉中的蛋白质发生反应而产生。

（二）临床症状

病雏鸡精神沉郁，食欲下降或消失，嗉囊内含有大量液体，羽毛蓬乱，行动迟缓，常常闭眼蹲伏一角，从口吐出黑色食物，严重病例发生腹泻，排泄物为黑色并混有血液。

（三）病理变化

病禽嗉囊外观呈黑色，肌肉苍白，消化道内有大量褐色或发黑的内容物。主要变化表现在腺胃和肌胃。腺胃及肌胃内常充满暗黑色黏稠似沥青样液体。腺胃扩张迟缓，腺胃乳头部扩张，黏膜增厚，有1～2 mm大小的溃疡。肌胃角质层变为深绿或黑色，皱壁增厚排列不规则，表面粗糙呈树皮样，有裂痕，形成不规则溃疡或糜烂，肌胃黏膜有出血点或出血斑。肌胃与腺胃结合部及十二指肠开口部附近有不同程度的糜烂，散在米粒大小的溃疡。腺胃及十二指肠黏膜表现卡他性炎症。严重的病例，肌胃有3～5 mm大小的穿孔，且流出多量暗黑色液体，沾污整个腹腔。胃肠道充满黑色内容物。产蛋鸡因饲料摄入减少导致卵巢萎缩。

（四）诊断

根据雏鸡运输等应激因素、饲料品质、鱼粉质量或变质程度及饲喂量等情况调查，结合临床症状、剖检变化即可做出诊断。

（五）防制

为预防本病，鱼粉的饲喂量应控制在8%以下。饲料中添加30 mg/kg的西咪替丁，可有效抑制肌胃糜烂的发生。禁止使用变质或者伪劣的鱼粉。另外，改进鱼粉加工工艺，干燥时的温度应不高于120 ℃，以防止肌胃糜烂素的产生。如若预先在原料中加入维生素C或赖氨酸，就能显著抑制肌胃糜烂素的生成。

对于病初或病情较轻的鸡群，立即停喂鱼粉，更换饲料。可在饲料或饮水中添加0.2% ~0.4%碳酸氢钠，早晚各1次，连喂2 d。将维生素K_3粉剂按雏鸡0.4 mg/kg，成年鸡2 mg/kg加入饲料中，或按0.5 ~1.0 mg/只、肌肉注射、2 ~3次/d、连用4 d，来预防因肌胃糜烂引起的出血。或者肌肉注射止血敏，剂量为50 ~100 mg/只。也可以在饲料中添加维生素K_3 2 ~8 mg/kg、维生素C 30 ~50 mg/kg、维生素B_6 3 ~7 mg/kg，可获良好治疗效果。为防止继发感染，可使用抗生素。

三、食盐中毒

食盐中毒是指家禽摄取食盐过多或连续摄取食盐而饮水不足，导致中枢神经功能障碍的疾病，其实质是钠中毒，有急性中毒与慢性中毒之分。

（一）病因

饲料中添加食盐量过大，或大量饲喂含盐量高的鱼粉，同时饮水不足，即可造成家禽中毒。家禽中以鸡、火鸡和鸭最常见。正常情况下，饲料中食盐添加量为0.25% ~0.5%。当雏鸡饮服超过0.54%的食盐水时，即可造成死亡。饮水中食盐浓度达0.9%时，5 d内死亡100%。如果饲料中添加5% ~10%食盐，即可引起中毒。据报道，饲料中添加20%食盐，只要饮水充足，不至于引起死亡。饮水充足与否，是食盐中毒的重要原因。饲料中其它营养物质，如维生素E、钙、镁及含硫氨基酸缺乏时，可增加禽食盐中毒的敏感性。

（二）临床症状

精神沉郁，不食，饮欲异常增强，饮水量剧增。口、鼻流黏液，嗉囊胀大，水泻。肌肉震颤，两腿无力，运动失调，行走困难或瘫痪。呼吸困难，最后衰竭死亡。雏鸭还表现不断鸣叫，盲目冲撞，头向后仰或仰卧后两肢游动，头颈弯曲，不断挣扎，很快死亡。

（三）病理变化

剖检可见皮下组织水肿，食管、嗉囊、胃肠黏膜充血、出血，黏膜脱落。心包积水，心脏出血，腹水增多，肺水肿，脑血管扩张充血，并有针尖状出血。

（四）诊断

根据鸡群有摄取过量食盐而饮水不足的病史。有烦渴、腹泻及神经症状。

有脏器组织水肿、出血等病理变化，并通过测定饲料食盐含量即可做出判断。

鉴别诊断要注意与聚醚类抗生素中毒、禽脑脊髓炎等鉴别。

(五) 防制

严格控制饲料中食盐添加量，给予充足饮水，预防本病的发生。

(1) 立即停喂含食盐的饲料和饮水。

(2) 给予清洁的水或5%葡萄糖溶液。严重中毒时，忌暴饮，采取多次、少量、间断的方式饮水。

四、抗菌药物中毒

(一) 磺胺类药物中毒

磺胺类药物是防治家禽传染病和某些寄生虫病的一类最常用的合成化学药物。磺胺类药物的治疗剂量与中毒量接近，用药时间过大或过长，就会造成中毒。

1. 病因

磺胺类药物用药剂量过大、或连续使用超过7 d，即可造成中毒。据报道，给鸡饲喂含0.5% SM_2 或 SM_1 的饲料8 d，可引起鸡脾出血性梗死和肿胀，饲喂至第11 天即开始死亡。复方敌菌净在饲料中添加至0.036%，第6 天即引起死亡。复方新诺明混饲用量超过3 倍以上，即可造成雏鸡严重的肾肿。维生素K 缺乏可促使本病的发生。

2. 临床症状

(1) 生长鸡　精神沉郁，食欲减退，羽毛松乱，生长缓慢或停止，虚弱，头部苍白或发绀，黏膜黄染，皮下有出血点，凝血时间延长，排酱油状或灰白色稀粪。

(2) 产蛋鸡　食欲减少，产蛋下降，产薄壳、软壳蛋或蛋壳粗糙。

3. 病理变化

特征性变化为皮下、肌肉广泛出血，尤以胸肌、大腿肌更为明显，呈点状或斑状。血液稀薄，骨髓褪色黄染。肠道、肌胃与腺胃有点状或长条状出血。肝、脾、心脏有出血点或坏死点。肾肿大，输尿管增粗，充满尿酸盐。

4. 诊断

根据鸡群有超量或连续长时间应用磺胺类药物的病史；临床症状表现以出血或溶血性贫血为特征；剖检变化为全身性广泛性出血。即可做出初步诊断。

鉴别诊断：注意与传染性贫血、传染性法氏囊病及球虫病鉴别，还要与新城疫、传支和产蛋下降综合征等引起产蛋下降的传染病鉴别。

5. 防制

平时使用该类药物时间不宜过长，一般连用不超过5 d。产蛋禽禁止使用磺胺类药物。多选用高效低毒的磺胺类药物，如复方新诺明、磺胺喹噁啉、磺胺氯吡嗪等。

(1) 立即更换饲料，停止饲喂磺胺类药物，供给充足饮水。

(2) 在饮水中加入1%小苏打和5%葡萄糖溶液，连饮3~4 d。

(3) 每千克饲料中可加入5 mg维生素K_3，连用3~4 d。

(二) 恩诺沙星中毒

恩诺沙星是第3代氟喹诺酮类人工合成的抗菌药物，具有广谱杀菌、杀菌力强的特点，对支原体有效。本药有效治疗沙门菌病、大肠杆菌病、巴氏杆菌病、鸡传染性支气管炎、鸡传染性鼻炎、鸡毒支原体感染、葡萄球菌病等。本药治疗量为每千克体重10 mg，每日2次，内服，或每升水中加入50 mg，自由饮用，或每千克饲料中加入100 mg，混饲，连用3~5 d，或每千克体重2.5~5 mg,肌注，每日2次。

1. 病因

主要是滥用和超大剂量用药。

2. 临床症状

雏鸡中毒后数小时发病，精神委顿，有明显的神经症状，头颈扭曲，站立不稳，瘫痪侧卧，两腿向后伸直，排褐色稀粪，挣扎而死。

3. 病理变化

剖检可见雏鸡肠黏膜出血，肝周边有淤血、出血。肾脏肿胀，呈暗红色，并有出血斑点，肺暗红色有出血点。

4. 诊断

根据家禽的用药史、剂量等结合临床症状和病理变化做出诊断。

5. 防制

发现雏禽恩诺沙星中毒后，立即停止用药。用5%葡萄糖水溶液或维生素C自由饮服，或经口滴服。

(三) 痢菌净中毒

痢菌净又称乙酰甲喹，是人工合成的广谱抗菌药物，对大肠杆菌病、沙门菌病、巴氏杆菌病等都有较好的治疗作用，在养鸡生产中被广泛应用。由于养殖户对此药缺乏正确的认识、盲目乱用以及兽药生产厂家缺乏明显标示等原因，致使生产中经常发生本病。

1. 病因

在治疗禽的某些细菌性疾病时盲目加大剂量、使用药物的商品名不同而其中药物成分相同的药物共同使用，致使禽的摄入量过大后，造成了中毒。

2. 临床症状

病鸡精神沉郁，羽毛松乱，不食，拉黄色稀粪，有的瘫痪，尖叫，死前痉挛，角弓反张。发病率高，死亡率高，尤以20日龄以内的雏鸡严重。

3. 病理变化

剖检可见腺胃、肌胃交界处有溃疡，肌胃角质膜下出血。小肠中段有规则出血斑（有时和雏鸡新成疫类似）。盲肠肠黏膜出血，盲肠内容物红色，肠壁变薄。肝肿大，有时可见出血点。肾偶见肿大。心外膜及心内膜有时可见出血。

4. 诊断

根据病史、症状及剖检变化可做出诊断；但应注意与盲肠球虫、新城疫等进行鉴别诊断。

5. 防制

预防本病的关键是合理的使用痢菌净，不能超量使用。在使用之前要搞清楚所用兽药的有效成分，不可随便使用三无兽药。2 周龄以内的雏鸡尽量不要使用本品。不得长期连续使用本品。

兽药主管部门要加大对流通兽药的检查力度，严厉查处，杜绝假冒伪劣兽药进入市场。

本病目前尚无特效治疗方法，关键是早确诊、早停药。可在饮水中加入葡萄糖和多维素。

（四）聚醚类离子载体抗生素中毒

聚醚类离子载体抗生素中毒是指家禽过量摄入该类抗球虫药物，引起体内阳离子代谢障碍的中毒病。代表药物有牧宁菌素、盐霉素和马杜拉霉素等。家禽对该类药物敏感。

1. 病因

由于过量应用聚醚类离子载体抗生素所致。该类药物包括牧宁菌素、盐霉素、拉沙里菌素、甲基盐霉素和马杜拉霉素等，是常用的抗球虫药物。

牧宁菌素的肉鸡用量为 90 ~ 110 g/t，后备母鸡用量为 100 g/t。火鸡用量为 54 ~ 90 g/t。鸡口服 LD50 为 284 mg/kg。饲料中牧宁菌素的浓度达到 130 ~ 160 mg/kg时，就有瘫痪现象。北京鸭、成年火鸡、珍珠鸡和日本鹌鹑分别采食含牧宁菌158 ~ 170 mg/kg、200 mg/kg、90 ~ 100 mg/kg 的饲料时，则发生瘫痪。

马杜拉霉素的商品名称较多，如加福、杜球、克球皇、抗球王和球杀死等，均含马杜拉霉素 1%。常规用量是混饲浓度为 5 mg/kg，超过 6 mg/kg 会明显抑制肉鸡生长。混饲浓度达到 10 mg/kg 连用 4 d，或 20 mg/kg 连用 2 d 以上，就会引起中毒。

聚醚类离子载体抗生素妨碍细胞内外阳离子的传递，抑制 K^+ 向细胞内转移，抑制 Ca^{2+} 向细胞外转移；导致线粒体的功能障碍，如能量代谢障碍等；尤其对肌肉的损伤严重。

2. 临床症状

轻者精神沉郁，羽毛蓬乱，相互啄羽，脚软无力，行走不稳，脚爪皮肤干燥、呈暗红色，喜卧，食欲降低，饮欲增强，排水样稀便。重者突然死亡或饮食欲废绝，出现神经症状，如颈部扭曲、双翅下垂，或两腿后伸、伏地不起，或兴奋不安、狂蹦乱跳。阵发抽搐且头颈不时上扬，张口呼吸。

3. 病理变化

肠道黏膜充血、出血，以十二指肠严重。肝脏肿大，表面有出血点，胆汁充盈，心脏有出血斑点。有的肾脏充满尿酸盐。

4. 诊断

根据有超量使用聚醚类离子载体抗生素的病史。临床表现为腿软、瘫痪或兴奋不安。剖检有肠道及内脏器官出血。

注意与食盐中毒、新城疫、禽脑脊髓炎等区别。

5. 防制

(1) 拌料时，一定搅拌均匀。不可随意增加用量。避免多种聚醚类抗生素联合应用。

(2) 立即停喂含聚谜类抗生素的饲料。

(3) 用电解多维和5%葡萄糖溶液饮水4~5 d。

(五) 感冒通中毒

感冒通或感冒清中毒是家禽被误诊为感冒而饲服大量感冒通引起的中毒性疾病。

1. 病因

鸡在寒冷的季节易发生咳嗽或喷嚏等呼吸道症状，被人诊断为感冒，用感冒通治疗，由于此药毒性很强，每千克饲料中加入3~5粒即可引起大批鸡死亡。

2. 临床症状

鸡群采食后第2天后会大批死亡，中毒鸡表现为食欲不振，精神沉郁，陆续出现死亡。

3. 病理变化

剖检可见到典型的病变，死亡鸡的腹腔脏器表面均匀出现白色尿酸盐，尤以肝表面和肠管表面最为敏感，肾脏肿胀，有尿酸盐沉积呈“花斑肾”。

4. 诊断

根据用药史，剂量结合特征性病理变化确诊。

5. 防制

鸡常发的呼吸道疾病要正确诊断，有针对性用药。感冒清是人用感冒药不可随意的给家禽用药。本病没有特效药。

五、有害气体中毒

(一) 一氧化碳中毒

一氧化碳中毒即煤气中毒，多因禽舍保温取暖时，煤炭燃烧不充分及排烟不畅所引起，一般多为慢性经过。

1. 病因

一氧化碳进入体内与红细胞中的血红蛋白结合后不易分离，从而使红细胞输送氧气的能力大大降低，造成全身缺氧，特别是大脑对缺氧十分敏感，受害最严重。

2. 临床症状

轻度中毒时，表现精神沉郁，不爱活动，羽毛松乱，生长迟滞，喙呈粉红色。严重时则表现烦躁不安，呼吸困难，运动失调，呆立或昏迷，头向后仰，易惊厥，痉挛，甚至死亡。

3. 病理变化

剖检可见血液、脏器、组织黏膜和肌肉等均呈樱桃红色，并有充血、出血。

4. 诊断

根据鸡舍内煤炉漏气、通风不良。鸡群有呼吸困难，神经症状。剖检见血液及脏器呈均匀的樱桃红色。注意与慢性呼吸道病鉴别。

5. 防制

检修煤炉，防止漏气，加强通风。立即打开门窗，排出煤气，换进新鲜空气。最好将病禽转移至空气新鲜、保温良好的鸡舍内。

（二）氨气中毒

氨气是一种无色、有刺激性气味的有毒气体，由鸡的粪尿、雏鸡的垫料及饲料残渣腐败分解后所产生。

1. 病因

当室内通风不良或粪尿等长时间积聚时，可造成氨气大量蓄积。鸡舍内空气中氨气含量超过 0.002% 时便会发生中毒。

2. 临床症状

鸡舍内空气中氨气含量达到 0.002% 时，鸡群骚动不安，结膜红肿、流泪，食欲减少。若持续 4 周以上时，鸡群出现呼吸困难、咳嗽。若氨气含量超过 0.005% 时，可引起角膜混浊、溃疡，两眼闭合，有黏性分泌物，视力减弱，呼吸道分泌物增多，蛋鸡产蛋率下降。严重者失明、昏迷，最后抽搐、麻痹死亡。

3. 病理变化

死鸡结膜充血、潮红，角膜混浊、坏死，常与周围组织粘连。喉及气管黏膜充血、水肿，并有灰白色黏稠的分泌物。肺水肿或淤血，切开流出紫红色泡沫状液体。肠黏膜弥散性出血，肠腔内有灰白色黏稠液体。腺胃黏膜糜烂，肌胃角质膜易剥离。肝肿大变脆，有淤血、出血，有灰黄色坏死灶。肾肿大，有点状出血。心肌柔软，心外膜出血。中毒死亡者尸体变软，不易僵化。

4. 诊断

根据病史调查（如鸡舍内有强烈刺鼻、刺眼的氨臭味），临床症状及病理变化可以确诊。另外，维生素 A 缺乏及某些疾病如大肠杆菌病、鸡传染性鼻炎等都可引起眼病，应注意类症鉴别。

(1) 氨气中毒除眼出现病变外，喉头及气管黏膜充血、水肿，肺水肿等。中毒死亡者尸僵不全。

(2) 维生素 A 缺乏时眼睛流出牛奶样分泌物，严重的眼球塌陷、失明。咽和食管上部黏膜常出现灰白色渗出物，易剥离下层无溃疡。趾爪蜷曲。

(3) 大肠杆菌引起的眼炎多数是单侧，偶尔为双侧。除眼睛流出分泌物外，还出现气囊混浊、气囊壁增厚、肝周炎、心包炎、雏鸡脐炎、关节炎及全身器官广泛性出血等病变。

(4) 鸡传染性鼻炎往往引起单侧性眼肿胀，并伴有鼻腔、眶下窦黏膜充血、肿胀，鼻流黏性或脓性分泌物，窦腔内有脓性或干酪样物，甩头、打喷嚏、面部肿胀等变化。

5. 防制

(1) 预防

氨气中毒关键在于鸡舍的卫生管理。

①要及时清理鸡舍内的粪尿，每周 2～3 次，经常更换垫料，保持室内卫生清洁、干燥。每天注意清理料槽，剩余饲料特别是被浸湿的饲料极易变质，要及时清扫干净。

②鸡舍内要有良好的通风设备，如设天窗、通风口、换气扇等，定时通风换气，以保持室内空气新鲜。

③鸡舍内撒些磷肥（按 0.5 g/m^2，每周 1 次）既可提高肥效，也能预防氨气中毒（因磷能结合氨形成磷酸氨盐）。但日常的卫生管理是不容忽视的。

(2) 治疗

发现鸡群中毒后，应立即通风换气，并清除粪尿及杂物，必要时将病鸡转移到空气新鲜的地方，一般可逐渐康复。病鸡饲料中可适当增加维生素 A 及维生素 D_3 的剂量，也可给鸡饮用 1∶3 000 的硫酸铜水溶液（勿用金属器皿，以免腐蚀），对病鸡恢复均有一定作用。出现咳嗽和呼吸困难时，可应用抗生素类药物，防止继发感染。对中毒严重的病鸡，应及早注射安息香酸钠咖啡因或樟脑磺酸钠等兴奋剂，以缓解呼吸困难。肌肉注射硫酸阿托品以减轻肺水肿。

单元三 | 禽其它普通病

一、肉鸡腹水综合征

肉鸡腹水综合征又称心衰综合征、肺高压综合征，是一种发生于肉仔鸡的常见病，以腹腔内积聚大量淡黄色液体和右心室肥大与扩张为特征的肉仔鸡疾病，已成为危害肉鸡饲养业的世界性严重问题。

本病多见于发育良好、体型较大的肉仔鸡，并且因品种不同，其发病率表现有显著差异。某些品系肉鸡易发病，同时发病大多于1周龄开始，至4周龄到6周龄左右达发病高峰。冬春两季为多发季节。

（一）病因

引起肉鸡腹水综合征的病因尚不十分清楚，但大多数人认为与缺氧有关。认为肉鸡发育过快与内脏器官发育不平衡，在营养、环境、药物、中毒、细菌以及遗传等诸多因素作用下而致病，其中遗传因素则是引起腹水综合征的潜在主要因素。鸡舍密度过大、通风不良，造成氧分压过低，机体长期慢性缺氧。高能饲料、高蛋白饲料等引起肠道中氨浓度升高，营养物质过剩或缺乏，均可在原发病的基础上继发本病。

（1）饲料能量和蛋白质含量过高导致肉仔鸡心肺功能和肌肉的增长速度不协调，造成心肺代偿性肥大和心力衰竭，从而导致腹水。饲料中维生素E、硒的缺乏，导致肝坏死，引起腹水。饲料中钠含量过高，造成血液渗透压增高，导致腹水。

（2）饲养环境条件不良，如卫生条件差、密度过大、潮湿、通风不良等则发病率高，舍内通风不良，二氧化碳、氨、一氧化碳、硫化氢等有害气体增多，致使鸡舍含氧量下降，鸡的心脏长期在慢性缺氧状态下，出现过速运动，从而造成心脏疲劳、衰竭及静脉压升高。静脉血管通透性增强，形成腹水，而腹水大量聚积后又压迫心脏，加重心脏负担，使鸡只的呼吸更加困难。尤其是管理不当的鸡群发病率很高，有人又称其为“埋汰病”。

（3）饲喂霉败饲料或使用劣质添加剂及饲喂变质油脂均可导致慢性中毒，破坏肝功能，改变血管通透性，引起腹水。食盐中毒、煤酚类消毒剂和有毒的植物毒素、莫能菌素、含有介子酸的菜籽油等中毒等均可引起血管损伤，增加血管的通透性，导致腹水综合征的发生。

（4）鸡只患呼吸系统疾病，机体缺氧时会发生腹水。鸡患白痢、霍乱、大肠杆菌病时会破坏肝脏功能，引起腹水。

（5）其它原因诸如舍温低、饲养密度大、高海拔地区氧气稀薄、饲喂颗粒料、垫料潮湿、食盐中毒等均可引发腹水综合征。

（二）临床症状

本病多见于发育良好、体型较大的肉仔鸡。品种不同，其发病率表现有显著差异。公鸡比母鸡发病率高。喂颗粒料的肉鸡比喂粉料的发病率高。发病大多于1周龄开始，至4~6周龄达发病高峰。冬春两季为多发季节。死亡率和发病率在10%~35%。对呼吸系统有影响的任何因素和疾病都会加重腹水综合征的发生。病鸡表现食欲减退、精神不振、羽毛蓬乱、缩头呆立。呼吸困难，冠和肉垂呈紫红色或苍白。腹部膨胀下垂，发紫。两腿叉开，行为迟钝，走路像鸭子，两边摇摆，触摸腹部有波动感。病鸡站立不稳、以腹部着地，如企鹅姿态。

（三）病理变化

病鸡突出变化是腹腔内有大量腹水，有时含有纤维素性絮状渗出物，呈黄褐色或黄红色。心包液增多、呈淡黄色或胶冻状、心肌增大，右心室明显肥大、扩张，心肌松弛。肝有2种变化，一种是高度肿大、呈紫色，质脆易碎，覆有淡黄色胶冻状薄膜、肝表面有点状或片状白色区，另一病变为肝萎缩、硬化、表面凹凸不平、有弥散性白斑。肾肿大呈灰白色、具有尿酸盐沉着。肺脏苍白或淤血、水肿，肺支气管周围结缔组织增生、毛细支气管萎缩，其周围毛细血管狭窄，造成循环障碍。出现肺纤维化或肺炎。为此有人将鸡腹水综合征称为“肺心病”。

（四）诊断

根据本病的发病特点、临床表现，特别是剖检变化很容易做出诊断。

（五）防制

（1）加强饲养管理，保证鸡舍内有良好的通风换气，保证氧气供应，保持适宜的舍温。鸡群保持足够的运动量，增强鸡只体质。保持鸡舍卫生，降低二氧化碳、氨、一氧化碳、硫化氢等有害气体的浓度。经长途运输的雏鸡禁止暴饮。

（2）控制饲喂，减缓肉鸡的早期生长速度。10~15日龄起，晚间关灯，1周后可自由采食或5周前限饲，控制生长。

（3）更换饲料，降低饲料能量和蛋白质含量。适当降低饲料中的蛋白质和能量，可降低发病率。若发病鸡群在2~3周龄时，限制饲料或改换低能料后，病鸡好转，腹水吸收，死亡率下降。在饲料内添加维生素C，每吨内加300~500 g，即可降低发病率为98%。

（4）口服50%葡萄糖水5 mL，每日2次，连服3 d。口服双氢克尿噻，每只鸡5 mg，每日2次，连喂3 d，即可收得预期效果。

（5）建立科学的免疫程序，预防和控制大肠杆菌病、慢性呼吸道病和传染性喉气管炎、传染性支气管炎、新城疫等的发生。冬春季节尽量不使用活毒疫苗，以免对肺组织造成损害。

（6）避免药物中毒（磺胺类等），煤酚类消毒剂、变质鱼粉、植物毒素等都会诱发腹水综合征。

（7）对于个别病鸡可以通过穿刺放出腹腔内积液，对症治疗。

二、肉鸡猝死综合征

肉鸡猝死综合征（SDS）又称急性死亡综合征、翻跟斗病。以肉鸡发病较多，即肉鸡在没有任何外部症状的情况下突然死亡。此病多发生于2~8周龄肉鸡群，一年四季都可发生。发病率0.5%~4%或更高。死亡高峰在3~6周龄。公鸡比母鸡发病高，生长快的较生长慢的鸡发病率高。肉鸡在采食、饮水等正常状态下突然平衡失调，强烈拍动翅膀，肌肉强直，蹦跳，失去平衡，短时间内死去。

（一）病因

本病发生的原因尚无明确解释，但一般认为与代谢、遗传、营养、环境等因素有关。

1. 遗传育种

目前肉鸡培育品种逐步向快速型发展，生长速度快，体重大，而相对自身内脏系统（如心脏、肺脏、消化系统）发育不完全，导致体重发育与内脏不同步。

2. 饲养方式、营养、饲料状态

营养较好、早期采食能量高的饲料，自由采食或采食量大和吃颗粒饲料的鸡发病严重。

3. 环境因素

温度高、潮湿大、密度大、通风不良、连续光照时间长的条件下死亡率高。

4. 新陈代谢

猝死综合征病鸡体膘良好，嗉囊，肌胃装满饲料，导致血液循环向消化道集中，血液循环发生了障碍，导致心力衰竭。

5. 药物

肉食鸡喂离子载体类抗球虫药物时（莫能菌素、盐霉素），猝死综合征发生率显著高于喂其它抗球虫药物。

（二）临床症状

发病前鸡群并无任何明显先兆症状，采食、活动、饮水等一切正常。肉鸡在正常的采食、饮水或活动中，突然发病。病鸡表现为失去平衡，倒地，蹦跳，翅膀剧烈扇动和强直性肌肉痉挛，发出尖叫，1~2 min死亡。死后绝大多数呈现出两脚朝天、背部着地、腹部朝上，颈部扭曲的姿势。有些则表现为侧卧或俯卧状态，腿颈伸展。

任何惊扰和应激都可激发本病的发生，特别是那些对应激敏感的鸡，在受惊吓时死亡率最高。

（三）病理变化

尸体丰满，体型大且肥。消化道特别是嗉囊和肌胃充满刚采食不久的食物。肝稍肿大，质脆，色苍白，有时破裂，胆囊空虚。肾呈浅灰色或苍白色。脾、甲状腺和胸腺全部充血。胸肌、股肌湿润、苍白。肺弥散性充血、淤血，肿大呈暗红色。气管内有泡沫状渗出物。心脏扩张，心包积液，右心房淤血扩张，心脏比正常鸡大几倍。成年鸡泄殖腔、卵巢及输卵管严重充血。

（四）诊断

根据临床症状、病理变化进行初步判断。如死鸡的体况良好，主要变化集中于肺脏和心脏，病鸡突然发病、尖叫、蹦跳，扑动翅膀而后死亡。排除传染病、中毒病的可能后，即可做出判断。

实验室检查可见死亡鸡血清总脂含量升高，公鸡肝脏三酰甘油和心脏花生四烯酸含量较高，可为确诊提供依据。

（五）防制

肉鸡猝死综合征由于发病突然、死亡快，所以并无有效的治疗办法。合理的预防则是防制本病的唯一办法。

（1）在饲养前期饲料营养水平不可太高，建议保持在维持水平即可；另外可改变料型，将颗粒料换成相同成分的粉料。改变饲喂制度，在8~14日龄时，每天给料时间控制在16 h以内，15日龄以后恢复正常24 h给料。

（2）在本病的易发阶段，给饲料中添加生物素已被证实是降低SDS死亡率的有效方法。也可在每千克日粮中添加300 mg以上的生物素。另外，添加氯化胆碱1 g/kg、维生素E10 IU/kg及维生素B_1、维生素B_{12}适量等，可以降低发病率。

（3）在饲料中添加碳酸氢钠。每只鸡用量为0.62 g，将碳酸氢钠溶于饮水中连饮3 d。或用碳酸氢钠以3.6 kg/t饲料的比例拌入料中，效果相同。

（4）在开食料中添加2.5%的乳糖，不仅能够增加体重，而且可以降低发病率和死亡率。

（5）尽量避免噪声、光照时间过长或强光等应激因素。对于不可避免的免疫、更换饲料、气候变化等应激影响，可先在饲料中添加抗应激药物如琥珀酸、延胡索酸等，可提高鸡只的抗应激能力，从而减少因此而诱发的肉鸡猝死综合征的发生率。

三、中暑

中暑是日射病和热射病的统称。由于散热功能极差，因而使得家禽对温度过高非常敏感，一般超过35 ℃时则可发生热昏厥，环境温度超过40 ℃时可发生大批死亡。本病是以急性死亡为特征。

（一）病因

（1）天气炎热时阳光强烈的直接照射。

（2）夏季气温过高，温度过大，鸡舍通风不良，鸡群过分拥挤，饮水不足等均可引起中暑。

（3）炎热季节运输家禽也是引起中暑的原因之一。

（二）临床症状

病鸡体温升高，呼吸急促，张口喘气，两翅张开，鸡冠、肉髯先充血鲜红，后发绀，饮水增加，食欲下降。严重时窒息或衰弱而死亡。死亡多在下午和晚上。

（三）病理变化

主要表现脑膜充血或出血，心外膜出血，卵泡充血，产蛋的鸡堵蛋现象常常发生。肺脏淤血、水肿，喉头、气管充血。

（四）诊断

天气炎热时，体格健康的鸡发生突然死亡，有的蛋尚未产出，滞留在输卵管中。

（五）防制

（1）降低舍内温度和湿度。

（2）加强饲养管理，供给新鲜清洁的饮水。

（3）日粮中补加抗热应激添加剂，每千克饲料加入200~400 mg维生素C混饲；每千克饲料加入35 g氯化钾混饲或每升水加入1.5~2.2 g混饮；每千克饮料加入2~5 g碳酸氢氧化钠混饲或每升水加入1~2 g混饮（夏季混饮用量不宜超过0.2%）。口服补液盐及可溶性多种维生素，混饮。

（4）一旦发现鸡只卧地不起呈昏迷状态时，尽快将其移至通风阴凉处，对鸡体用冷水喷雾、用小苏打水或0.9%盐水饮喂，一般会迅速康复。

四、啄癖症

啄癖症是指鸡群中的鸡只互相啄食或自啄，造成鸡创伤，甚至啄死。易发生于雏鸡、肉种鸡限饲期、笼养蛋鸡的初产、高产期。临床常见有啄肛癖、啄肉癖、啄羽癖、啄头癖、啄趾癖和异食癖等。

（一）病因

1. 饲料因素

（1）饲料粉碎的过细，使鸡采食后缺乏饱满感。

（2）蛋白质含量过低（动物蛋白）或必需氨基酸含量不足及缺乏，尤其是含硫氨基酸的缺乏。

（3）饲料中食盐给量不足。

（4）钙、磷比例不当。

（5）维生素 A、维生素 D、维生素 E、维生素 B_2、泛酸缺乏。

（6）微量元素（锌、硒、锰、铜、钴）的缺乏。

2. 饲养管理问题

（1）密度过大，通风不良，采食位不足。

（2）光照过强。

（3）湿度过大，温度过高，鸡的日龄不同、品种不同混养在一起。

（4）育成期光照时间过长，使鸡性成熟过早，易产双黄蛋，导致泄殖腔撕裂而引起啄肛。

（5）育成期不控制喂料，致使鸡超重，体内脏器，特别是卵巢、输卵管也沉积脂肪，使鸡产蛋后，泄殖腔复位时间延长，引起啄肛。

（6）光线颜色影响　鸡不喜欢黄色和青色的光线，此类光下易引起啄癖。

（7）生理换羽期时，皮肤发痒，鸡自己啄痒，别的鸡跟着学，养成恶癖。

（8）争斗受伤流血后，鸡见血啄食后养成恶癖。

3. 疾病因素

（1）外寄生虫引起。

（2）大肠杆菌引起的输卵管炎，只是输卵管黏膜水肿，管腔狭窄，蛋通过困难，致使脱肛，造成啄癖。

（3）鸡白痢、法氏囊病早期易引起啄癖。

（4）输卵管、直肠脱垂，肛门外翻都可导致啄癖产生。

（二）症状和病理变化

1. 啄肛

见于雏鸡和笼养高产蛋鸡群，啄食泄殖腔或泄殖腔以下的脱出部位，造成鸡肛门的破裂出血，严重者直肠脱出，甚至死亡。

2. 啄趾

雏鸡多发，互相啄食脚趾，引起出血和跛行。

3. 啄毛

多发生于产蛋期母鸡互相啄食羽毛或自食羽毛。

4. 啄蛋

在产蛋鸡群中母鸡刚产下蛋，鸡只就立刻互相啄食，也有的母鸡啄食自己的蛋。

5. 啄鳞癖

患突变膝螨病的鸡，自啄脚上皮肤的鳞片痂皮。

6. 啄肉癖

同群鸡互相攻击，发生伤害死亡后，一部分尸体被攻击者吃掉；或肉鸡限饲期，虽然饲料给量相应，但因饲料质量差，特别是其中的热能饲料、蛋白质饲料严重不足；或舍温偏低，也发生啄肉癖。

7. 异食癖

鸡吃饲料以外的物质，如石灰渣、炉灰渣、粪便、锯末、编织绳等。

（三）防制

发生啄癖的原因很复杂，要具体调查、分析发生的原因，采取相应措施纠正。当鸡群发生啄癖时，必须立即把被啄伤的鸡拿出隔离饲养。若发生数量较多，要划分小群隔离饲养。受伤局部涂紫药水、止啄药膏。建议在处理被啄伤的鸡的同时，将有啄癖的鸡提走。

1. 预防

饲料全价，特别满足对蛋白质、蛋氨酸、色氨酸、维生素 D、B 族维生素以及钙、磷、锌、硫的需要。饲养密度合理，不采用白色光源照明，避免强烈日光或反射，勤拾蛋，对雏禽断喙。

2. 治疗

在饲料或饮水中添加 2% 氯化钙，连用 2～4 d。

一、家禽营养代谢病的病因

1. 营养物质摄入不足或日粮供给不足

日粮中缺乏某些维生素、矿物质微量元素、蛋白质等营养物质；家禽因此而引起的营养物质摄入不足。

2. 营养物质的需要量增多

如由于特殊生理阶段（产蛋高峰期等）或品种、生产性能的需要，使其所需的营养物质大量增加。在应激状态、胃肠道病时，影响消化吸收或寄生虫病和慢性传染病等情况下，都可引起营养代谢病。

3. 营养物质的平衡失调

家禽体内营养物质间的关系是复杂的，除各营养物质的特殊作用外，还可通过转化、协同和颉颃等作用以维持其平衡。如钙、磷、镁的吸收，需要维生素 D；磷过少，则钙难以沉积；日粮中钙多，影响铜、锰、锌、镁的吸收和利用。因而它们之间的平衡失调，日粮配方不当易发生代谢病。

4. 饲料、饲养方式和环境改变

随着新的饲养方式和饲养技术的应用，在生产实践中不断地出现新的情况。例如，笼养鸡不能从粪便中获得维生素 K，为了控制雏鸡球虫病或某些传染病，日粮中长期添加抗生素或其它药物，影响肠道微生物合成某些维生素、氨基酸等。又如饲料霉变、储存时间过长等。

二、家禽营养代谢病的特点

此类疾病种类繁多，发病机制复杂，但与其它疾病相比较，在临床诊治方面有以下几个特点。

1. 发病慢，病程较长

从病因作用到家禽表现临床症状，一般皆需要数周或数月。病禽体温一般偏低或在正常范围内，大多有生长发育停止、贫血、消化和生殖功能紊乱等临床症状。有的可能长期不出现明显的临床症状而成为隐性型。

2. 多为群发性，但不发生接触性传染

此类疾病的发生，多由于鸡群长期或严重缺乏某些营养物质，故发病率高，群发特点明显。但这种病在鸡群之间不发生接触性传染，与传染病有明显的区别。

3. 早期诊断困难，治疗时间长

此类疾病虽有特征性血液或尿液生化指标的改变，或者有关联器官组织的病理变化，而临床症状表现往往不明显，增加了早期诊断的难度。当发现鸡群得病之后，已造成生产性能降低或免疫功能下降，容易继发或并发某些传染病、慢性病，所需治疗时间也相应延长。

4. 可以通过饲料、土壤、水质检验和分析查明病因

只要去除致病因素，加强治疗，就能得以预防。

三、家禽中毒病的发生原因

1. 由饲料引起

（1）对饲料或饲料原料保管不当，导致其发霉变质而引起中毒，如黄曲霉毒素中毒、杂色曲霉毒素中毒等。

（2）利用含有一定毒性成分的农副产品饲喂家禽，由于未经脱毒处理或饲喂量过大而引起中毒，如菜子饼、棉子饼中毒等。

2. 由管理不当引起

禽舍内由于管理不当往往会引起消毒剂或有害气体的中毒，如一氧化碳中毒、氨气中毒、甲醛溶液中毒、生石灰中毒、高锰酸钾中毒等。

3. 由药物引起

如果用于治疗的药物使用剂量过大，或使用时间过长可引起中毒，如聚醚类抗球虫药中毒等。

4. 由农药、化肥和杀鼠药对环境的污染引起

家禽常因采食被其污染的饲料、饮水，或误食毒饵（如磷化锌中毒、氟乙酰胺中毒等）而发生中毒。此外，有些农药，在兽医临床上用来防治畜禽寄生虫病，若剂量过大或药浴时浓度过高，也可引起中毒。

5. 由工业污染引起

随工厂排放的废水、废气及废渣中的有毒物质未经有效的处理，污染周围大气、土壤及饮水而引起的中毒。

6. 由地质化学的原因引起

由于某些地区的土壤中含有害元素或某种正常元素的含量过高，使饮水或饲料中含量亦增高而引起的中毒，如氟中毒等。

四、家禽中毒病的诊断要点

家禽中毒病的发生与流行性疾病有差别，在临诊症状、剖检病变及病理组织学方面一般没有特征性变化，所以在诊断时应综合分析，除采用传染性疾病诊断方法如细菌、病毒分离，血清学检查等对其排除外，结合流行病学和对饲料、饮水或药物进行可疑物的定量定性分析，一般可对中毒病进行确诊。

1. 调查中毒情况

在禽群发生中毒时，往往表现以下特点。

（1）疾病的发生与禽采食的某种饲料、饮水或接触某种毒物有关。

（2）患病家禽的主要临床症状一致，因此在观察时要特别注意中毒禽的特征性症状，以便为毒物检验提示方向。

（3）在急性中毒时，家禽在发病之前食欲良好，禽群中食欲旺盛的由于摄毒量大，往往发病早、症状重、死亡快，出现同槽或相邻饲喂的家禽相继发病的现象。

（4）从流行病学看，虽然可以通过中毒试验而复制，但无传染性，缺乏传染病的流行规律。

（5）大多数毒物中毒时家禽体温不高或偏低。

（6）急性中毒死亡的家禽在尸体剖检时，胃内充满尚未消化食物，说明死前不久食欲良好。

（7）死于急性毒物中毒的畜禽，实质脏器往往缺乏肉眼可见的病变。

（8）死于慢性中毒的病例，可见肝脏、肾脏或神经出现变性或坏死。

2. 了解毒物的可能来源

对舍饲的家禽要查清饲料的种类、来源、保管与调制的方法；近期饲养上的变化及其发病时间段，不同的饲料饲喂不同禽群的发病情况，观察饲料有无发霉变质等。对放养的家禽要了解发病前家禽可能活动的范围。了解最近家禽有无食入被农药或杀鼠药污染的饲料、饮水或毒饵的可能，最近是否进行过驱虫或药浴？使用的剂量及浓度如何？注意家禽采食的饲料或饮水有无被附近工矿企业“三废”污染的可能？如怀疑人为投毒，必须了解可疑作案人的职业及可能得到毒物。

3. 毒物检验

毒物检验是诊断中毒很重要的手段，可为中毒病的确诊与防治提供科学依据。

4. 防制试验

在缺乏毒物检验条件或一时得不出检验结果的情况下，可采取停喂可疑饲料或饮水，观察发病是否停止；同时根据可能引起中毒的毒物分别运用特效解毒剂进行治疗，根据疗效来判断毒物的种类。此法具有现实意义。

5. 动物试验

给敏感的家禽投喂可疑物质，观察其有无毒性，一般多采用大鼠或小鼠做试验动物；也可选择少数年龄、体重、健康状况相近的同种家禽，投给病禽吃剩的饲料，观察是否中毒。在进行这种试验时，应尽量创造与病禽相同的饲养条件，并要充分估计个体的差异性。

五、家禽中毒病的防制要点

家禽中毒病在防制方面一般无特效解毒药物，防制措施应包括：及时去除可疑毒物来源，提高机体抵抗力，可适当增加多种维生素（B族维生素、维生素C、维生素K等）、葡萄糖等。但关键是“重在预防”即“防患于未然”。

1. 家禽中毒病的预防

家禽的中毒必须贯彻预防为主的方针。预防家禽的中毒有双重意义，既可防止有毒或有害物质引起畜禽中毒或降低其生产性能；又可防止畜产品中的毒物残留量对人的健康造成危害。因此，必须采取有效措施预防中毒，即禁喂含毒和腐败霉变饲料；防止化学毒物对禽群的危害；禁止在水塘、河沟等乱扔病禽的尸体。防止药物中毒的措施如下。

（1）任何药物、添加剂等不可随意增大使用剂量和延长用药时间。

（2）拌料给药必须混合均匀（采用逐级扩大搅拌方法），尤其是小剂量用药。

（3）了解所用药物特性如水溶性等，不溶或难溶于水药物禁止饮水给药。

（4）不可盲目重复用药。市场上同一药物可能会出现多个商品名，在不了解其成分情况下不要采用，否则易导致重复用药而发生中毒。

（5）对某些毒性较大而又可不用的药物最好少用。

（6）明确药物的使用对象及其特点。如磺胺类药物对产蛋鸡、种禽不宜长期使用。

2. 家禽中毒病的救治

（1）切断毒源　必须立即停喂可疑有毒的饲料或饮水。

（2）阻止或延缓机体对毒物的吸收　对经消化道接触毒物的病禽，可根据毒物的性质投服吸附剂、黏浆剂或沉淀剂。

（3）排出毒物　可根据情况选用切开嗉囊冲洗或泻下。

（4）解毒　使用特效解毒剂，如有机磷农药中毒，对于出现症状的家禽，应立即使用胆碱酯酶复活剂，解磷啶或氯磷啶，鸡每只肌注0.2～0.5 mL，并同时应用阿托品，鸡每只皮下或肌注0.1～0.25 mg。而氟乙酰胺农药中毒，可用解氟灵按每千克体重0.1 g肌注，中毒严重的病例还要使用镇静药物。

（5）对症治疗　中毒的禽群用葡萄糖溶液饮服，以增强肝脏的解毒功能。此外还应调整家禽体内电解质和体液，增强心脏功能，维持体温。

思考与练习

1. 痛风病的病因有哪些？其特征性病变是什么？
2. 锰缺乏症的特征是什么？
3. 硒-维生素E缺乏主要表现为哪几种类型？病因是什么？
4. 维生素A、B族维生素缺乏典型症状是什么？

5. 饲喂添加了足量维生素 B_1、维生素 B_2 的配合饲料，为什么有时还出现维生素 B_1、维生素 B_2 缺乏症？

6. 鸡的骨骼发育受阻引起的瘫痪，与钙、磷和维生素 D 有很大关系，在没有饲料化验分析的前提下如何提出治疗措施？

7. 黄曲霉毒素中毒、鱼粉中毒的主要病变特征是什么？

8. 怀疑发生霉菌毒素中毒后做霉菌培养有意义吗？为什么？

9. 中毒病发生后应采取的措施是什么？为什么中毒病不能轻易下结论要慎重？如何避免药物中毒？

10. 肉鸡猝死综合征发病特点是什么？如何预防？

11. 肉鸡腹水综合征常见病因是什么？如何预防？

12. 鸡舍温超过多少度才能发生中暑？夏季鸡舍防暑降温的方法有哪些？

13. 啄癖症的原因有哪些？解决啄癖最有效的办法是什么？

14. 肉鸡猝死综合征和腹水综合征都与前期生长速度过快有关，在生产中怎样处理好要求增重快与降低发病率这一矛盾？

附录
禽病的诊断程序

家禽的疾病种类繁多，给诊断带来了一定的困难。当家禽发病时要根据所学的知识灵活运用，才能不至于误诊。因家禽是群居性动物，无论是中毒病还是传染病，如果诊断不及时就无法采取有效的措施，延缓治疗都会造成一定的损失。所以，正确的诊断是治疗的前提，而正确的诊断来自于多方面的综合和分析。

一、首先确定发生疾病的类型

禽病大体可划分为传染病、中毒病、寄生虫病、营养代谢病和管理性疾病等类型。当发生疾病时，要根据疾病的发生特点，确定发生的是哪个类型非常重要；如果是中毒病，不论是什么中毒，先更换饲料或饮水，除去毒物就能减少进一步的毒害；如果是传染病，不管是什么传染病，都应采取消毒、隔离或用抗菌药物等措施。

首先要通过询问、现场观察等了解鸡群的发病率、死亡率、发病的顺序、死亡的急慢，再对病禽进行剖检，确定发病的类型。

（1）传染病　先个别鸡、个别栏发病，逐渐向附近扩散，发病数量不断增加，说明其有传染性。病禽多有排黄白色或绿色稀粪；有呼吸道症状，鸡冠紫。剖检多有内脏器官的肿胀、出血或坏死灶。

（2）中毒病　健康鸡突然发病，体况好的严重（采食多），几乎同时发病。多有共济失调、瘫痪的症状。剖检以肠道的出血或肝、肾肿胀为常见。多能在发病前查到食入毒物。

（3）寄生虫病　病程长，多有消瘦和拉稀现象，冠苍白，多能查到虫体。

（4）营养代谢病　饲喂同一饲料不同舍的同一批鸡出现病鸡的时间无明

显差别，病情慢，逐渐出现病禽，食欲正常，多有瘫（双腿）和皮肤苍白的症状，剖检病变不明显。

（5）管理性疾病 是指由于管理上的疏忽而引起家禽的非正常伤亡。这类病在伤亡发生前鸡群均表现正常，但伤亡常呈突然发生，死亡集中，死亡发生后一般都可找到管理上的差错或条件上的改变。如雏鸡受到惊吓或寒冷聚堆、积压造成死亡（成堆死亡）；高温引起的中暑死亡集中在午后；笼养鸡啄肛常出现在光线强的位置。

二、再确定发生的是什么病

1. 根据发病年龄

禽病的发生有其规律性，有些病多发生于一定的年龄段，这对诊断很有意义。根据年龄规律，禽常见病的年龄分布见表1。

表1 禽常见疾病的年龄分布

日龄	常见疾病
1～3日龄	脐炎、鸡白痢、绿脓杆菌病（注射MD疫苗）
4～7日龄	鸡白痢、传染性脑脊髓炎、传染性支气管炎（呼吸道型）、大肠杆菌败血症（孵化感染）、曲霉菌病、鸭病毒性肝炎、小鹅瘟
20～40日龄	慢性呼吸道病、大肠杆菌败血症、传染性法氏囊病、传染性支气管炎（肾型）、鸭传染性浆膜炎、新城疫、球虫病
60～90日龄	马立克病
产蛋期	禽霍乱、禽流感、产蛋下降综合征、传染性喉气管炎、新城疫

2. 根据典型症状

病的症状很多，同一症状有不同的病，关键是要掌握病的特征症状，通过特征症状查找其它症状（见表2）。

表2 禽常见疾病的特征症状

临床症状	提示主要疾病
冠有痘斑、痘痂	鸡痘、皮肤损伤
冠苍白	卡氏白细胞虫病、白血病、营养缺乏症
冠蓝紫色	败血症、中毒病、濒死期
冠白色斑点或斑块	冠癣
冠萎缩	白血病、喹乙醇中毒、庆大霉素中毒
肉髯水肿	慢性禽出败、传染性鼻炎
肉髯白色斑点或斑块	冠癣
眼结膜充血	中暑、传染性喉气管炎
眼虹膜褪色，瞳孔缩小	马立克病

续表

临床症状	提示主要疾病
眼角膜晶状体混浊	传染性脑脊髓炎
眼结膜肿胀、眼睑下有干酪样物	大肠杆菌病、慢性呼吸道病、传染性喉气管炎、沙门菌病、曲霉菌病、维生素A缺乏症等
眼流泪、眼内有虫体	眼线虫病、眼吸虫病
鼻黏性或脓性分泌物	传染性鼻炎、慢性呼吸道病
喙角质软化	钙、磷、维生素D缺乏
喙交叉、上弯、下弯、畸形	营养性缺乏、遗传疾病、光过敏
口腔黏膜坏死、有假膜	禽痘、毛滴虫病、念珠菌病
口腔内有带血黏液	卡氏白细胞虫病、传染性喉气管炎、急性禽出败、新城疫、禽流感
羽毛断落、脱落	啄癖、体内寄生虫、换羽季节、营养缺乏（锌、泛酸）
羽毛边缘卷曲	维生素 B_2 缺乏、锌缺乏
脚鳞片隆起、有白色痂片	螨
脚底肿胀	鸡趾瘤
脚出血	创伤、啄癖、禽流感
皮肤蓝紫色斑块	维生素E和硒缺乏、葡萄球菌病、坏疽性皮炎、尸绿
皮肤痘痂、痘斑	禽痘
皮肤粗糙、眼角、嘴角有痂皮	泛酸缺乏、生物素缺乏、体外寄生虫
皮肤出血	维生素K缺乏、卡氏白细胞虫病、中毒等
皮下气肿	气囊破裂
饮水量剧增	长期缺水、热应激、球虫病早期、饲料中食盐太多、其它热性病
饮水量明显减少	温度太低、濒死期
红色粪便	球虫病
白色黏性粪便	白痢病、痛风、尿酸盐代谢障碍、传染性支气管炎
硫磺样粪便	组织滴虫病（黑头病）
黄绿色带黏液粪便	鸡新城疫、禽流感、禽出败、卡氏白细胞虫病等
水样稀薄粪便	饮水过多、饲料中镁离子过多、轮状病毒感染
病程短、突然死亡	禽出败、卡氏白细胞虫病、中毒病
死亡集中在中午至午夜前	中暑（热应激）

续表

临床症状	提示主要疾病
瘫痪、一脚向前一脚向后	马立克病
一月龄雏鸡瘫痪，头颈震颤	传染性脑脊髓炎、新城疫等
扭颈、抬头望天、前冲后退、转圈运动	新城疫、维生素 E 和硒缺乏、维生素 B_1 缺乏
颈麻痹、平铺地面上	肉毒梭状芽孢杆菌毒素中毒
趾向内侧卷曲	维生素 B_2 缺乏
腿骨弯曲、运动障碍、关节肿大	维生素 D 缺乏、钙磷缺乏、病毒性关节炎、滑膜支原体病、葡萄球菌病、锰缺乏、胆碱缺乏
瘫痪	笼养鸡疲劳症、维生素 E 和硒缺乏、虫媒病毒病、新城疫、濒死期
高度兴奋、不断奔走鸣叫	药物、毒物中毒初期
张口伸颈呼吸、有怪叫声	新城疫、传染性喉气管炎、禽流感
软壳蛋、薄壳蛋	钙磷比例不当或不足、维生素 D 缺乏、新城疫、传染性支气管炎、产蛋下降综合征、毛滴虫病、大量使用某些药物、营养缺乏
畸形蛋	新城疫、传染性支气管炎、产蛋下降综合征、初产蛋、老龄蛋
粗壳蛋	新城疫、传染性支气管炎、钙过多、大量使用药物治疗、禽流感、老龄禽
白蛋壳或黄蛋壳	大量使用四环素或某携带黄色易沉积的物质
蛋壳棕色、褪色或白壳	使用某些抗球虫药、哌嗪、泰乐加等药物新城疫、传染性喉气管炎
花斑样蛋壳	遗传因素、产蛋箱不清洁、霉菌感染
气室松弛	粗暴处理、传染病、蛋白稀薄、陈旧蛋
蛋白粉红色	饲料中棉籽饼含量太高、饮水中铁离子偏高、腐败菌作用
蛋白稀薄	新城疫、传染性支气管炎、使用磺胺药或某些驱虫药、老龄禽、腐败菌等
蛋白云雾状	贮存温度太低
蛋白异味	鱼粉、药物、蛋的腐败
蛋白有血斑、肉斑	生殖道出血、维生素缺乏、不适当光照、异常的声音、遗传因素
蛋黄稀薄	运输震荡
蛋黄橙红色	棉籽饼或某些色素偏高
蛋黄灰白色	某些传染病影响、饲料缺乏黄色素、维生素 A 和 B 族维生素缺乏等
蛋黄绿色	饲料中叶绿素过多
蛋黄异味	鱼粉或其它有异味的饲料和药物、蛋的腐败
蛋黄血斑、肉斑	生殖道出血、维生素 A 缺乏、不适当光照、异常声音、遗传因素

续表

临床症状	提示主要疾病
蛋黄乳酪样	贮存温度太低、饲料棉籽饼过多
产蛋率从开产起一直偏低	遗传性、体重超重、营养不良、某些疾病影响、鸡传染性支气管炎等
产蛋率突然下降	产蛋下降综合征、新城疫、高温环境、中毒、使用某些药物、其它疾病影响

3. 根据典型病变

大部分禽病都有其典型病理变化。由于家禽具有数量多、单只经济价值低的特点，剖检是重要的诊断手段。剖检时要选择能代表鸡群发病的典型病例进行剖检。剖检前，对病死鸡根据症状和发病特点，已有初步诊断印象的，要有目的地去发现相关病变并进行重点剖检观察。没有初步印象的或找不到典型病变的要全面进行剖检，细心观察病变。对所剖检的病禽只有病变基本一致才能判断禽群发生了什么病（见表3）。

表3　禽常见疾病的特征病理变化

病理变化	常见疾病	其它病变
食道有痂膜	鸭瘟	泄殖腔有绿色痂膜
	维生素A缺乏症	喙部黄色消失
气管有痂膜或堵塞	黏膜型鸡痘	痂膜不易剥离，可见皮肤痘疹
	传染性喉气管炎	气管严重出血
腺胃乳头出血	新城疫	小肠溃疡灶，气管黏膜出血
	禽流感	心外膜、腹部脂肪、胰脏出血
	传染性法氏囊炎	法氏囊肿大出血或渗出
	喹乙醇中毒	不明显
腺胃肿出血	马立克病	内脏器官（肝、肾等）肿瘤
肝脏肿大有肿瘤	马立克病	坐骨神经肿胀
	淋巴白血病	法氏囊肿瘤
肝脏有血凝块	脂肪肝综合征肝破裂	
肝脏坏死灶	禽霍乱	心冠脂肪出血
	沙门菌病	卵巢变色变形
肝脏表面有尿酸盐	痛风	多见一侧肾脏萎缩
	感冒通中毒	双侧肾肿
鸭肝脏肿有出血斑	病毒性肝炎	不明显
肝脏纤维素性渗出	鸡大肠杆菌病	心包炎、气囊炎
	鸭传染性浆膜炎	脑出血性炎症
盲肠充满血液	盲肠球虫病	不明显
盲肠似香肠样	盲肠肝炎	肝脏豆粒大溃疡灶
	球虫病恢复期	不明显

续表

病理变化	常见疾病	其它病变
肺有结节	鸡白痢	肝脏肿大出血点或坏死点
	曲霉菌病	气囊有时有霉菌斑
小肠浆膜下有白点	小肠球虫病	小肠黏膜出血

4. 实验室诊断

实验室诊断是可靠的禽病诊断方法。大部分的细菌病和部分病毒病都可通过实验确诊。

（1）病料的采集　要采集没有腐败或濒死期病例的肝脏、脾、脑、气管或肠管，雏禽可直接取尸体保存。采集病料要尽力达到无菌操作。要养成实验结果不出来不丢弃病料的习惯，避免由于工作失误实验失败，因没有病料而耽误诊断。

（2）镜检　病料染色镜检是确定某些特定疾病的简单方法，并不是所有的传染病或寄生虫病都可通过镜检确诊。镜检可大体将病分为细菌病和非细菌病，即病料中找不到细菌要考虑病毒病或其它病。有些病可通过镜检即可确诊，如巴氏杆菌病（两极着色）、葡萄球菌病、曲霉菌病、球虫病等。镜检也是确定病料是否需要进一步做细菌培养的前提，镜检找不到细菌就没有培养的意义。值得注意的是如果镜检发现了细菌，而培养时没有细菌生长，要分析培养基的成分或培养条件对细菌生长的影响。镜检取病料最多的是肝脏或血液，细菌性败血症都可在肝、血中找到细菌。血液片更有其优点，血片薄、组织少便于观察，并且肝脏不易见到的血液寄生虫可在血片中看到。在镜检时要注意有些病原不一定都能在肝、血中找到，如鸡的坏死性肠炎、球虫病必须在病变的肠黏膜涂片才能找到病原体。由细菌引起的疾病，在病料涂（触）片时，只有发现大量的形态和着色相同的菌体才能确定为细菌引起的疾病，而在视野中很难找到或既使找到菌数少形态不一致，一般不是致病菌。美蓝染色法是简单而常用的染色法，不但能看到菌体形态，而且可辨别细菌两极着色。瑞氏染色适合于组织或血液片，细菌和组织细胞易于观察。革兰染色可将细菌分为阳性菌和阴性菌两类，有助于细菌的鉴别。

（3）细菌培养　细菌分离培养是细菌病诊断的继续，特别是对镜检不熟练者可通过观察细菌生长状况判断是否是细菌感染，甚至可通过菌落形态、大小、色泽等判断是什么菌。无菌操作取病料接种普通培养基（营养琼脂），多在 24 h 长出肉眼可见的菌落。但值得注意的是，操作时要严格无菌，不能污染杂菌。只有培养后发现大量的沿划线生长的菌落（菌苔）才是致病菌，数量极少又不在划线上生长的是污染的杂菌。当没有细菌生长时也不能绝对排除细菌病，要分析一下是否是培养基营养成分问题，如有的菌需要巧克力培养基，有的需要血液（清）培养基；是否是培养条件问题，如鸭传染性浆膜炎病原体需厌氧培养等。

（4）禽胚接种　大部分病毒病都可在相应的禽胚中培养，鸡的病毒病可用鸡胚（EDS－76 除外），鸭病毒病可用鸭胚。接种时要了解病原体的特性，病毒在什么病料中含毒量最高，接种途径（尿囊腔、绒尿膜、卵黄囊）是什么？死亡时间是多少？以及鸡胚特征性的病变和后续诊断方法是什么？在鸡胚的选择上，应尽力选择无相应母源抗体的禽胚，但在实践中，除了传染性法氏囊病病毒外，大部分野毒都可致死带有母源抗体的禽胚。没有特征病变和相应试验的鸡胚接种在疾病的诊断上没有实际意义。

（5）免疫学诊断　主要有凝集试验、血凝抑制试验、琼脂扩散试验和中和试验等。禽病中用血清学试验确诊的病主要有新城疫的血凝抑制试验、禽流感的血凝抑制试验和琼扩试验等。值得注意的是血清学试验大多用于康复后的诊断和大群的感染情况的普查。但在发生一种可疑病毒病时，发病前和发病 5 d 后的血清保存或试验结果保存在疾病的确诊上是很有意义的，如果出现发病前后抗体滴度有明显升高，并超出正常免疫水平，说明有野毒感染。

（6）动物发病试验　家禽传染病一般情况不需要做发病试验，但对于中毒病，由于牵连到责任纠纷，在很难做出诊断的前提下，最好做动物发病试验。在动物选择上最好用品种、年龄相仿的本动物，即鸡中毒用鸡，鸭中毒用鸭。如果是摄入的饲料，要用发病时剩余的饲料饲喂。如果怀疑药物中毒，要用相应浓度的药物按发病时的途径给药。复制出来的疾病应和发病的动物有相同的症状和病变。

5. 鉴别诊断

（1）相似性中找到特殊性　有相同症状和病变的疾病很多，在诊断时一定要克服主观性，要在诸多的症状和病变中发现典型的症状和病变，引导你去重点考虑可能发生的疾病。如鸭的肿头并排绿便，剖检可见脏器浆膜的出血点，这是禽流感和鸭瘟共有的表现，但鸭瘟有食管和泄殖腔黏膜的黄绿色溃疡灶是其特征。再如鸡的腺胃乳头出血，是传染性法氏囊病、新城疫、禽流感的共有病变，但法氏囊病以法氏囊的肿胀出血和浆膜下的淡黄色胶冻样渗出为特性；禽流感以头颈水肿和内脏或脂肪的广泛性出血为特性。有些病虽然在症状上相似，但病变有区别，如大肠杆菌肿头是局部的，其它器官不明显，但禽流感的肿头伴随着内脏器官的广泛出血。虽然在病变上相似，但发病率、死亡率不同，如马立克病的腺胃出血与新城疫相似，把马立克病的腺胃出血误诊为新城疫，原因是没考虑到马立克病的腺胃是肿的（肿瘤），呈零星死亡，而新城疫发病率、死亡率都很高。

（2）询问调查，多方位考虑　要了解病的发病率、死亡率、用药效果以及疫苗接种情况等。要注意烈性病的诊断，绝不能误诊。在一个病发生后，当呈急性群发时，先考虑中毒病，并马上排除毒物源，再进行相关诊断，如果延误诊断则失去诊断和治疗意义。有与烈性传染病相似表现时，要先考虑烈性传染病，并做相关的诊断。当病的症状或病变有类似疾病时，要经过询问调查，有助于病的鉴别，如用抗菌药物有效则可排除病毒病；多次接种过某种病的疫苗，可不考虑该病等。类症鉴别如果处理不好，很易造成误诊。所以，要保证不误诊，大部分疾病在临诊诊断时要做到症状、病变、发病特点相统一。

（3）多方获取信息，了解禽病动态　国外家禽品种的引进，也很难杜绝国外的禽病进入我国；由于禽及其产品交流，不同地区的禽病也会相互传播。禽病诊疗技术人员要善于学习，网络、期刊、学术研讨会是获取禽病动态的最好途径。如果信息闭塞，一旦出现某种新病多数情况下会误诊。若不了解禽流感的流行动态，则可把禽流感诊断为新城疫；不了解非典型新城疫引起鸡的产蛋下降，则可能误诊为其它引起产蛋下降的疾病。

（4）诊断性处理　有些病在时间允许的前提下可做诊断性处理，但应注意追访，并告知处理后应在多长时间见到治疗效果，否则应进一步诊断。如细菌性疾病用抗菌药物后应在24 h后有好转，如果3 d后还没有好转，说明可能对药物有抗药性，或者是非细菌性疾病如代谢病或病毒性疾病。又如，某些病毒病紧急接种，于接种后，活疫苗一般在3 d后，死疫苗一般在6 d后有好转。如果没有效果，可能不是该病，要考虑其它病。再如瘫腿，如果是钙、磷、维生素D的问题，补充后应在4 d后出现好转，否则应考虑患其它疾病的可能。

参考文献

1. 蔡宝祥．家畜传染病学．第四版．北京：中国农业出版社，2001
2. 甘孟侯．中国禽病学．北京：中国农业出版社，1999
3. 辛朝安．禽病学．第二版．北京：中国农业出版社，2003
4. 邝荣禄．禽病学．北京：中国农业出版社，1995
5. 徐建义．禽病防治．北京：中国农业出版社，2006
6. 张宏伟．动物寄生虫病．北京：中国农业出版社，2006
7. 邵明东，李金岭．动物疫病与动物食品卫生．哈尔滨：东北林业大学出版社，2003
8. 王云霞．鸡饲养管理与疾病防治．哈尔滨：哈尔滨地图出版社，2004
9. 杨慧芳．养禽与禽病防治．北京：中国农业出版社，2006
10. 李生涛．禽病防治．北京：中国农业出版社，2008
11. 王宝英．禽病防治．北京：高等教育出版社，2002
12. 聂奎．动物寄生虫学．重庆：重庆大学出版社，2007